KB193602

뮌헨 홀리데이

뮌헨 홀리데이

2024년 10월 31일 개정1판 1쇄 펴냄

지은이	유상현
발행인	김산환
책임편집	윤소영
편집	박해영
디자인	윤지영
지도	글터
펴낸 곳	꿈의지도
인쇄	다라니
종이	월드페이퍼

주소	경기도 파주시 경의로 1100, 604호
전화	070-7535-9416
팩스	031-947-1530
홈페이지	blog.naver.com/mountainfire
출판등록	2009년 10월 12일 제82호

979-11-6762-108-5
979-11-86581-33-9-14980(세트)

München

뮌헨 홀리데이

유상현 지음

꿈의지도

2017년 〈뮌헨 홀리데이〉의 첫 꼭지에 이렇게 적었다. "누가 나에게 독일에서 어디가 제일 가볼 만하냐고 물어보면 늘 뮌헨이라고 답한다. 나의 취향과 상관없이, 우리가 독일을 떠올릴 때 생각나는 이미지와 분위기가 가장 극대화된 곳이 뮌헨이기 때문이다."라고.

7년이 지났다. 그 사이에 팬데믹이라는 태풍도 지나갔다. 지금 나에게 다시 독일 여행지를 딱 하나 꼽으라면 심경에 변화가 있을까? No. 나는 여전히 뮌헨을 꼽는다. 뮌헨이 가진 경쟁력은 몇 년 사이에 완성된 게 아니다. 100년쯤의 세월로는 명함도 내밀기 어려운, 수백 년의 유구한 역사와 전통 위에 현대의 라이프 스타일이 어우러져 완성된 것이기 때문에 고작 7년이 지났다고 해서 결과가 달라질 것은 없다.

그 7년 사이에도 나는 독일을 여행할 때마다 거의 빠짐없이 뮌헨에 들렀다. 강제로 여행길이 막혔던 팬데믹 이후에도 다시 뮌헨에 들렀다. 일부러 날짜를 맞춰 옥토버페스트 현장을 구경했다. 그리고 확신했다. "뮌헨은 변하지 않았구나."

그래서 나는 지금도 독일 여행지는 뮌헨을 0순위로 추천한다. 그 뮌헨의 최신 정보를 업데이트하여 〈뮌헨 홀리데이〉의 두 번째 버전을 내놓는다. 왜 뮌헨을 추천하는지 그 이유는 7년 전이나 지금이나 변함없다.

"당신이 남성이라면 맥주와 축구, 자동차에 심장이 뛸 것이고, 당신이 여성이라면 로맨틱한 풍경과 귀족 문화에 마음을 빼앗길 것이다. 당신이 문과 출신이라면 계몽주의와 고전주의의 흔적이 흥미로울 것이고, 당신이 이과 출신이라면 눈부신 과학기술의 성찬에 눈을 떼지 못할 것이다. 당신이 예술계 출신이라면 세계 최고의 문화에 시간 가는 줄 모를 것이고, 당신이 체육계 출신이라면 축구와 올림픽으로 대변되는 뮌헨의 활기찬 에너지와 알프스 만년설 스키에 동화될 것이다. 당신이 성인이라면 가슴까지 시원한 뮌헨의 맥주를 몇 잔이고 들이켜게 될 것이다. 그리고 당신이 누구든 간에 과거사를 적나라할 정도로 사죄하는 지성에 감탄할 것이다."

파주 헤이리에서 작가 유상현

Special Thanks to

◇

미모·지성·센스·교양·생활력 5툴 플레이어인 꽃보다 아름다운 마눌님, 여기에서 최소 3툴은 복사가 완료되었고 나머지 2툴의 싹도 파릇파릇한 꽃보다 아름다운 따님, 지독한 팬데믹을 버텨준 것만으로도 그저 경이로운 김산환 대표님과 꿈의지도 식구들, 배고픈 작가가 밥 굶을 걱정은 하지 않게 만들어 준 안재영 대표님과 두레샘 식구들, 환경이 어떻게 변하든 늘 물심양면 기댈 구석이 되는 네 분의 부모님, 그중에서도 지금은 다른 곳에서 지켜보고 있을 나의 아버지, 그리고 또 한 분의 아버지께 감사드립니다.

〈뮌헨 홀리데이〉 100배 활용법

뮌헨 여행 가이드로 〈뮌헨 홀리데이〉를 선택하셨군요. '굿 초이스'입니다.
뮌헨에서 뭘 보고, 뭘 먹고, 뭘 하고, 어디서 자야 할지 더 이상 고민하지 마세요.
친절하고 꼼꼼한 베테랑 〈뮌헨 홀리데이〉와 함께라면 당신의 뮌헨 여행이 완벽해집니다.

01
뮌헨을 꿈꾸다
STEP 01 » PREVIEW 를 펼쳐 여행을 위한 워밍업을 시작해보세요. 아름다운 고성과 로맨틱한 동화 마을이 가득한 뮌헨과 바이에른에서 꼭 봐야 할 것, 해야 할 것, 먹어야 할 것들을 안내합니다. 큼직한 사진과 핵심 설명으로 여행의 밑그림을 그려보세요.

02
여행 스타일 정하기
STEP 02 » PLANNING 을 보면서 여행 스타일을 정해보세요. 기본 2박 3일 일정부터 짧지만 알찬 당일치기, 또 다른 분위기를 느낄 수 있는 바이에른의 여러 도시들까지 돌아보는 10일 코스 등 뮌헨과 바이에른을 샅샅이 파헤칠 수 있는 다양한 코스를 제시합니다.

03
할 것, 먹을 것, 살 것 고르기
여행의 밑그림을 그렸다면 구체적으로 여행을 알차게 채워갈 단계입니다. STEP 03 » ENJOYING 에서 STEP 04 » EATING 까지 펜과 포스트잇을 들고 꼼꼼히 체크해보세요. 바이에른 국왕 루트비히 2세의 고성부터 동화 같은 소도시들, 독일에서 만날 수 있는 알프스, 맛있는 맥주와 빵을 파는 맛집, 독일에서만 가능한 쇼핑 리스트 등을 찜해 놓으면 됩니다.

04
숙소 정하기
여행 동선과 스타일에 맞는 숙박 시설이 무엇인지 찾아보
세요. 전 세계에서 수많은 관광객이 찾아오는 만큼 고급
호텔부터 저렴한 호스텔까지, 뮌헨에는 다양한 숙박업소
가 존재합니다. STEP 06 » SLEEPING 에서 확인해보세요.

05
지역별 일정 짜기와 QR 코드 활용하기
여행의 콘셉트와 목적지를 정했다면 이제 지역별로 묶어 자세한 동선을 짜봅니다. MUNCHEN BY AREA 에
모아놓은 뮌헨의 구역별 명소와 레스토랑, 쇼핑센터 등을 보면 이동 경로를 짜는 것이 수월해집니다.
QR코드도 활용해 보세요. QR코드를 열면 지도와 스폿 정보를 간편하게 확인할 수 있답니다. 뮌헨에서
당일치기로 여행할 수 있는 SPECIAL 1DAY TOUR 의 도시들도 놓치지 마세요.

Tip 이 책에는 QR코드가 많이
있다. 내 스마트폰에서 카메라를
켜고 QR코드에 가져다 대면, 화면
아래 노란색 링크가 뜬다. 그
부분을 누르면 QR코드가 알려주는
사이트로 바로 연결된다.

06
D-day 미션 클리어
여행 일정까지 완성했다면 책 마지막의 여행준비 컨설팅
을 보면서 혹시 빠뜨린 것은 없는지 챙겨보세요. 여행
90일 전부터 출발 당일까지 날짜별로 챙겨야 할 것들이
리스트 업 되어 있습니다.

※ 이 책의 정보는 2024년 8월까지 수집된 것을 기반으로 합니다. 입장료, 영업시간 등 세부정보가 출간 이후 변경될 수 있음을
감안하여 주시기 바랍니다.

이 책의 독일어 표기원칙

■ 독일어 발음은 기본적으로 외래어 표기법을 준수하였습니다. 단, 외래어 표기법은 현지의 실제 발음과 차이 나는 경우가 많기 때문에 관광지 명칭은 현지어 발음을 함께 표기하였습니다. 현지어 발음은 최대한 비슷하게 병기하고자 하였으나 다른 언어를 완벽하게 옮기는 것은 사실상 불가능하다는 점을 감안해 활용해주세요.

■ 두 단어가 결합된 지명의 표기는 의미의 전달에 우선을 두어 표기하였습니다. 가령, 뮌헨의 대표 명소 Marienplatz는 Maria(마리아)와 Platz(광장)의 합성어인데, 발음에 가까운 '마리엔 광장'이 아니라 의미에 방점을 찍은 '마리아 광장'으로 표기하였습니다.

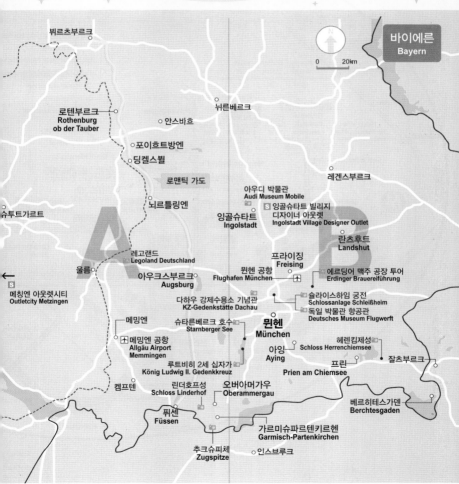

바이에른
Bayern

N
0 20km

뷔르츠부르크

로텐부르크
Rothenburg
ob der Tauber

안스바흐

뉘른베르크

포이흐트방엔

딩켈스뷜

로맨틱 가도

레겐스부르크

뇌르틀링엔

슈투트가르트

아우디 박물관
Audi Museum Mobile

잉골슈타트 빌리지
디자이너 아웃렛
Ingolstadt Village Designer Outlet

잉골슈타트
Ingolstadt

란츠후트
Landshut

레고랜드
Legoland Deutschland

프라이징
Freising

울름

아우크스부르크
Augsburg

뮌헨 공항
Flughafen München

에르딩어 맥주 공장 투어
Erdinger Brauereiführung

메칭엔 아웃렛시티
Outletcity Metzingen

다하우 강제수용소 기념관
KZ-Gedenkstätte Dachau

슐라이스하임 궁전
Schlossanlage Schleißheim

독일 박물관 항공관
Deutsches Museum Flugwerft

메밍엔

슈타른베르크 호수
Starnberger See

뮌헨
München

메밍엔 공항
Allgäu Airport
Memmingen

헤렌킴제성
Schloss Herrenchiemsee

루트비히 2세 십자가
König Ludwig II. Gedenkkreuz

아잉
Aying

프린
Prien am Chiemsee

잘츠부르크

켐프텐

린더호프성
Schloss Linderhof

오버아머가우
Oberammergau

베르히테스가덴
Berchtesgaden

퓌센
Füssen

가르미슈파르텐키르헨
Garmisch-Partenkirchen

추크슈피체
Zugspitze

인스브루크

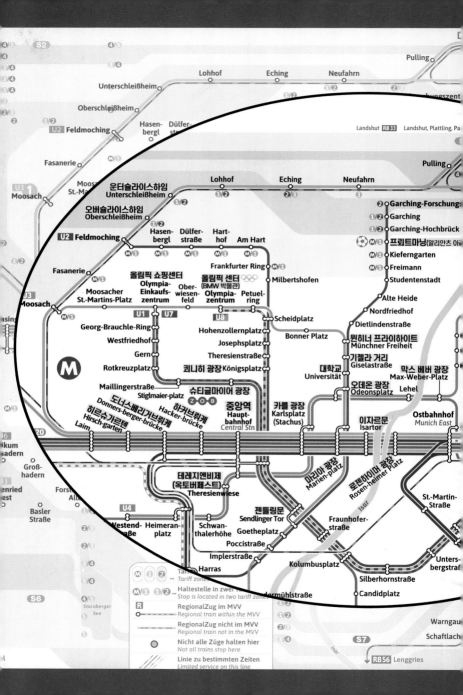

뮌헨 주요 전철 부분 확대도

큰 사이즈 〈전철 노선도〉는 책 뒤쪽
부록에 있습니다.

Marzling
Langenbach
Moosburg

Besucherpark
Flughafen München
Munich Airport
Hallbergmoos
Erding

shut, Regensbu
Altenerding

라이징 Freising
Aufhausen

St. Koloman

Besucherpark
Flughafe
Munich
Ottenhofen
Markt
ing Schwaben

Olsmaning

Unterföhring
Wasse

Johanneskirchen

Englschalking
Heim-
stetten   Grub   Poing
Daglfing
Feldkirchen

Berg
am
Laim
Riem
U2
박람회장 동쪽 Messe
박람회장 서쪽 Messesta
Moosfeld
Trudering S4
Gronsdorf
Vater-   Bal
Haar   stetten   ha
Kreillerstraße
Aßling
rucker
ing
Josephsburg
Michaelibad
Quiddestraße
U7
Oste
Neuperlach egertsbrunn

Perlach
Peiß
Großhelfendorf
RB58
Kreuzstraße
Wes Feldolling   Bruck-   Heufeld-
ham   mühl S7   mühle

Darching

nsee
RB55 Bayrischzell

			타리프존
M	1	2	... Tarifzonen
			Tariff zones

복수 타리프존 적용
M/1 1/2 ... Haltestelle in zwei Tarifzonen
Stop is located in two tariff zones

레기오날반 (MVV 요금 적용)
R
RegionalZug im MVV
Regional train within the MVV

레기오날반 (MVV 요금 미적용)
RegionalZug nicht im MVV
Regional train not in the MVV

일부 열차 미정차역
Nicht alle Züge halten hier
Not all trains stop here

일부 서비스 제한 노선
Linie zu bestimmten Zeiten
Limited service on this line

CONTENTS

MÜNCHEN BY STEP
여행 준비 & 하이라이트

STEP 01
Preview
뮌헨을 꿈꾸다
018

STEP 02
Planning
뮌헨을 그리다
030

MÜNCHEN BY AREA
뮌헨 지역별 가이드

SPECIAL 1DAY TOUR
뮌헨에서 떠나는 특별한 하루 여행

Step 01
Preview

뮌헨을
꿈꾸다

뮌헨 MUST SEE

독일에서 가장 활기찬 이곳!
뮌헨에서 꼭 보아야 할 하이라이트 Best 5!

1 독일에서도 손꼽히는 관광명소, **마리아 광장**

2

바이에른 왕실의 힘을 보여주는
레지덴츠 궁전

3
독일 축구의 성지, **알리안츠 아레나**

독일 명차의 자부심, **BMW 박물관**
4

5
독일 맥주의 핫스폿, **호프브로이 하우스**

바이에른
MUST SEE

뮌헨에만 틀어박혀 있기에는 너무
도 아까운 이유! 뮌헨 주변의 바이
에른 관광명소 Best 5!

ⓒ Bayerische Zugspitzbahn Bergbahn AG

1 독일 알프스의 위엄, **추크슈피체**

2 청정 그 자체 **쾨니히 호수**

3

동화 속에서 튀어나온 듯한
로텐부르크 구시가지

4

숨 막히게 아름다운
노이슈반슈타인성

5

절로 숙연해지는
다하우 강제수용소 기념관

뮌헨
MUST DO

우리가 독일 하면 떠오르는 모든
것이 뮌헨과 바이에른을 가득 채
운다. 당신이 뮌헨을, 바이에른
을, 나아가 독일을 제대로 경험하
기 위한 11가지 미션!

1 루트비히 2세의 고성 중 최소 한 곳은 구경하기

3 고대부터 현대까지 모든 시대를 아우르는 예술 관람하기

4 중세의 성벽 위에 오르기

2 가을의 광란, 옥토버페스트 즐기기

5 세계를 호령하는 독일 축구의 열기를 느껴보기

6 심장을 뛰게 하는 독일 명차 박물관 관람하기

7 독일 최고봉에 올라 십자가 끌어안고 인증샷

9 가슴까지 시원해지는 독일 맥주 골라 마시기

10 청정 호수에서 유람선 타기

8 도심에서 서핑도 즐기는 현지인의 여유에 동참하기

11 중세의 모습이 그대로 간직된 소도시 관광하기

학세
우람한 비주얼을 자랑하는
'독일식 족발' 학세

슈바이네브라텐
가장 먹기 편하고 배가 든든한
향토요리는 단연 슈바이네브라텐

PREVIEW **04**

뮌헨 MUST EAT

독일 하면 생각나는 음식들은 대부분 바이에른이 고향이라는 사실!
바이에른 향토요리를 정복하면 독일의 식도락을 정복한 것이다.

슈니첼
맛과 양을 모두 실망시키지 않는
'원조 돈가스' 슈니첼

바이스 부어스트
하얗고 통통한 바이스 부어스트는
비주얼마저 바이에른의 대표 음식

오바츠다
바이에른식 치즈 요리 오바츠다는
맥주와 찰떡궁합

브레첼
귀여운 모습과 풍성한 맛
본토에서 먹는 브레첼.

맥주
몇 번을 강조해도 부족하지 않은
뮌헨과 바이에른의 맥주

프랑켄 와인
바이에른 일부 지역에서 만나는
독일의 개성적인 와인

Step 02
Planning

뮌헨을
그리다

뮌헨 여행 **오리엔테이션**

여행 계획을 세우려면 최소한의 배경 정보는 알아야 한다. 뮌헨과 바이에른이 헷갈린다면 이 기회에 제대로 알아두자. 뮌헨 여행에도 도움이 될 것이다. 자, 그럼 뮌헨과 바이에른에 대한 간략한 브리핑을 시작한다.

뮌헨과 바이에른

어쩌면 '바이에른 뮌헨'이라는 축구팀 이름으로 잘 알려졌기에 대체 뮌헨은 뭐고 바이에른은 뭔지 혼동될 수 있다. 간단히 말해 바이에른 Bayern은 독일의 한 연방 주州, 뮌헨München은 바이에른의 주도州都다. 독일어 발음은 각각 '바이언', '뮌센'에 가깝고, 영어로는 각각 '바바리아Bavaria', '뮤니크Munich'라고 적는다. 바이에른은 독일의 13개 주 중 가장 면적이 넓다.

뮌헨과 바이에른 지명의 유래

바이에른은 게르만족의 한 분파인 '바바리 민족의 땅'이라는 뜻. 바바리 민족을 뜻하는 독일어 중 바이에른Baiern 또는 바유바렌Bajuwaren에서 유래했을 것으로 추정된다. 뮌헨은 '수도사의 땅'을 의미하는 고지독일어 무니헨 Munichen에서 유래하였다. 뮌헨에 처음 정착해 도시를 세운 이들이 베네딕트 수도사들이기 때문이다.

수도사를 모티브로 한 뮌헨의 상징

바이에른 지명 소개

뮌헨은 도시 이름, 바이에른은 주 이름이라는 것을 알았다. 이 책에는 몇 가지 지명이 더 나오니 바이에른에 대해 좀 더 알아보자.

바이에른은 크게 일곱 지역으로 나뉜다. 굳이 비유하자면 주보다 하위 개념의 현縣에 해당한다. 뮌헨과 베르히테스가덴이 있는 곳은 오버바이에른Oberbayern, 나머지는 란츠후트가 속한 니더바이에른Niederbayern, 오버팔츠Oberpfalz, 슈바벤Schwaben, 오버프랑켄Oberfranken, 미텔프랑켄Mittelfranken, 운터프랑켄Unterfranken이다. 이 중 오버프랑켄, 미텔프랑켄, 운터프랑켄을 통틀어 프랑켄Franken(영어로는 프랑코니아Franconia) 지방이라 부른다. 이 책에 소개된 로텐부르크를 비롯하여, 독일의 유명 관광도시인 뉘른베르크, 밤베르크, 뷔르츠부르크 등이 프랑켄에 속한다. 그런데 프랑켄은 역사적으로 바이에른과는 다른 국가였다가 나폴레옹 침공 당시 바이에른에 병합되었다. 그렇다 보니 프랑켄은 스스로를 바이에른의 일부보다는 프랑켄 그 자체로 대우해주기를 원하며, 그들은 독자적인 문화를 유지하고 있다.

슈바벤(영어로는 스웨이비아Swabia)은 바이에른의 서쪽에 있는 바덴뷔르템베르크Baden-Württemberg 주까지 영역이 걸쳐 있다. 바덴뷔르템베르크에서는 바이에른과 달리 공식적인 행정구역명으로 슈바벤을 사용하지 않지만 슈투트가르트, 울름, 튀빙엔 등 바덴뷔르템베르크의 유명 도시가 슈바벤에 속하기 때문에 주 전체의 색깔이 슈바벤과 유사하다. 이 책에 소개된 바이에른의 도시 중에는 아우크스부르크가 슈바벤에 속한다.

남부 알프스 부근의 고산지대는 알고이Allgäu 지방이라 부른다. 공식적인 행정구역은 아니지만 특정 지역을 통칭하는 지명이다. 그 유명한 노이슈반슈타인성도 알고이에 속한다. 킴 호수 주변을 통칭하는 킴가우Chiemgau라는 지명도 마찬가지의 개념이다. 로맨틱 가도, 알펜 가도 등의 명칭도 있다. 이것은 특정 지역을 부르는 것이 아니라 도로에 테마를 붙인 것이다.

슈바벤 대표도시 슈투트가르트

프랑켄 대표도시 뷔르츠부르크

알고이 대표도시 메밍엔

뮌헨의 소개

뮌헨은 독일 제3의 도시. 알프스 산맥에서 멀지 않은 독일 동남부에 위치하고 있다. 지리적으로 스위스, 오스트리아와 가깝다. 전통적으로 매우 부강하였고 오늘날에도 독일에서 가장 부유한 도시로 꼽힌다. 역사적으로 독립적인 분위기가 강해 오늘날까지도 매우 보수적이고 자부심이 강하다. 도시의 면적은 310.43㎢, 인구는 약 150만 명이다.

뮌헨의 개요

화폐 유로화
언어 독일어
시차 중앙유럽 표준시
(한국보다 7시간 빠르고,
서머타임 적용 시 8시간 빠르다.)
전압 230V, 50Hz(소위 '돼지코' 모양의 콘센트를 사용하므로 별도의 어댑터는 필요 없다.)

뮌헨의 기후

독일에서 가장 날씨가 좋은 편에 속한다. 사계절이 뚜렷하고, 평균 여름 최고기온 25도, 겨울 최저기온 영하 2도 안팎이다. 연중 비가 많이 내리고, 알프스에서 가까워 겨울 체감온도는 더 낮고 눈도 종종 온다. 알프스에 가까울수록 뮌헨보다 여름에 더 덥고 겨울에 더 춥다. 이 책에 소개된 바이에른의 도시 중 상당수가 알프스 인근에 해당된다.

핵심만 요약한 뮌헨의 역사

뮌헨은 베네딕트 수도사들이 건설한 마을에서 출발하였다. 도시의 지위를 부여받은 것은 1180년. 이후 쭉 비텔스바흐Wittelsbach 가문의 귀족이 통치했다. 14세기경 소금 교역으로 큰 부를 얻었고, 이를 바탕으로 점차 시가지가 확장되어 부유해지다가 1506년 바이에른 공국(신성로마제국의 지방 국가)의 수도가 되었다.

바이에른 공국을 지배한 비텔스바흐 가문은 계속 뮌헨을 수도로 삼아 도시를 개발하였다. 신성로마제국이 붕괴된 뒤 1806년 바이에른 왕국으로 격상된 이후에도 뮌헨은 계속 국가의 수도였다. 오늘날 뮌헨 중심부에 남은 관광명소는 대부분 이 시기에 만들어진 것이다. 특히 바이에른의 국왕 루트비히 1세는 뮌헨을 '독일의 아테네'로 만들었다. 이후 1871년 독일제국이 선포될 때 바이에른도 독일제국의 일부가 되었다.

역사적으로 보수적인 색채가 강해 민족주의적 경향도 강한 편. 민족주의를 자극해 인기를 얻은 독재자 아돌프 히틀러가 처음 정치를 시작한 곳도 뮌헨이다. 제2차 세계대전 중 폭격으로 막대한 피해를 입었으나 전후 복구를 완료하였고, 독일 분단 시절 서독에 속하였으나 지리적으로 독일의 남쪽이었기에 상대적으로 냉전의 공포에서는 자유로운 편이었다. 오늘날까지 보수적이고 독립적이며 부강한 모습을 그대로 유지하고 있다.

날씨에 따라 같은 장소도 전혀 다른 느낌으로 다가온다.
맑은 날과 흐린 날의 신 시청사 모습

루트비히 1세

바이에른 왕국의 두 번째 국왕 루트비히 1세Ludwig I(1786
~1868)는 뮌헨을 이야기할 때 가장 먼저 거론할 인물
이다. 그는 고대 그리스 문화를 열렬히 사랑한 고전주의
자였다. 그래서 뮌헨을 그리스처럼 만들겠다는 일념으로
도시를 싹 바꾸어놓았다. 왕실 소유의 예술품으로 만든
박물관이 모인 쾨니히 광장과 알테 피나코테크가 바로
그의 유산이며, 뮌헨을 상징하는 옥토버페스트를 시작한
것도 루트비히 1세. 옥토버페스트는 고대 그리스의 올
림픽에서 영감을 얻은 것이라고 한다. 게르만족의 위인
을 한 곳에 모신 명예의 전당도 만들어 민족주의를 고취
하였다. 덕분에 뮌헨은 '독일의 아테네' 또는 '이자르강의
아테네'라는 별명으로 불리고 있다.

루트비히 1세의 기마상

안타깝게도 국정을 잘 이끌다 말년에 불륜에 빠져 파국
을 맞이한다. 옥토버페스트에서 춤을 추는 여배우 롤라
몬테즈Lola Montez에게 한눈에 반해 백작 작위를 수여하
고 일가친척을 관직에 임명했는데, 몬테즈는 '비선실세'로 군림하며 국정을 농단하다가 바이에른
의회와 국민에 의해 추방당했다. 루트비히 1세도 책임을 지기 위해 1848년 왕위를 내려놓고 타
국에서 쓸쓸히 사망한 뒤 쾨니히 광장의 성 보니파츠 수도원에 안장되었다.

빌헬름 5세

루트비히 1세와 함께 뮌헨의 틀을 만든 대표적인 군주로 빌헬름 5세Wilhelm V(1548~1626)도
빼놓으면 섭섭하다. 성 미하엘 교회, 슐라이스하임 궁전 등 오늘날 뮌헨의 관광지 중 오랜 역사를
가진 스폿들은 대개 빌헬름 5세 시대에 만들어졌다. 신 시청사의 특수장치 시계도 빌헬름 5세와
관련되어 있다. 그의 재임 기간은 독일에 종교개혁이 한창이던 시기였고, 빌헬름 5세는 종교개혁
의 반대편에서 가톨릭을 수호하는 데에 앞장섰다. 뮌헨의 보수적인 분위기는 이때부터 시작되었
는지도 모른다.

뮌헨 여행 드나들기

뮌헨은 비행기나 기차, 버스 등 여러 가지 방법으로 드나들 수 있다. 뮌헨에 드나드는 방법에 대해 알아보자. 뮌헨을 여행하면서 근교 지역을 돌아보거나 여행 계획을 짜는 데 큰 도움이 될 것이다. 여행에서 그 지역의 교통을 알아두는 것은 필수! 뮌헨을 드나드는 방법 총정리!

비행기로 드나들기

뮌헨 북동쪽으로 28km 떨어진 외곽에 큰 국제공항이 있다. 정식 명칭은 프란츠 요제프 슈트라우스 공항Flughafen Franz Josef Strauß, 그러나 지금은 모두가 뮌헨 공항Flughafen München이라고 부른다. 공항코드는 MUC. 독일 항공사 루프트한자의 두 번째 허브공항이며, 인천–뮌헨 직항 노선이 있다.

뮌헨 공항에서 시내 이동

공항버스 - 중앙역까지 45분

루프트한자가 운행하는 공항버스가 중앙역을 오간다. 시간과 요금은 큰 차이가 없으나 짐이 많다면 에스반보다 버스가 더 편리하다. 시내에서 공항으로 이동할 때에는 터미널1, 터미널2 모두 정차하니 자신이 이용할 터미널을 미리 확인하자. 아래 요금은 온라인 티켓 가격. 홈페이지에서 구매한다. 버스기사에게 구매하면 조금 더 비싸다.

공항버스

Data 운행시간 공항 출발 첫차 06:25, 막차 22:25
요금 편도 12유로, 왕복 19.3유로
홈페이지 www.airportbus-muenchen.de

> **TIP** 루프트한자 공항버스는 수요에 따라 뮌헨이 아닌 다른 도시와 연결하는 노선을 만들 때도 있다. 뉘른베르크, 아우크스부르크, 레겐스부르크 등 바이에른의 다른 주요 도시로 바로 이동할 때에는 홈페이지에서 노선을 확인한 후에 이동하는 것이 좋다.

전철 에스반 - 중앙역까지 41~46분

시계 반대 방향으로 도는 S1호선, 시계 방향으로 도는 S8호선이 중앙역으로 간다. 정반대 방향으로 가지만 같은 플랫폼에서 정차하며 중앙역까지의 소요시간은 비슷하니 빨리 도착하는 것을 타면 된다. 시내에서 공항으로 갈 때에도 S1·S8호선을 탑승하여 종점에서 하차하면 되지만, S1호선의 경우 종점이 프라이징Freising인 열차는 공항으로 가지 않으니 잘 살펴보고 탑승해야 한다. 표지판에서 S마크를 따라가면 전철역이 나오는데, 에스반 티켓은 전철역 입구 앞이나 플랫폼의 티켓판매기에서 구입하면 된다.

Data 운행시간 공항 출발 첫차 04:24, 막차 00:56 요금 1회권 13.6유로

전철 티켓판매기

전철역

뮌헨 공항 편의시설

언론에서 인천국제공항을 '5성급 공항'이라고 표현하는 이야기를 들어보았을 것이다. 뮌헨 공항 역시 동급의 조사에서 5성급 공항으로 선정된 세계 최고의 공항이다. 공항 규모도 크고, 편의시설도 매우 다양하며, 상업시설도 가득해 현지인이 공항에서 놀기 위해 다녀가기도 한다. 뮌헨 공항을 이용할 때 알아두면 도움이 될 흥미로운 시설을 소개한다.

1. MAC 쇼핑몰

MAC는 공항에 있는 큰 쇼핑몰이다. Munich Airport Center(뮌헨 공항 센터)의 약자. 공항 이용객이 아닌 모든 사람이 자유롭게 출입하며 레스토랑, 상점, 여행사 등을 이용할 수 있게 해두었다. 야외 서핑장 등 이벤트 장소도 있어 늘 분주하다.

2. 에어브로이

공항에서 맥주를 파는 것은 흔하지만 공항에서 맥주를 만드는 것은 흔하지 않다. 공항에 있는 에어
브로이Airbräu는 직접 양조한 맥주와 바이에른 향토요리를 파는 레스토랑이다. 가격도 시내와 비교해
비싸지 않다. 만약 시간에 여유가 있다면 맥주 시식이 포함된 45분 가량의 양조장 투어(12유로)도 신
청할 수 있다.

3. 새틀라이트 터미널

루프트한자와 스타얼라이언스 동맹 항공사를
위한 전용 터미널로 2016년 문을 열었다. 현
대식 시설을 갖춘 터미널의 위용을 보고 있노
라면 '이래서 5성급 공항이라 하는구나'라며 수
긍하게 될 것이다. 뮌헨 공항에서 루프트한자
환승 시 적잖은 도움이 된다.

4. 냅캡

터미널2에 있는 냅캡Nap Cap은 일종의 '캡슐호
텔'이다. 침대에서 자거나 음악을 들으며 쉴 수
있다. G06, H32, L04 게이트 앞에 있으며,
시간당 17유로(22:00~06:00에는 12유로)가
과금된다. 숙박보다는 환승 중 편하게 쉬라는
의미의 시설로 이해하면 된다(최소 이용시간 2
시간).

기차로 드나들기

뮌헨 중앙역Hauptbahnhof이 철도 교통의 중심. 독일 내 이동뿐 아니라 오스트리아, 이탈리아, 크로아티아 등 유럽 국가와 연결되는 기차도 많이 정차하기 때문에 유럽 여행 중 이용할 일이 많은 기차역이다.

중앙역에서 관광지 이동

마리아 광장 등 유명한 관광명소까지 걸어서 가도 멀지 않다(약 10~15분). 대중교통 이용 시 에스반과 우반 모두 지하에 전철역이 있다. 대중교통 티켓은 기차역 또는 전철역의 티켓판 매기에서 구매할 수 있고, 직원에게 티켓을 구매할 수 있는 매표소도 지하에 있다. 단, 매표소는 작기 때문에 줄이 길게 늘어서 있는 편이므로 티켓판매기 이용을 권한다.

중앙역의 구조

뮌헨 중앙역에서 기차를 타고 내릴 때 특이한 구조 때문에 혼동하기 쉽다. 1~4번 플랫폼은 지하의 에스반 정거장, 그리고 5~36번 플랫폼이 지상의 기차 정거장에 해당된다. 그런데 지상 플랫폼 중 5~10번, 27~36번 플랫폼은 따로 구분하는데, 이것은 해당 플랫폼까지 이동할 때 시간이 더 걸리기 때문이다. 중앙역 메인 입구로 들어온 뒤 5~10번 플랫폼까지 도보 7~10분, 27~36번 플랫폼까지 도보 5분 정도 소요된다. 따라서 해당 플랫폼에서 기차를 탈 때 시간을 여유있게 두고 움직이는 것이 좋다. 뮌헨에서 기차를 환승할 때도 마찬가지다. 2028년 완공 목표로 중앙역 리노베이션 공사가 진행 중이다. 공사중이라도 큰 불편은 없으나 일부 구역은 통제될 수 있다.

중앙역 편의시설

중앙역 역사Bahnhofshalle의 세 방향으로 출입구가 있다. 마리아 광장 등 시내 중심 방면은 시티City, 호텔과 호스텔이 다수 밀집한 남쪽 방면은 바이어 거리Bayerstraße, 에스반 전철역과 루프트한자 공항버스 정류장이 있는 북쪽 방면은 아르눌프 거리Arnulfstraße 방면 출입구로 구분한다. 역사가 크지는 않지만 편의시설이 밀집되어 있어 역 이용이 편리하다.

1. 티켓 구입 및 정보 확인

역 내부 곳곳의 티켓판매기를 이용하면 된다. 또는 역사 전역에 핫스폿이 제공되니 독일철도청 모바일 어플리케이션을 이용하는 게 더 간편할 수 있다. 플랫폼 주변 곳곳에 전광판이 설치되어 있어 기차 출발 스케줄을 편리하게 확인할 수 있으며, 직원에게 물어볼 수 있는 인포메이션 데스크도 운영한다(대기 줄이 긴 편).

2. 식음료 매장

간단한 음료나 간식을 구할 수 있는 편의점 개념의 매장과 패스트푸드 체인점이 곳곳에 있으니 기차를 기다리는 동안 허기를 달래거나 기차에서 먹을 포장 음식 등을 구매하기에 적합하다. 독일 열차는 샌드위치나 아시안 음식 등

포장 음식과 맥주 등 주류 반입이 가능하다. 아무래도 역사 내 매장은 외부보다 가격이 조금씩 비싸니 감안하자.

3. 편의시설

출구 부근마다 대규모 짐 보관소가 있고, 남쪽 바이어 거리 방면 출구 부근에는 유인 보관소도 운영한다. 라이제방크Reisebank라고 적힌 환전소도 쉽게 찾을 수 있다. 유로화를 환전할 일은 없겠지만, 뮌헨에서 기차로 헝가리·체코 등으로 이동할 때 현지 화폐를 미리 지참하려면 기차역 환전소 이용이 무난하다. 수수료는 비싼 편이지만 의사소통이 쉽고, 정직하고 안전하다.

TIP 뮌헨 중앙역은 여러 시대에 걸쳐 증축하고 수리하는 과정을 거치면서 복잡한 구조를 갖추게 되었다. 교통량이 많은 대규모 기차역이어서 환승 수요가 많은데, 플랫폼 간 이동이 힘들어 환승이 불편하고 노약자에게는 더욱 열악한 환경이 되었다. 이에 뮌헨에서는 완전히 새로운 중앙역을 건설하고 있다. 기존 중앙역을 조금씩 해체하면서 새로운 역사를 만들고 있어 공사 기간이 길지만 열차 이용에 차질은 없다. 단, 인포메이션 등 기차역 편의시설은 아무래도 축소된 상태. 새 중앙역은 2028년 문을 열 예정이지만, 독일에서 이러한 대규모 건설 공사가 공기 내 마치는 사례가 드물기 때문에 앞으로 수년간 뮌헨 중앙역 이용 시 다소간의 불편은 감수해야 한다.

버스로 드나들기

다른 독일 도시와 달리 버스터미널ZOB;Zentraler Omnibusbahnhof이 비교적 크다. 체코 프라하, 스위스 취리히 등 인근 유럽 도시와 연결하는 버스 노선이 많아 버스터미널도 붐비는 편이다.

버스터미널에서 시내 이동

버스터미널 바로 앞에 에스반 하커브뤼케Hacker brücke 전철역이 있다. 여기서 에스반을 타고 중앙역이나 마리아 광장으로 직행할 수 있다. 중앙역까지 단거리권(1.9유로)으로 갈 수 있으며, 티켓은 플랫폼의 티켓판매기에서 구입한다. 도보로 이동해도 약 10여 분밖에 걸리지 않는다.

버스터미널 편의시설

버스 승강장 주변에 많지는 않지만 코인로커가 있다. 버스터미널 건물 위층으로 올라가면 버스 매표소, 환전소, 레스토랑 바피아노 Vapiano, 드러그스토어 데엠dm, 우체국 등을 찾을 수 있다.

바이에른 기차 여행

바이에른의 구석구석을 여행하려면 기차는 필수다. 좀 더 경제적인 여행을 위해 바이에른 기차 여행 정보를 자세히 알아보자. 기차 시간 조회와 열차 타는 방법, 그리고 티켓 구매 꿀팁까지 빠짐없이 정리했다. 이것만 알면 바이에른 기차 여행 준비 끝!

열차의 종류

독일의 열차는 이체에ICE; InterCity Express와 이체IC; Inter City 등 고속열차, 레기오날반Regionalbahn이라고 부르는 완행열차로 나뉜다. 이 중 뮌헨 근교 여행 시에는 레기오날반 이용만 고려하면 된다. 대도시와 주변 작은 도시를 연결하는 레기오날반은 약자로 아르베RB라고 적는다. 아르에 RE(Regional Express)도 아르베와 동급의 열차이며, 전철 에스반도 레기오날반에 포함된다. 또한, 민영화하여 사설 업체가 운행하는 아엘엑스ALX, 베아르베BRB, 엠M 등의 열차코드도 요금 체계는 레기오날반과 같고, 티켓도 통합되어 있다. 고속열차의 종류에 속하지 않은 다른 열차는 모두 요금 체계가 같은 레기오날반의 일종이라고 보면 된다.

ICE 열차

RE 열차

M 열차

레기오날반의 특징

뮌헨에서 근교의 바이에른을 여행할 때 레기오날반만 고려하는 것이 좋은 이유는 두 가지다. 첫째, 고속열차가 다니지 않는 작은 도시까지 촘촘히 연결하므로 소도시 여행에 유리하다. 둘째, 가격이 저렴하므로 여행에 부담이 덜하다. 레기오날반은 지역 주민이 통근열차로 사용하는 '시민의 발'이기에 사실상 대중교통과 같다. 좌석예약은 불가능하지만 빈 좌석이 없으면 입석으로 갈 수도 있으니 기차를 탈 수 없는 경우는 발생하지 않는다. 그리고 배차 스케줄도 1시간에 최소 1대는 다니기 때문에 스케줄을 자유로이 조절하여 근교 여행을 할 수 있다. 일부 노선은 우람한 2층 열차로 운행하여 그 자체로 신기한 볼거리가 된다.

1등석

2등석

열차 스케줄 조회
아래 방법은 뮌헨과 바이에른뿐 아니라 독일 전국의 열차 스케줄을 조회하는 공통 방법이다.

1. 독일철도청 홈페이지
독일철도청 홈페이지 상단에서 언어를 영어로 변경한 후 [Mode of transport] 옵션을 [Local transport only]로 설정하면 레기오날반만 조회된다. 홈페이지는 QR코드 참고.

2. 독일철도청 어플리케이션 DB Navigator
어플리케이션 설정에서 언어를 영어로 변경한 후 마찬가지로 [Mode of transport] → [Local/Regional transport only]를 선택하면 레기오날반만 조회된다. (iOS, 안드로이드 지원)

3. 기차역 티켓판매기에서 조회
화면 하단의 영국 국기를 클릭해 영어로 변경한 후 조회 옵션의 [means of transport] 〉 [only local transport]를 선택하면 레기오날반만 조회된다.

승차권 구입
독일철도청 홈페이지 또는 기차역 티켓판매기에서 구입한다. 레기오날반은 일찍 구매한다고 할인되지 않으므로 굳이 홈페이지에서 미리 구매할 필요는 없으며, 기차역의 티켓판매기에서 발권하는 것이 더 편리하다.

TIP ICE 등 고속열차의 티켓은 최저 29유로부터 시작하는 할인운임 제도를 운영하므로 일찍 구매할수록 유리하다. 독일철도청 홈페이지 또는 어플리케이션을 이용하면 된다.

바이에른 티켓

레기오날반 승차권 구입 시 반드시 알아두어야 할 티켓은 바이에른의 모든 레기오날반을 무제한 탑승할 수 있는 정액권 바이에른 티켓 Bayern Ticket이다. 뮌헨에서 바이에른의 근교 도시를 왕복할 때 저렴하게 이용할 수 있어 매우 편리하다.

바이에른 티켓 가격(2024년)

2등석 1인권 29유로, 2인권 39유로, 3인권 49유로, 4인권 59유로, 5인권 69유로(이 외에도 1등석용, 야간용 등 몇 가지 종류가 더 있지만 여행자가 사용할 일은 드물다.)

바이에른 티켓 이용방법

구매 후 볼펜으로 서명한다. 여권의 영문 이름을 쓰면 된다. 2인권 이상은 전체 일행의 서명이 필요하다. 티켓을 들고 기차에 탑승한 뒤 차장이 와서 검표를 할 때 보여주면 끝. 2인권 이상일 때에는 전체 일행이 함께 탑승하고 있어야 한다.

바이에른 티켓 구입방법

티켓판매기에서 아래와 같은 순서로 손쉽게 구입할 수 있다.

화면을 영어로 바꾼 뒤 [Bayern Ticket] 선택

좌석등급 지정. 2등석이면 [2nd class] 선택

티켓 인원 지정. 1인권이면 [숫자 1] 선택

날짜 지정. 당일 사용 시 [Today] 선택

마일리지 적립 안내이므로 [Do not collect] 선택

최종 확인 후 결제

카드 결제 시 PIN번호 입력이 필요한 경우가 있으니 화면뿐 아니라 기계 우측 키패드 안내까지 함께 확인해야 한다.

독일에서 기차 타는 방법

❶ 기차역에 도착 후 탑승할 열차의 스케줄(연착 여부, 도착 플랫폼 등)을 확인한다. 티켓판매기에서 영어 화면으로 바꾼 뒤 [Timetable Information]을 클릭하여 조회할 수 있다. 출발이 임박한 열차는 기차역 전광판에서도 확인된다.

❷ 출발 시간보다 여유를 두고 미리 플랫폼으로 간다. 플랫폼 번호는 숫자로 표시되어 있다.

❸ 플랫폼은 알파벳으로 구역을 나누는데, 1등석과 2등석이 어느 구역에 정차하는지 플랫폼 전광판에서 확인할 수 있다. 가령, 2등석에 탑승할 예정이라면 2등석이 정차할 알파벳 표지판 부근에서 대기하면 된다. 기차에 오른 뒤에도 다른 칸으로 넘어갈 수 있으니 시간이 급하면 일단 기차에 먼저 올라도 관계없다.

❹ 레기오날반은 예약 제도가 없으므로 아무 빈 좌석에나 앉을 수 있다. 가방이나 외투를 올려둔 경우 간단히 양해를 구하고 앉아도 된다.

회화 Excuse me, can I sit here?

❺ 작은 가방이나 외투는 머리 위 선반에 보관할 수 있다. 캐리어 등 큰 짐을 보관할 공간은 따로 없으므로 통로나 의자 사이 등 빈 공간이 보이면 놔두어도 관계없다. 귀중품만 잘 챙기자.

❻ 차장이 와서 표를 보여 달라고 하면 제시한다. 바이에른 티켓 다인권은 인원이 모두 함께 있어야 한다. 간혹 차장이 검표하지 않고 그냥 지나가기도 한다.

❼ 정차할 역은 안내방송이 나오고, 일부 열차를 제외하고는 객차 내 스크린으로 도착역이 표시된다. 단, 안내방송은 일반적으로 독일어로만 나오므로 내릴 역의 현지어 이름을 잘 기억해두기 바란다.

❽ 출입문은 자동으로 열리지 않는다. 기차가 완전히 멈추면 출입문의 버튼을 누르거나 손잡이를 당겨 문을 열고 내린다.

TIP 연착도 적잖이 발생한다. 탑승할 열차가 늦게 들어오면 플랫폼 전광판을 통해 알려준다. 간혹 연착된 열차가 다른 플랫폼으로 들어오기도 하는데, 이런 식으로 현장에서 스케줄이 변경되면 직원이 따로 안내방송을 하지만 주로 독일어로만 이야기하는 편이다. 주변 사람들의 반응을 눈치껏 살필 필요가 있다.

🔊 |Theme|

뮌헨에서 유럽 여행

뮌헨은 독일의 동남부에 위치하고 있어 동유럽과 남유럽을 연결하는 교통의 요지다. 따라서 유럽의 여러 나라를 여행한다면 뮌헨을 거쳐 갈 확률이 매우 높다. 뮌헨을 거점으로 하여 바이에른만 여행하는 것도 좋지만, 유럽의 여러 나라를 여행하는 경우에도 뮌헨은 훌륭한 관문이 되어 즐거운 여행을 도와줄 것이다. 여기서는 독일철도청 네트워크를 중심으로 뮌헨에서 인근 국가로 연결되는 노선을 소개한다. 국경이 맞닿은 가까운 나라는 고속열차 기준 3~4시간 정도 소요되니 부담 없이 이동할 수 있다.

- **RJ, RJX** 오스트리아 고속열차 레일젯
- **EC, ECE** 독일철도청의 국제선 열차 유로시티
- **ALX** 레기오날반과 동급의 사설 열차
- **EN** 오스트리아 야간열차 유로나이트

소요시간은 직행 기준이며, 일부 노선은 1일 1~2회만 운행하는 구간도 있다.
독일철도청 홈페이지 또는 어플리케이션으로 모든 열차편의 스케줄을 확인할 수 있다.
뮌헨~잘츠부르크 구간은 레기오날반 이용 시 바이에른 티켓이 유효하다.

뮌헨 주변
열차 지도

프라하
ALX 5:39
체코

독일

뮌헨

빈
RJX 4:02

잘츠부르크
RJX 1:30, BRB 1:46

오스트리아

취리히
ECE 3:33

인스브루크
EC 1:44

스위스

슬로베니아

자그레브
EN 10:45

이탈리아

베로나
EC 5:25

베네치아
EC 6:52

크로아티아

뮌헨 중앙역의 RJ 열차

유레일패스

야간열차 침대칸

열차 스케줄 조회 및 승차권 구입

독일에서 출발하는 열차편이라면 국제선 열차도 기본적으로 독일철도청 홈페이지나 어플리케이션을 이용해 승차권을 구입할 수 있다. 오스트리아철도청 등 타국 관할 노선이라 해도 마찬가지다. 반대로 타국에서 독일로 이동하는 국제선 열차는 출발국 철도청 홈페이지를 확인하자. 국제선 열차는 좌석예약이 필수인 노선도 있으므로 열차 규정은 꼼꼼히 확인해야 한다.

유레일패스

만약 저렴한 승차권 확보에 실패했다면 유레일패스Eurail Pass를 알아보자. 유레일패스는 유럽의 거의 모든 열차에 유효한 자유이용권 같은 개념으로, 쉽게 말하면 지정된 날짜만큼 기차에 무제한 탑승하는 티켓이다. 유레일패스의 1개국 상품으로 독일철도패스German Rail Pass도 판매하며, 독일 내에서 유효하다. 최근에는 모바일 패스 방식이 도입되어 더 편리하게 이용할 수 있다. 자세한 내용은 QR코드를 스캔하여 글 또는 영상으로 확인할 수 있다.

야간열차

한때 유럽에서 야간열차가 유행일 때 뮌헨은 배낭여행자가 선호하는 여러 야간열차 노선의 허브였다. 독일철도청의 야간열차가 폐지된 지금은 오스트리아철도청의 야간열차 유로나이트EN 노선 일부가 뮌헨을 지나간다. 크로아티아 자그레브 노선이 대표적이다.

뮌헨 대중교통 완전정복

땅 위나 땅 아래로 구석구석 당신의 발이 되어줄 뮌헨 대중교통 정보를 총정리했다. 뮌헨 지역의 대중교통 노선 확인이나 스케줄 검색, 요금 확인 등 모든 정보는 뮌헨 교통국 홈페이지에서 조회할 수 있고, 스마트폰 어플리케이션도 있으니 참고하자.

대중교통의 구분

시내 대중교통은 독일철도청이 운행하는 전철 에스반S-bahn과 사설업체의 전철 우반U-bahn이 큰 줄기를 이룬다. 그리고 노면전차 트램Straßenbahn이 전철로 연결되지 않는 중심부를 연결하고, 시내버스가 골목 구석구석까지 연결한다. 모든 교통수단은 정해진 시간표대로 움직이며, 교통체증이 거의 없기 때문에 버스도 시간을 정확히 지키는 편이다. 교통수단별로 요금의 차이가 없이 통합된 요금체계로 운영된다.

에스반 S-bahn

빠른 기차라는 뜻을 가진 에스반은 뮌헨 도심과 뮌헨 외곽 광역도시를 연결하는 광역철도다. S1~S4, S6~S8, S20 등 총 8개의 노선이 운행되고 있으며, 뮌헨 시내와 공항으로 이동할 때 편리하다. 에스반은 타리프존으로 목적지마다 요금이 다르기 때문에 티켓을 구매할 때 잘 확인해야 한다.

우반 U-bahn

뮌헨에서 가장 기본적인 교통수단으로, U1~U8까지 총 8개의 노선이 운행되는 지하철이다. 유명 관광지들은 대부분 이 노선에 있어 여행자들이 자주 이용한다. U7은 월~금요일까지 운행하고, U8은 토요일에만 운영한다.

트램 Straßenbahn

뮌헨 시내 곳곳을 다니는 지상 노면 전차. 지하철로 가기 힘든 곳을 트램이 연결한다. 트램은 총 13개의 노선으로 운행된다. 여행자들이 자주 이용하는 노선은 12, 17, 27, 28번이며, 야간 노선도 있다.

타리프존

대중교통은 멀리 갈수록 요금이 비싸지는 방식이며 요금이 할증되는 구역의 구분을 타리프존Tarifzone이라고 부른다. 티켓 구입 시 내가 가고자 하는 목적지의 타리프존에 맞는 티켓을 구입해야 된다. 뮌헨의 타리프존 구성 방식은 단순하다. 시내를 M존으로 구분하고, 외곽을 1~11존으로 구분하는데, 뮌헨 공항이 있는 도시 가장 외곽이 5존이다(6존부터는 뮌헨 여행의 바깥 영역으로 보아야 한다). 뮌헨 주요 관광지가 모두 M존에 속하므로, 몇몇 외곽 관광지와 공항만 따로 기억해 두면 타리프존을 혼동할 일이 없다.

티켓 종류

1회권 Einzelfahrt (Single Trip)

한 번 이용하는 편도 티켓. 개시 후 유효시간(M존은 2시간) 내에 에스반, 우반, 트램, 버스 등 다른 교통수단으로 갈아타는 것까지 포함하여 한 방향의 이동이 보장된다.

1일권 Tageskarte (Daily Ticket)

하루 동안 유효한 정기권이다. 타리프존 내의 모든 대중교통을 한 장의 티켓으로 제한 없이 탑승할 수 있다.

그룹 1일권 Gruppen-Tageskarte (Group Day Ticket)

정책은 1일권과 같은데, 최대 성인 5인이 함께 이동할 때 조금 더 할인된 요금이 적용되는 단체권이다. 아동 2인은 성인 1인으로 간주한다. (예: 성인 3명, 아동 4명 가능)

티켓 요금 (2024년 기준)

M존과 1~5존의 요금(성인 기준)을 정리했다. 만약 1존에서 3존으로 이동하는 것처럼 아래 표와 다른 여정이 발생하면 요금을 따로 확인해야 한다. 혹시 목적지의 타리프존을 모르더라도 티켓판매기에서 목적지를 입력하면 그에 맞는 요금을 지정하여 발권하기 때문에 여행 중 불편할 일은 없다.

	1회권	1일권	그룹 1일권 (총 요금)
M존	3.9유로	9.2유로	17.8유로
M-1존	5.8유로	10.5유로	19.2유로
M-2존	7.7유로	11.5유로	20.3유로
M-3존	9.7유로	12.7유로	23.4유로
M-4존	11.6유로	14유로	26.2유로
M-5존	13.6유로	15.5유로	29.1유로

1존 : 다하우 강제수용소 기념관, 슐라이스하임 궁전
2존 : 슈타른베르크 호수, 아잉
4존 : 프라이징(바이엔슈테판), 에르딩
5존 : 공항

TIP

짧은 이동을 위한 단거리권Kurzstrecke도 별도 판매한다. 최대 네 정거장 이내의 여정에 유효하며, 이때 에스반과 우반역이 최대 2개까지 포함된다. 다시 말해서, 에스반 두 정거장 이동 후 트램으로 환승해 두 정거장 가는 식의 여정이면 단거리권을 사용하자. 요금은 1.9유로.

뮌헨 교통공사 홈페이지

MVG

MVV

티켓 구입 방법

모든 에스반과 우반 전철역의 안쪽에 티켓판매기가 있다. 기계에 영어로 티켓Tickets이라 적혀 있다. 에스반만 정차하는 일부 전철역은 독일철도청의 티켓판매기에서 대중교통 티켓을 구입한다. 트램은 큰 정류장에 티켓판매기가 있고, 트램 내부에도 기계가 있다. 단, 트램 내부의 티켓판매기는 동전만 사용할 수 있다. 시내버스는 앞문으로 승차하면서 운전기사에게 구입한다.

전철역의 판매기

대중교통 이용 주의사항

❶ 에스반은 녹색 S, 우반은 파란색 U로 전철역을 표시한다. 버스와 트램은 독일어로 정류장을 뜻하는 Haltestelle의 머리글자인 H로 표시한다. 단, 큰 트램 정류장은 빨간 사각형으로 표시하기도 한다.

❷ 에스반은 같은 플랫폼에 여러 노선이 정차한다. 전광판에 노선 번호와 종점을 잘 확인하고 탑승해야 한다.

트램 내부의 버튼형 판매기

❸ 우반은 기본적으로 노선마다 플랫폼이 분리된다. 한국처럼 표지판에서 노선 번호와 종점을 확인하여 플랫폼을 찾는다.

❹ 안내방송은 독일어가 기본이며, 주요 정류장은 영어도 나온다. 모든 교통수단 내부에 정차 역을 안내하는 스크린이 있으니 직접 내릴 곳을 체크하는 것을 권장한다.

❺ 에스반·우반·트램은 출입문의 버튼을 눌러야 문이 열린다. 중앙역 등을 제외하면 자동으로 열리지 않으니 그냥 기다리다가는 타거나 내리지 못할 수 있다.

❻ 버스는 기사가 문을 개폐해준다. 하지만 하차 시 미리 버튼을 눌러야 문을 열어준다. 탑승 시에는 정류장에 사람이 있으면 일단 정차하므로 손을 들어 표시할 필요는 없다.

정류장 표시

❼ 대부분의 정류장에 도착 정보가 표시되는 전광판이 있다. 다음에 도착할 노선 번호와 도착 예정시간 등이 안내된다.

손잡이를 당겨야 열리는 출입문

에스반 플랫폼의 전광판

티켓 개시 방법

독일은 대중교통 이용 시 별도의 개찰구가 없다. 일단 티켓을 구입하여 스스로 개시하고 탑승한다. 종종 검표원이 탑승해 승객의 티켓을 검사하며, 만약 무임승차가 적발되면 60유로의 벌금을 부과한다. 단, 버스는 앞문으로 탑승하면서 기사에게 티켓을 보여주면 되고, 기사에게 티켓을 구입한 경우 개시 과정은 필요 없다.

개시하는 방법은 소위 '펀칭'이라 부른다. 티켓 판매기 옆에 있는 작은 기계에 티켓을 밀어 넣으면 딸각 소리와 함께 티켓에 검표 도장이 찍힌다. 티켓을 구매했어도 '펀칭'하지 않고 탑승하면 무임승차에 해당됨을 유의하기 바란다. 티켓만 구입하면 되는 줄 알았다거나, 열차가 플랫폼에 도착하는 중이라 시간이 급해 그냥 탑승했다는 식의 변명은 절대 통하지 않는다. 전철역 입구에 펀칭 기계가 있으니 꼭 기억해두자.

뮌헨 카드 & 시티패스

대도시 여행에 빠질 수 없는, 대중교통 무료에 입장료 할인이 지원되는 패스 상품도 함께 소개한다.

• 뮌헨 카드

대중교통 무료 + 주요 관광지 할인(24시간권 18.9유로, 2일권 24.9유로)

• 뮌헨 시티패스

대중교통 무료 + 주요 관광지 무료입장(24시간권 54.9유로, 2일권 76.9유로)

• 위 요금은 M존 대중교통이 포함된 금액이며, M-6존 포함 패스도 함께 판매한다. 최대 5일권까지 다양한 패스를 판매하며, 전체 요금은 QR코드를 스캔하여 확인할 수 있다.

• 할인(뮌헨 카드) 또는 무료입장(뮌헨 시티패스)이 가능한 관광지로는, 레지덴츠 궁전, 님펜부르크 궁전, 피나코테크 세 곳, 알리안츠 아레나 등 주요 스폿이 포함되어 있다.

Only 뮌헨 2박 3일 기본 코스

오직 뮌헨만 여행하려면 2박 3일이 일반적인 일정이다. 기본 중의 기본이 될 뮌헨 핵심 코스만을 쏙쏙 뽑았다. 짧은 시간이지만 뮌헨의 중심부를 만나볼 수 있다.

© München Tourismus / Photo: Werner Boehm

1일

뮌헨의 중심부를 먼저 만나보자. 시내의 주요 관광지와 님펜부르크 궁전까지 알차게 구경하고, 쇼핑도 즐길 수 있다. 님펜부르크 궁전 왕복 시 대중교통 이용이 필요하며, 아래 일정으로는 1회권(M존) 왕복 구입이 경제적이다. 만약 숙소 이동 시에도 대중교통을 이용해야 한다면 1일권 구입이 낫다.

뮌헨의 중심지 마리아 광장에서 여행 시작
신 시청사의 관광안내소에서 지도를
구할 수 있다. 신 시청사나 성 페터 교회 중
한 곳의 전망대 오르기

양파 모양의 첨탑을 가진 성모 교회 입장

바이에른 왕실의 유산 레지덴츠 궁전 관람 후
레지덴츠 궁전이나
마리아 광장 부근에서 점심 식사

오데온 광장과 호프가르텐 둘러보기

오랜 역사의 전통시장인 빅투알리엔 시장
구경하고 간식 사 먹기

화려함의 극치를 보여주는 아잠 교회

님펜부르크 궁전
날씨가 좋다면 정원에서 시간 더 보내기

카를 광장으로 이동, 카를문을 지나
노이하우저 거리에서 쇼핑

마리아 광장이나 성모 교회 주변
유명 비어홀에서 시원한 독일 맥주로 마무리

아잠 교회

마리아 광장

2일

박물관과 미술관에서 문화에 빠져드는 날이다. 전체적으로 방문할 장소는 적지만, 내부 관람에 시간이 많이 소요되고, 걷는 곳이 많아 체력소모가 많은 일정이다. 일부러 시간을 여유 있게 잡아두었으니 충분히 쉬어가며 이동하자. 대중교통 이용이 필요하므로 1일권을 구입한다.

쾨니히 광장 미술관 중 한 곳을 골라
여행을 시작 글립토테크 추천

↓

독일 현대사 박물관인 나치 기록관

↓

세 곳의 피나코테크 중 한 곳을 골라 관람
가장 유명한 곳은 피나코테크 데어 모데르네
관람 후 주변에서 점심 식사

↓

영국 정원에서 서핑을 즐기는 현지인도 보면서
공원 산책

↓

영국 정원의 아이콘인 중국 탑에서 인증샷
여기서 늦은 점심 가능

슈바빙 번화가 구경

BMW 벨트와 BMW 박물관 관람

올림픽 공원 전망대 올라
저녁 풍경 바라보기

마리아 광장으로 돌아와 저녁식사

영국 정원

나치 기록관

쾨니히 광장

3일

마지막 날은 독일 박물관 외에 중요한 일정은 없다. 이틀 동안 놓친 매력적인 미술관을 관람하거나 쇼핑을 하며 하루를 마무리하자. 만약 독일 박물관을 관람하지 않는다면 다하우 강제수용소 기념관이나 슈타른베르크 호수 등 뮌헨 외곽의 중요한 명소를 반나절 다녀오는 것도 추천한다. 아래 일정은 독일 박물관까지 가는 대중교통 1회권(M존)만 구입하면 적당하다.

독일의 우수한 기술력을 실감할 수 있는
독일 박물관

뮌헨의 동쪽 대문인 이자르문을 지나
다시 뮌헨 중심부로 이동해 점심 식사

맥주와 옥토버페스트 박물관으로
뮌헨 여행을 마무리

ⓒ München Tourismus / Photo: L. Gervasi

독일 박물관

ⓒ München Tourismus / Photo: Sigi Mueller

이자르문

ⓒ Deutsches Museum 독일 박물관

(PLANNING 06)

뮌헨+바이에른 **3박 4일 기본 코스**

대도시 뮌헨과는 또 다른 분위기의 소도시나 대자연의 위엄을 느끼게 될 여행지가 뮌헨 주변 바이에른에는 가득하다. 2박 3일 기본 코스 외에 최소한 하루 정도 시간을 더 들여 바이에른의 매력을 놓치지 말고 잠시나마 느껴보자.

**추천
바이에른
원데이 투어**

이 책에는 뮌헨에서 당일치기 여행이 가능한 총 8곳의 여행지를 Special 1day Tour에서 따로 소개했다. 그 중에서 자신의 취향에 맞는 곳을 골라 하루 정도 여행을 떠나보자.

각 여행지마다 뮌헨에서 출발해 뮌헨으로 돌아오도록 하루 일정을 안내한다. 모든 여행지는 바이에른 티켓으로 왕복할 수 있어서 평일 오전 9시 이후에 출발해 저녁쯤 돌아올 수 있다.

저녁에는 뮌헨의 비어홀에서 맥주를 마시며 하루의 피로를 풀어보자. 여름이라면 어느 곳으로 가도 좋지만, 겨울이라면 알프스와 호수는 여행에 제약이 있으니 루트비히 2세의 고성이 있는 퓌센이나 크리스마스마켓이 예쁜 로텐부르크를 추천한다.

아우크스부르크

로텐부르크

(PLANNING 07)

뮌헨 **당일치기 속성 코스**

이 매력적인 도시를 하루 만에 둘러본다는 것은 사실 말이 되지 않는다. 그래도 도저히 스케줄이 허락하지 않는다면 아쉬운 대로 이렇게 하루라도 뮌헨을 여행해 보자. 뮌헨을 당일치기로 알차게 둘러볼 수 있는 속성 코스를 안내한다.

1일

도보 이동을 우선 고려해 동선을 구성했지만, 모든 일정을 도보로만 이동하기에는 체력 부담이 만만치 않다. 대중교통 이용이 가능한 구간은 함께 표시해 두었으니 무리하지 말고 뮌헨의 하루 여행을 즐겨보자.

마리아 광장에서 여행 시작

↓

성모 교회 내부까지 구경하기

↓

아침에 더 활기가 넘치는 빅투알리엔 시장
신선한 빵으로 아침 식사

↓

레지덴츠 궁전 박물관에서
바이에른 왕실의 품격 느껴보기

↓

오데온 광장 구석구석 구경 후
주변에서 점심 식사

↓

영국 정원에서 산책하며 서핑하는
현지인 구경하기

↓

중세 성문 이자르문을 지나
뮌헨의 번화가를 거닐며 상점 구경

↓

카우핑어 거리와 노이하우저 거리에서
쇼핑하기

↓

중세의 성문 카를문을 지나
카를 광장을 둘러보기

↓

피나코테크 데어 모데르네 관람
알테 피나코테크나 노이에 피나코테크 등
다른 미술관도 선택 가능

↓

'독일의 아테네' 쾨니히 광장

↓

중앙역에서 마무리

TIP 만약 시간이 허락되면 중앙역 부근의 유서 깊은 비어홀(비어가르텐)에서 뮌헨의 맥주와 함께 저녁을 먹으며 뮌헨과 작별한다.

뮌헨+바이에른 **일주일 코스**

뮌헨을 여행할 때 권장하는 최소한의 일정은 뮌헨 3일, 바이에른 4일이다. 다음의 일정을 참고해 날씨나 요일에 따라 자유롭게 조정하며 여행 계획을 세워보자. 메어타게스 티켓 구입은 필수!

1일

뮌헨을 동서로 가로지르는 루트로 하루를 채운다. 대중교통 1일권(M존)이 필요하고, 독일 박물관 관람으로 여행을 마친 뒤 시내로 돌아와 호프브로이 하우스 등 비어홀에서 마무리한다.

2일

뮌헨을 남북으로 가로지르는 루트로 하루를 채운다. 대중교통 1일권(M존)이 필요하고, 레지덴츠 궁전에서 여행을 마친 뒤 시내에서 쇼핑이나 비어홀을 즐긴다.

3일

7일 일정이니 무조건 일요일은 포함된다. 일요일에 입장료가 할인되는 미술관을 섭렵하는 코스로 구성하였다.

님펜부르크 궁전
↓
카를 광장
↓
모 교회
↓
마리아 광장
↓
빅투알리아 시장
↓
이자르문
↓
독일 박물관

올림픽 공원
↓
BMW 박물관
↓
슈바빙
↓
알리안츠 아레나
↓
오데온 광장
↓
레지덴츠 궁전

쾨니히 광장과 클립토테크
↓
나치 기록관
↓
피나코테크 삼총사 중 2~3곳
↓
이집트 박물관
↓
바이에른 국립박물관
↓
영국 정원
↓
중국탑
↓
슈바빙

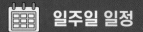

일주일 일정

4일

중앙역에서 레기오날반을 타고 다하우 강제수용소 기념관 **1** 을 찾아간다. 충분한 관람 후 다시 레기오날반을 타고 잉골슈타트 **2** 로 가서 아우디 박물관을 관람하거나 아웃렛에서 쇼핑을 한다. 시간이 남으면 잉골슈타트 시내도 한 바퀴 돌아보면 좋다. 바이에른 티켓으로 모든 교통편이 해결된다.

5일

알프스를 만나는 날이다. 추크슈피체 **3** 또는 베르히테스가덴 **4** 을 당일치기로 다녀온다. 두 곳 모두 산봉우리와 산 아래 호수의 절경이 펼쳐지니 여유 있게 여행하자. 여행기간 중 파란 하늘이 나타나는 날 이 계획대로 움직이면 가장 좋다.

6일

독일에서 가장 유명한 관광지인 노이슈반슈타인성 **5** 을 당일치기로 다녀온다. 바이에른 여행 중 빼놓을 수 없는 곳이다. 퓌센 **6** 시내까지 한 바퀴 돌고 뮌헨으로 되돌아오면 하루가 꽉 찬다.

7일

그 외 이 책에 소개한 바이에른의 매력적인 여행지를 만나보자. 킴 호수 **7** 에서 루트비히 2세의 성과 호수를 만나도 좋고, 로텐부르크 **8** 나 아우크스부르크 **9** 에서 중세의 정취에 빠져도 좋다. 한국인 여행자에게 생소하겠지만 다른 곳에 못지않은 매력을 품고 있는 란츠후트 **10** 도 추천한다.

뮌헨+바이에른 **10일 코스**

바이에른에서 4일간의 여행은 최소한의 일정이라고 할 수 있다. 바이에른을 여행하다 보면 분명 미련이 많이 남을 것이다. 조금 더 여유 있게 바이에른을 즐기면서 로맨틱 가도의 낭만까지 느낄 수 있도록 10일 코스를 소개한다. 뮌헨에서의 3일 일정은 앞서 정리한 뮌헨+바이에른 일주일 코스와 동일하다. 바이에른 7일 일정을 즐겨보자. 물론 메어타게스 티켓은 필수!

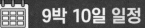

9박 10일 일정

| 4 | 로텐부르크 |

아우디 박물관 12 13 아우렛

10 란츠후트

아우크스부르크 5

슐라이스하임 궁전

다하우 강제수용소 3 11 14 에르딩어 맥주 견학

○ 뮌헨

슈반가우

9 킴 호수

뮈센 린더호프성

6 7 8 추크슈피체

1

2

베르히테스가덴

1~3일

뮌헨+바이에른 일주일 코스의 뮌헨 일정과 동일

4일

추크슈피체 1 또는 베르히테스가덴 2 에서 알프스의 절경을 감상한다. 뮌헨+바이에른 일주일 코스의 5일 내용과 동일하다.

5일

뮌헨에서 일단 호텔을 체크아웃한다. 오전에 레기오날반을 타고 다하우 강제수용소 3 를 돌아본 뒤 다시 레기오날반을 타고 로텐부르크 4 로 이동하여 숙박한다. 나이트 워치맨 투어 등 밤에도 즐길거리 많은 로텐부르크에 숙박하면서 동화 같은 중세 마을의 풍경을 골목골목 놓치지 말고 구경한다. 이날 이동은 모두 바이에른 티켓이 유효하다.

6일

오전에 로텐부르크 시내를 마저 돌아보고, 완벽하게 보존된 중세 성벽에 올라 도시를 한 바퀴 둘러보자. 점심을 먹고 아우크스부르크 5 로 이동해 또 다른 중세 도시의 멋에 빠져보자. 그리고 느지막이 최종 목적지 뮈센 6 으로 간다. 아우크스부르크에서 뮈센까지 레기오날반으로 이동, 뮈센에서 숙박한다.

7일

오전에 기차역에서 바이에른 티켓을 먼저 구매한 뒤, 시내버스를 타고 슈반가우[7]로 간다. 노이슈반슈타인성, 호엔슈반가우성 등 슈반가우 지역을 부지런히 돌아보자. 다른 관광객보다 더 이른 시각부터 여행을 시작하니 이 복잡한 관광지를 훨씬 여유 있게 거닐 수 있다. 오후에는 퓌센 시가지도 잠시 구경한 뒤, 레기오날반을 타고 뮌헨으로 돌아간다. 다시 뮌헨에 숙박.

9일

루트비히 2세의 고성을 마저 보고 싶거나 날씨가 좋아서 휴양을 즐기고 싶으면 킴 호수[9]로, 휴양보다 관광에 적합한 날씨이거나 바이에른의 유서 깊은 소도시 여행을 즐기고 싶으면 란츠후트[10]로 당일치기 여행을 다녀온다. 킴호수를 선택하면 루트비히 2세의 고성 세 곳을 볼 수 있고, 란츠후트를 선택하면 지금까지 본 것과는 또 다른 소도시의 매력에 빠져들게 된다.

8일

루트비히 2세의 또 다른 고성 린더호프성[8]을 당일치기로 다녀온다. 부지런히 다니면 오버아머가우 시가지도 잠시 둘러볼 시간이 있다. 그리고 뮌헨에서 갈 때 기차가 슈타른베르크 호수를 지나니 날씨가 좋으면 1시간 정도 호수에서 유람선을 타고 즐긴 뒤 다시 기차를 타고 린더호프성까지 가는 것도 좋은 방법이다.

10일

슐라이스하임 궁전[11], 잉골슈타트의 아우디 박물관[12]과 아웃렛[13], 뮌헨 외곽의 에르딩어 맥주 견학[14] 등 지금까지 하지 못했지만 미련이 남는 근교 일정으로 마지막 날을 채운다. 쇼핑할 것이 많다면 뮌헨 중심부에서 이날 몰아서 쇼핑하면 된다.

메어타게스 티켓과 **일요일 문화관람**

전 시대의 미술을 두루 볼 수 있는 뮌헨 미술관을 관람할 때, 왕실의 숨결이 깃든 아름다운 궁전이 곳곳에 있는 바이에른을 여행할 때, 당신의 지갑을 지켜줄 두 가지 꿀팁!

일요일 미술관 할인행사

뮌헨의 인기 미술관은 매주 일요일 입장료를 단돈 1유로로 할인하는 파격적인 행사를 지속적으로 진행하고 있다. 묻지도 따지지도 않고 성인 학생 모두 1유로에 입장할 수 있어 매우 경제적이다. 그러니 여행 일정을 정할 때 뮌헨에서 일요일을 보내도록 조정하면 좋다. 인기 절정의 피나코테크 삼총사와 쾨니히 광장의 박물관도 포함된다. 가령, 피나코테크 삼총사를 모두 관람해도 입장료가 단 3유로밖에 되지 않으니 이보다 좋을 수 없다.

일요일 할인 미술관 리스트

알테 피나코테크 254p

노이에 피나코테크 255p

피나코테크 데어 모데르네 256p

브란트호어스트 미술관 258p

글립토테크 253p

안티켄잠룽 253p

이집트 박물관 259p

바이에른 국립박물관 225p

샤크 미술관 225p

고고학 박물관 Archäologische Staatssammlung

인류 자연 박물관 Museum Mensch und Natur

동전 박물관 Staatlichen Münzsammlung

오대륙 박물관 Museum Fünf Kontinente

※ 행사 참여 미술관은 변동될 수 있으니 방문 전 미리 홈페이지를 확인하자.

메어타게스 티켓

바이에른에 소재한 대부분의 궁전은 바이에른 주정부 산하 궁전 관리청Bayerische Schlösserverwaltung에서 관할한다. 그리고 바이에른에서는 이 궁전들에서 유효한 통합 입장권을 만들어 판매하고 있으니 이것이 메어타게스 티켓Mehrtagesticket이다. 구입 후 14일간 모든 궁전에 1회씩 입장할 수 있으며, 유명 궁전 2~3곳만 입장해도 본전을 뽑을 수 있으니 바이에른 여행 시 무조건 구입해야될 필수 아이템과 같다. 영어 명칭은 14일권14-day ticket이다.

Data 요금 1인 35유로, 가족권(성인 2인과 18세 이하의 자녀 1명) 66유로
홈페이지 www.schloesser.bayern.de

사용처

이 책에 소개된 장소 중 뮌헨의 레지덴츠 궁전(166p), 님펜부르크 궁전(198p), 슐라이스하임 궁전(270p), 루트비히 2세의 고성인 노이슈반슈타인성(286p), 린더호프성(362p), 헤렌킴제성(373p), 그리고 호엔슈방가우성(288p)에 서 유효하다. 이곳의 입장료를 모두 더하면 성인 기준 75유로. 메어타게스 티켓을 구입하면 비용이 절반 이하로 줄어든다. 뿐만 아니라 바이에른의 유명 관광지인 뷔르츠부르크의 레지덴츠와 마리엔베르크 요새, 밤베르크의 신 궁전, 유네스코 세계문화유산인 바이로이트의 마르크그라프 오페라 극장 등 수많은 인기 관광지에 입장할 수 있다. 전체 리스트는 홈페이지에서 확인할 수 있다.

구입 방법

메어타게스 티켓으로 입장할 수 있는 모든 궁전과 관광지의 매표소에서 판매한다. 정직한 한국식 발음으로 메어타게스 티켓이라고 하면 못 알아들을 확률이 높으니 간단히 포틴데이즈 티켓을 달라고 하자. 구매 후 카드 뒷면에 자신의 이름을 영문으로 기입하여야 한다. 따라서 원칙적으로 타인에게 양도할 수는 없다.

주의사항

메어타게스 티켓은 입장료를 0유로로 만들어 준다. 노이슈반슈타인성처럼 시간을 정하여 투어 입장권을 발권해야 하는 관광지는 메어타게스 티켓이 있어도 마찬가지의 예약 과정이 필요하다. 노이슈반슈타인성 온라인 예약(284p)을 참조, 예약비는 추가된다. 그 밖의 루트비히 2세의 고성도 기본적인 개념은 같다.

Step 03
Enjoying

....

뮌헨을
즐기다

세계 최고의 **맥주와 옥토버페스트**

세계 최고라 불리는 독일 맥주, 그중에서도 으뜸으로 손꼽히는 바이에른의 맥주, 그리고 그 정점에 뮌헨의 맥주가 있다. 뮌헨이 곧 맥주다. 세계 3대 축제로 꼽히는 옥토버페스트가 그것을 증명한다.

다양한 맥주, 뮌헨의 6대 양조장

바이에른에 있는 양조장의 수는 최소 600개가 넘는다고 한다. 이들이 저마다 여러 종류의 맥주를 만드니 바이에른 맥주의 종류는 최소한 2천 종 이상이다. 이처럼 다양한 맥주가 경쟁하고 있으니 우수한 품질 유지는 선택이 아닌 필수. 특

6대 양조장

히 뮌헨의 6대 양조장으로 꼽히는 호프브로이, 아우구스티너 브로이, 파울라너, 뢰벤브로이, 슈파텐브로이, 하커프쇼르는 반드시 기억해야 할 이름이다. 6대 양조장과 맥주 종류에 대한 이야기는 따로 소개한다.

바이스비어, 즉 밀 맥주가 탄생하고 발전한 곳도 바이에른이다. 우리가 흔히 마시는 라거 타입보다 더 산뜻하고 풍미가 좋은 밀 맥주의 성지에 왔으니 평소 마셔보지 못했던 다양한 타입의 맥주에 망설임 없이 도전해 보자. 저자가 이것 하나만큼은 보장한다. 당신이 메뉴판에서 눈 감고 아무 맥주나 찍어도 그 맛에 실망하지 않을 것이다.

독일의 술 문화, 비어가르텐

비어가르텐이라 불리는 야외 맥주 술집은 독일을 대표하는 음주 문화라 할 수 있는데, 비어가르텐 문화가 가장 융성한 곳이 바로 뮌헨이다. 간단한 음식과 맥주를 각 코너에서 수령해 한꺼번에 결제하고 즐기는 구내식당 같은 방식으로, 팁이 포함되어 있지 않아 가격도 저렴하다. 다수의 비어가르텐에 함께 세워둔 마이바움Maibaum(영어로는 메이폴Maypole)의 앙증맞은 비주얼도 놓치기 아까운 매력 포인트.

1. 가장 순수한 맥주, 맥주순수령

뮌헨의 맥주가 우수한 이유는 바로 1516년 바이에른의 법으로 공포된 맥주순수령Reinheitsgebot 덕분이다. 맥주순수령은 맥주를 만들 때 물, 보리, 홉, 효모 네 가지 원료 외에 다른 것을 일체 첨가할 수 없도록 규정한 법이다. 바이에른의 양조장은 똑같은 원료를 가지고 차별된 맛을 내기 위해 치열하게 연구했고, 저마다 최상의 레시피를 찾아 오늘날까지 계승하고 있다. 지금도 독일 맥주병이나 캔에 1516이라는 숫자는 맥주순수령에 따라 만든 맥주임을 알려주는 사인이다.

2. 밀 맥주는 맥주순수령 위반인데요?

오늘날 세계적으로 유명한 밀맥주는 바이에른에서 탄생했다. 그러나 밀 맥주의 원료인 밀은 맥주순수령 규정 원료에는 포함되지 않는다. 따라서 밀 맥주는 맥주순수령을 위반한 맥주인 것. 15세기 주식이었던 빵의 재료인 밀을 두고 제빵업자와 양조업자들이 가격 경쟁을 벌였고, 이를 무마하기 위해 밀은 빵을 만들도록 하고, 맥주에는 값이 싼 보리를 넣도록 한 것이 맥주순수령의 시작이었다. 하지만 바이에른의 귀족은 밀 맥주의 산뜻한 청량감을 포기할 수 없었고, 귀족 소유의 양조장이나 수도원 양조장에서는 알음알음 밀 맥주를 만들기 시작했다. 결국 밀은 비공식적으로 맥주 원료로 인정받게 되었다.

3. 맥주순수령은 소비자 보호법

식수를 대신하는 생필품인 맥주의 품질 유지를 위해 이물질을 넣지 못하도록 법으로 정해 '상한 맥주'를 마시고 생명이 위독해지는 일이 없도록 만들었다. 게다가 맥주의 가격도 상한선을 정해, 가격이 비싸 가난한 백성들이 피해를 보지 않도록 했다. 맥주순수령은 단지 맥주 맛을 위한 법률이 아니라 국민의 생존권을 염두에 둔 소비자 보호법이라 할 수 있다.

4. 맥주순수령은 공식 폐기되었다

제2차 세계대전 후에도 맥주순수령은 서독과 동독의 법으로 남아 있었지만, 20세기말 외국 맥주업체의 항의로 시작해 지금은 독일 법의 판결로 완전히 폐기되었다. 하지만 독일양조협회는 맥주순수령의 전통을 자랑스럽게 여기며 앞으로도 맥주순수령을 지킬 것이라고 선언했다.

9월의 맥주 축제, 옥토버페스트

옥토버페스트Oktoberfest는 브라질 리우 카니발, 일본 삿포로 눈 축제와 함께 세계 3대 축제로 꼽힌다. 약 17일간의 축제를 즐기려 매년 600만 명 이상이 뮌헨을 찾을 정도로 거대한 맥주 축제가 펼쳐진다. 축제는 매년 9월 셋째 토요일에 시작해 10월 첫째 일요일에 끝난다. 단, 10월 첫째 일요일이 10월 1~2일인 경우에는 공휴일인 10월 3일에 축제가 끝난다.

옥토버페스트의 기원

그리스 문화를 좋아했던 루트비히 1세는 결혼식을 축하하며 올림픽을 모방해 스포츠 제전을 열어 시민들을 초대했다. 반응이 좋아 이듬해부터 연례행사로 개최했던 것이 점차 민속축제로 발전했다. 1880년부터 맥주 판매가 허용되면서 맥주로 유명한 도시이다 보니 축제가 커졌다. 맥주 판매의 규모가 커지면서 결국 맥주 축제로 자리 잡았는데 이것이 지금의 옥토버페스트다.

옥토버페스트의 진행

테레지엔비제 광장에 축제가 준비된다. 뮌헨 6대 양조장에서 12개의 대형 천막(실제로는 큰 가건물)을 세워 비어홀을 만든다. 그중 슈파텐브로이의 쇼텐하멜Schottenhamel에서 개막식이 열린다. 바이에른의 주지사가 맥주 통을 따면서 "오차프트이스O'zapft is!"(바이에른 사투리로 '술통이 열렸다'는 뜻)라고 외치는 것이 전통적인 개막 행사다. 천막 밖에도 맥주나 음식, 기념품을 파는 부스가 빼곡히 들어서고, 대관람차 같은 놀이시설도 자리를 메운다. 따로 입장료는 없으며, 자유롭게 광장을 출입하면서 축제를 즐기면 된다. 비어홀의 영업시간은 평일 오전 10시, 주말과 휴일 오전 9시 30분부터 새벽 1시까지. 맥주 주문은 밤 10시 30분까지 가능하다. 미성년자도 출입할 수 있지만 저녁 8시 이전에 퇴장해야 한다. 만 16세 이상부터 맥주 주문이 가능하다.

개막식이 열리는 쇼텐하멜

주의사항

❶ 2016년부터 테러 예방을 위해 가방 반입을 금지한다. 작은 크로스백이나 카메라 가방 정도만 휴대할 수 있으며, 배낭과 캐리어는 반입이 불가능하다. 축제 장소에는 짐 보관소가 협소하므로 큰 가방은 숙소에 두고 나오거나 중앙역의 코인로커에 보관하도록 하자. 워낙 방문자가 많기 때문에 코인로커도 빈 칸이 없을 확률이 높으니 가급적 가방을 가지고 오지 않는 것이 좋다.

❷ 평일 저녁과 주말에는 천막 내에 빈 좌석이 거의 없으므로 홈페이지를 통해 예약을 권장한다. 평일 낮에는 그래도 빈 좌석이 조금 있는 편이다.

❸ 술을 마시는 장소인지라 취객도 눈에 띈다. 괜한 소요 사태에 휘말리지 않도록 주의하고, 만약 시비가 붙으면 절대 직접 해결하지 말고 현장의 경찰에게 도움을 청하자. 맥주잔으로 폭행하는 사고가 매년 수십 건 발생한다고 한다.

❹ 여성 혼자 방문한 경우 성희롱 등 불쾌한 경험을 하는 사례가 일부 보고되고 있다. 만약 여성 혼자라면 복잡한 저녁이나 주말보다는 평일 낮을 권한다.

❺ 화장실은 곳곳에 무료로 개방되는데, 워낙 사용자가 많아 청결을 보장하기는 어렵다.

❻ 축제 기간 중 숙박대란이 발생한다. 3~6개월 전에 미리 예약하는 것이 좋으며, 뮌헨에서 1~2시간 떨어진 도시에 숙소를 잡는 것도 고려해 보자.

📣 |Theme|

옥토버페스트 제대로 요리하기

주재료

당연히 주인공은 맥주. 특별히 이 기간에 만드는 축제용 맥주 페스트비어Festbier는 알코올 도수가 5.8~6.3도로 세다. 페스트비어는 기본이 1리터. 우리식 표현으로 '500 두 잔'이 기본이라는 사실. 마스Maß라고 부르는 1리터 짜리 맥주잔은 한 손으로 들기도 무거울 정도로 우람하다. 술이 약해 1리터는 무리라고 생각된다면 500ml로 주문할 수 있지만 이것은 생맥주가 아니라 병맥주를 잔에 따라 주는 것이다.

여기에 푸짐한 음식을 곁들인다. 축제 현장의 인기 스타는 단연 부어스트(소시지). 그리고 통닭구이도 곳곳에 보인다. 천막 밖 매점에서는 독일식 프렌치프라이 포메스Pommes, 즉 감자 튀김에 마요네즈를 듬뿍 발라 먹는 것이 별미.

부재료

아나운서의 재미난 멘트와 현란한 조명으로 호객하는 놀이시설도 살펴보자. 함부로 도전할 수 없을 정도로 아찔한 시설도 일부 있다. 평소 테마파크에서 무서운 놀이시설을 즐기는 마니아라면 세계 3대 축제 현장에서 비슷한 경험을 해보는 것이 어떨까. 모든 놀이시설의 입장권은 그 자리에서 현장 판매한다. 초창기 축제의 분위기를 간직한 섹션은 별도 입장료를 받고 들어간다. 클래시컬한 놀이시설, 아이들이 좋아할 분위기, 그 속에서도 연주와 맥주를 즐기는 콘셉트인 오이데 비즌Oide Wiesn도 옥토버페스트에서 그냥 지나칠 수 없는 재미를 준다.

양념

앙증맞은 꽃마차가 맥주 통을 달고 뮌헨 시내와 축제 광장을 열심히 돌아다닌다. 고생하는 말들이 생산한 매화(?)의 향내가 거슬리게 하기도 하지만 축제 분위기를 돋우는 데 이만한 조력자가 없다. 종종 비어홀 소속 마칭밴드가 흥겨운 음악을 연주해 눈길을 끌기도 한다. 바이에른 전통의상을 입고 나온 현지인의 모습도 시선을 사로잡는다. 남성용 전통의상은 레더호젠Lederhosen, 여성용 전통의상은 디른들Dirndl이라고 부른다. 마치 한국인이 한복을 입고 명절에 임하듯 남녀노소 전통의상을 차려입은 모습에 절로 미소가 그려진다.

디저트

비어홀에서 시간마다 브라스 밴드의 연주에 맞춰 현지인이 목청껏 부르는 '건배송'이 있다. 가사는 "아인 프로짓, 아인 프로짓, 데어 게뮈틀리히카이트Ein Prosit, ein Prosit, der Gemütlichkeit". 의역하면, "건배하세, 건배하세, 얼쑤 좋구나!" 정도로 풀이할 수 있겠다. 멜로디가 단순해 한두 번 들으면 금세 따라 부를 수 있을 것이다. 노래에 맞춰 모두 1리터짜리 맥주잔을 높이 들고 건배하니 주변 사람들과 잔을 부딪치며 함께 노래해 보자. 모르는 사람이면 어떠랴. 여기서는 다 '술친구'인 것을.

외로움이 사무치는
루트비히 2세의 고성 투어

'디즈니성'이라는 애칭으로 불리는 노이슈반슈타인성을 건설한 바이에른의 국왕 루트비히 2세. 그는 기이한 행적과 광기 어린 집착으로 자신의 은신처를 만들기 위해 숨 막히게 아름다운 성을 지었다. 그의 광기가 후대의 여행자에게 큰 즐거움이 되는 것이 참으로 아이러니하다.

루트비히 2세

바이에른의 네 번째 국왕 루트비히 2세Ludwig II(1845~1886). 19세의 어린 나이에 왕위에 올랐으며 190cm에 달하는 훤칠한 키와 수려한 외모로 인기가 많았다. 하지만 어린 왕을 견제하는 의회와의 갈등이 심해지면서 대인기피 증세를 보이기 시작했고, 속세를 떠나 은둔할 안식처를 찾다가 직접 외딴 곳에 성을 만들기에 이른다.

문화와 예술에 조예가 깊었고 특히 건축에 남다른 센스가 있었다. 그의 궁전은 모두 그의 아이디어가 반영된 것이다. 독일의 작곡가 바그너Richard Wagner를 몹시 좋아해 막대한 후원을 하고 깊은 관계를 가졌는데, 동성애로 오해를 받아 이 또한 대인기피증이 심해지는 원인이 되었다.

궁전 건축에 막대한 돈을 쏟아부어 왕실의 재산을 탕진하고도 멈추지 않자 바이에른 의회는 그를 정신병자로 진단하고 강제로 왕위에서 끌어내린 뒤 슈타른베르크 호수로 유배 보냈다. 그리고 루트비히 2세는 3일 만에 유배지에서 익사체로 발견되었다. 상실감에 자살한 것이라 발표되었지만 수영을 몹시 잘했던 장신의 그가 무릎 높이의 호수에서 익사했다는 것을 곧이곧대로 믿는 사람은 없다.

국고를 탕진하게 만든 그의 성이 관광자원이 되어 막대한 수입을 가져다줌으로써 오히려 바이에른은 큰돈을 벌었으니 이 또한 흥미로운 결과다. 오늘날에도 루트비히 2세의 고성 세 곳 모두 바이에른 주정부가 소유하고 있다.

© Bayerische Schlösserverwaltung

노이슈반슈타인성

1864년 왕위에 오른 루트비히 2세가 1869년부터 건축을 명하였다. 그가 어린 시절을 보낸 '백조의 땅'이라는 뜻의 슈반가우Schwangau 절벽 위에 성을 지었다. 이때만 해도 그의 기행이 심하지 않았으며, 그가 몹시 좋아했던 바그너의 오페라 〈로엔그린Lohengrin〉에서 영감을 받아 '백조의 성'을 만들려 했다. 하지만 루트비히 2세가 쫓겨나기 전까지 완공되지 못했고, 루트비히 2세는 이 성에 불과 2~3주 정도만 머물렀다고 한다.

린더호프성

루트비히 2세는 노이슈반슈타인성에 만족하지 못하고 1870년 새로운 성을 지었다. 이때부터는 세상으로부터 은둔하려는 목적이 드러나기 시작한다. 고성 세 곳 중 유일하게 완공되어 희소성이 있는데, 처음의 계획보다는 훨씬 축소된 상태로 공사가 끝난 것이다. 그러니 루트비히 2세의 입장에서는 린더호프성 또한 미완성이라고 할 것 같다.

헤렌킴제성

은둔의 목적이 가장 크게 드러난 마지막 성. 앞선 두 곳은 왕실 소유 땅에 지었는데 헤렌킴제성은 1871년 아예 섬을 통째로 사서 그곳에 지은 것이다. 배 없이는 외부와 연결될 수 없는 섬 속에 성을 지어 세상으로부터 숨고 싶은 그의 의지를 드러냈지만, 그 와중에도 성은 최고로 화려하게 만들어야 하기에 파리의 베르사유 궁전을 모방하여 아낌없는 사치를 부렸다. 세 곳 중 가장 많은 공사비가 들었기에 결국 여기서 국고가 바닥나고 만다. 노이슈반슈타인성은 그래도 대부분 완성된 상태였지만, 헤렌킴제성은 절반 이상 미완성으로 끝나고 말았다.

© Bayerische Schlösserverwaltung

(ENJOYING 03)

심장을 뛰게 하는 **독일 명차의 향연**

독일 명차는 그 자체로 심장을 뛰게 하는 최고급의 상징이다. 바이에른 역시 자동차 산업에 중요한
지분을 차지한 곳. 그러니 뮌헨 여행 중 꼭 독일 명차의 위엄을 가까이에서 느껴보자.

BMW

바이에른 자동차 공업Bayerische Motoren Werke,
줄여서 베엠베(비엠더블유)BMW가 시작된 도시
가 뮌헨이다. 세계적 기업의 본사가 있으니 휘
황찬란하게 관광객 맞이할 준비를 했음은 당연
지사. BMW 박물관과 BMW 벨트가 길 하나
를 사이에 두고 연결되어 있다.

메르세데스 벤츠

벤츠의 본사는 독일 서남쪽 슈투트가르트에 있
으나 뮌헨에도 호화로운 대형 전시장이 있어 마
치 박물관 구경하듯 벤츠 전 차종을 구경할 수
있다.

아우디

독일 고급차로 빼놓을 수 없는 아우디도 뮌헨
근교 잉골슈타트에 본사를 두고 있다. 여기에
아우디 박물관을 운영하며 과거와 현재의 명차
를 알차게 전시 중이다.

아우디 박물관

낭만이 쏟아지는 **동화 같은 소도시 여행**

독일 여행에서 빼놓을 수 없는 것이 바로 소도시 여행. 중세의 시간이 그대로 멈춘 것 같은 소도시의 풍경은 마치 동화책 속으로 빨려 들어간 것 같은 기분이 든다. 과거를 소중히 여기는 독일의 철학을 느낄 수 있다.

로텐부르크

독일의 동화 같은 소도시를 거론할 때 항상 첫 손에 꼽히는 대표적인 관광지. 중세의 건물이 파스텔톤 옷을 입고 올망졸망 모여 있는 모습, 여기에 투박하게 만든 성벽과 성탑이 도시를 감싸고 있는 모습은 시공을 초월한 듯한 감동을 준다.

퓌센

'백조의 성'이 워낙 유명해서 그렇지 퓌센도 그 자체로 소도시의 매력을 한껏 발산하는 훌륭한 관광 명소라는 사실을 잊지 말자.

란츠후트

란츠후트는 소도시의 감성을 지니고 있지만 도시 규모는 소도시 이상으로 크다. 낭만과 편의를 모두 갖춘 곳이라 할 수 있다. 란츠후트는 바이에른의 유서 깊은 역사를 간직하고 있다.

아우크스부르크

소도시라고 하기에는 무리가 있지만 구시가지의 정취는 소도시 분위기와 너무 잘 어울린다. 구불구불한 길을 따라 걸으며 중세의 시간 속으로 빠져보자.

독일에서 만나는 **알프스의 위엄**

알프스 하면 떠오르는 나라는 스위스. 하지만 이 거대한 산맥은 유럽 5개국에 가지를 뻗쳐 광활한 대자연의 위엄을 떨친다. 알프스는 독일 남쪽에 있다. 따라서 남부의 대도시 뮌헨은 알프스 관광의 훌륭한 거점이다.

알프스 봉우리 정복

독일 최고봉 추크슈피체가 단연 백미. 독일에서 가장 높은 곳을 표시한 황금 십자가를 배경으로 기념사진을 남겨보자. 뷰포인트로 말할 것 같으면 '독수리의 집'이라 불리는 히틀러의 별장 켈슈타인 하우스도 빼놓을 수 없다. 높은 산봉우리에 오르지만 체력을 크게 요하지 않는다는 것도 장점. 추크슈피체는 등반열차와 케이블카로, 켈슈타인 하우스는 버스와 엘리베이터로 오른다. 남녀노소 누구나 수월하게 알프스를 발밑에 둘 수 있다. 스위스의 유명 봉우리에 비해 가격이 저렴하다는 것도 독일 알프스의 장점이다.

만년설을 즐기는 방법, 스키와 전망대

독일 최고봉 추크슈피체는 겨울철 알프스 자연설을 지치며 바람을 가르는 스키장으로도 유명하다. 액티비티를 즐기고 싶다면 만년설에서 스키를 타보자. 추크슈비체보다 가르미슈클래식이 스키장으로서의 명성이 더 높으니 짜릿한 쾌감을 원한다면 추천.

그리고 추크슈피체산의 중간쯤에 있는 알프스픽스는 알프스를 내려다볼 수 있는 X자 모양의 전망대. 케이블카나 트레킹으로 올라갈 수 있는데, 높고 가파른 추크슈피체보다 완만하고 길도 잘 정비되어 있다. 약 1,000미터 높이에 있어 아찔하지만 아름다운 알프스 풍경을 볼 수 있다.

바다처럼 드넓은 **호수 유람**

알프스는 험준한 산세의 아름다움만 주지 않았다. 산맥 주변 곳곳에 짙푸른 청정 호수를 만들어 시원한 풍경을 선사하는 것도 알프스가 준 선물이다. 해변 휴양지가 많지 않은 독일에서는 바다보다 호수가 더 대중적인 휴양지인데, 바로 그 현장을 직접 찾아갈 수 있다.

바이에른의 바다, 킴 호수

킴 호수는 '바이에른의 바다'로 불린다. 기차역에서 증기기관차를 타고 호수에 가서 유람선을 타고 시원하게 즐길 수 있어 색다른 재미를 준다. 또한 루트비히 2세가 만든 헤렌킴제성도 킴 호수에 있으니 휴양이 아닌 관광을 위해 들를 일도 많다.

뮌헨에서 가까운 슈타른베르크 호수

알프스 부근까지 멀리 찾아가지 않아도 뮌헨 지척에 넓은 청정 호수가 있다. 바로 슈타른베르크 호수. 뮌헨 시민이 콧바람 쐬러 찾아오는 대표적인 휴양지이며, 루트비히 2세가 익사체로 발견된 역사적 장소이기도 하다.

깨끗함의 결정체, 쾨니히 호수

독일 동남부 베르히테스가덴 국립공원의 쾨니히 호수는 알프스의 험준한 산맥의 틈에 계곡처럼 길게 형성된 모습이 마치 북유럽의 피오르(피오르드)를 보는 듯하여 더 인상적이다. 메아리가 몇 겹으로 울리는 산세를 따라 여행하는 재미가 정말 탁월하다.

이름부터 알프스, 알프 호수

노이슈반슈타인성 부근에 있는 알프 호수는 앞서 소개한 곳들보다 면적은 넓지 않지만 산봉우리가 병풍처럼 둘러 있어 매우 고즈넉하고 운치 있다. 성 관광을 마치고 내려와 호수가 보이는 레스토랑에서 커피나 맥주를 마시며 숨을 고르다 보면 백조 몇 마리가 노닐며 '백조의 성' 여행의 여운을 극대화해줄 것이다.

최고봉 아래의 아이브 호수

아이브 호수는 독일 최고봉 추크슈피체 봉우리 아래에 있는 넓은 호수. 한여름에도 기온이 쌀쌀한 높은 산 위에서 찬바람을 맞으며 관광한 뒤 아이브 호수에서 기분 좋게 휴식을 취하고 뮌헨으로 되돌아갈 수 있다. 연인이라면 에메랄드빛 호수 위에서 페달보트를 타며 즐거운 추억을 만들어보시길.

고대부터 현대까지
모든 시대의 예술 속으로

루브르 박물관이나 바티칸 박물관 같은 초대형 박물관은 없다. 그러나 뮌헨의 박물관과 미술관을 모두 모으면 어지간한 대형 박물관 부럽지 않은 문화의 향연이 펼쳐진다. 처음부터 특정 박물관을 키우기보다는 시대별 전문 미술관을 만들어왔기 때문. 마침 이 모든 미술관이 한 지역에 모여 있다. 하나의 큰 캠퍼스를 걷는 기분으로 모든 시대의 예술을 섭렵해 보자.

뮌헨의 시대별 전문 미술관 6

고대 이집트
이집트 박물관

고대 그리스로마
글립토테크, 안티켄잠룽

중세 미술
알테 피나코테크

근대 미술
노이에 피나코테크

현대 미술과 디자인
피나코테크 데어 모데르네

초현실주의 미술
브란트호어스트 미술관

TIP 여기 소개된 미술관은 모두 일요일에 단돈 1유로만 내고 입장할 수 있다. 자세한 내용은 064~065p 참조.

과거사의 사죄, 진심 어린 감동

독일의 다른 도시와 마찬가지로 뮌헨에서도 나치 집권기 동안 잔인한 범죄가 횡행했다. 부끄러운 과거를 감추지 않고 가감 없이 드러내며 반성하는 독일의 지성이 뮌헨에서도 목격된다. 보여주기 위한 '쇼'가 아니라 진정성 있는 사죄라는 것이 느껴지기에 마음 한구석이 묵직해진다.

다하우 강제수용소 기념관

과거사 사죄의 하이라이트는 뮌헨 근교 다하우에 있는 나치 강제수용소를 기념관으로 공개한 곳이다. 다하우 강제수용소 기념관은, 지금은 폴란드 영토에 속한 아우슈비츠 강제수용소 기념관과 함께 나치의 만행이 적나라하게 기록된 기념관으로 쌍벽을 이룬다.

수감자를 학살하기 위해 만든 가스실, 탈출하지 못하도록 만든 전기 철조망 등 지금까지 남아 있는 당시의 야만적인 시설만으로도 기분이 먹먹한데, 당시의 자료사진과 피해자의 노트, 그림, 증언 등을 보고 있자면 절로 고개가 돌아간다. 그러나 이런 장소에 자녀를 데리고 나와 하나하나 설명해 주는 독일의 부모들, 학생들을 인솔하여 교육도 하고 서로 토론도 하게 하는 교사들의 모습을 보고 있으면 어떻게 독일이 과거를 딛고 오늘의 영광을 누리고 있는지 자연스럽게 알게 될 것이다.

나치 기록관

뮌헨에 새로 문을 연 나치 기록관 역시 나치 집권기의 수많은 폭력과 야만의 기록을 감추지 않고 드러낸다. 또한 네오나치와 극우주의에 대한 내용까지 다룸으로써 나치의 폭력이 과거에 끝난 것이 아니라 현재진행형이라는 경고도 잊지 않는다. 전쟁을 겪어보지 못한 어린 세대에게 나치는 실감 나지 않는 지나간 과거일 뿐이겠지만 그것이 오늘날에도 '실존'함을 분명한 목소리로 이야기한다.

유스티츠 궁전

백장미단의 추모

나치에 저항한 뮌헨 대학생들인 백장미단을 추모하는 기념비도 곳곳에 있다. 슈바빙의 뮌헨 대학교에 있는 백장미단 기념단이 대표적인 장소. 법원인 유스티츠 궁전에도 백장미단에게 사형을 선고했던 재판정이 기념관으로 공개되어 있다.

뮌헨 대학교 앞 기념비

세계를 호령하는 **독일 축구 체험**

이제 독일 축구는 유럽의 중심이다. 유럽 축구를 안방에서 볼 수 있게 된 이래 한국에도 독일 축구팬이 급증했다. 축구팬이라면 독일 축구의 성지 뮌헨, 한국인 선수에 유독 우호적인 아우크스부르크에서 축구 열기에 빠지고 싶은 게 당연!

경기장

바이에른 뮌헨의 홈구장인 뮌헨 알리안츠 아레나는 독일 축구의 성지로 불린다. 경기를 직접 보기 위해, 경기를 보지 않더라도 내부의 가이드투어로 바이에른 뮌헨의 숨결을 느껴보기 위해 멀리 떨어져 있는 이곳까지 찾아온다. 내부 투어를 하지 않더라도 유선형의 아름다운 구장을 밖에서 구경만 하려고 오기도 한다. FC아우크스부르크의 홈구장인 WWK 아레나는 시설이나 상징성에 있어서 그리 빼어난 편에 속하지는 않는다. 하지만 FC아우크스부르크에 한국인 선수가 곧잘 소속되어 있기 때문에 경기를 직접 보러 찾아가는 한국인이 적지 않다.

티켓 예매

바이에른 뮌헨과 FC아우크스부르크 모두 인터넷 홈페이지에서 향후 몇 경기(홈경기만 해당)의 입장권 예매가 가능하다.

바이에른 뮌헨

시즌권을 가진 사람에게 먼저 구매 기회가 돌아가므로 우리 같은 여행자가 홈페이지에서 티켓을 구할 확률은 안타깝지만 그리 높지 않다. 아무튼 경기 관람을 원하면 밑져야 본전이니 홈페이지부터 확인해 볼 것. 구매자 중 취소 티켓이 나오면 해당 홈페이지의 티켓 익스체인지Ticket Exchange 코너에서 구매할 수 있다. 인터넷 예매에 실패했다면 비아고고(www.viagogo.de)와 같은 직거래 사이트에서 웃돈을 주고 구매해야 한다.

바이에른 뮌헨 홈페이지 화면

FC아우크스부르크

다행히 독일 내 인기구단이 아닌지라 홈페이지에서도 티켓 예매가 크게 어렵지 않은 편이다. 물론 원정팀이 바이에른 뮌헨이나 보루시아 도르트문트 등 인기구단이라면 사정이 다를 수 있다는 점은 덧붙인다.

FC아우크스부르크 홈페이지 화면

팬숍

뮌헨 시내 곳곳에 바이에른 뮌헨의 팬숍이 있다. 유니폼과 트레이닝복은 물론 기념품과 축구용품도 구매할 수 있으니 축구팬이라면 아이쇼핑을 위해서라도 들러볼 만하다. 가장 크고 굿즈의 종류도 다양한 메가 스토어는 알리안츠 아레나에 있고, 시내에서 가장 쉽게 접근할 수 있는 곳은 중앙역 지하와 성모교회 부근에 있다. 전체 팬숍 위치는 홈페이지 참조.

독일 식도락의 최고봉, **독일 향토요리**

유명한 독일 음식은 대부분 바이에른에서 시작됐다는 사실! 양도 푸짐하고 칼로리도 푸짐한 독일 요리의 정수를 바이에른에서 만날 수 있다.

TIP 독일 요리는 간이 셉니다!

여기서 소개한 학세, 슈니첼 등 독일 향토요리는 기본적으로 맛이 짠 편이다. 맥주와의 궁합을 위해 짜게 먹는다는 우스갯소리도 있을 정도. 독일은 기압이 낮고 날씨가 흐리다. 이런 기후에서 생활하면 혈관이 확장되어 두통을 유발하므로 독일인은 건강을 위해 일부러 짜게 먹는다. 혹시라도 건강상의 이유로 짠 음식을 피해야 한다면 주문 전 미리 이야기를 해두자. 영어로 "Don't make too salty" 정도로만 이야기하면 문제는 없다(그럼에도 불구하고 '전통에 대한 고집'을 가진 유서 깊은 레스토랑에서는 요청을 들어주지 않을 수 있다). 아무튼 음식이 짠 편이기에 맥주와 궁합이 딱 맞는 것은 분명한 사실. 그러니 특별히 '금주'하는 여행자가 아니라면 맥주와 함께 먹는 것을 강력히 권장한다.

부어스트 Wurst

독일의 자랑인 소시지를 독일어로 부어스트라고 한다. 부어스트는 그 종류도 굉장히 많고, 독일의 오랜 역사와 함께한 음식이기에 독일인의 자부심도 상당하다. 기본적으로 크고 실해서 식사용으로 도 손색이 없고, 가볍게 들고 먹을 수 있어 간식용으로도 제격이다. 일부 지역에서는 성인 손가락 크기 정도의 작은 부어스트를 파는데, 이런 것은 뷔어스트헨Würstchen이라고 부른다.

조리 방식에 따른 구분

구워서 만든 것을 브라트부어스트Bratwurst, 삶아서 만든 것을 보크부어스트Bockwurst라고 한다. 만약 따로 설명이 없다면 십중팔구 브라트부어스트다.

지역에 따른 구분

해당 부어스트가 탄생한 지역을 기준으로 이름을 붙인다. 프랑크푸르트 지방의 소시지는 프랑크푸 르터 부어스트Frankfurter Wurst(우리가 '프랑크 소시지'라고 부르던 그것이다), 튀링엔 지방의 소시 지는 튀링어 부어스트Thüringer Wurst라고 부르는 식이다.

재료에 따른 구분

간으로 만든 레버부어스트Leberwurst, 선지를 첨가한 블루트부어스트Blutwurst 등이 있다. 하지만 주로 정육점에서 판매하며, 레스토랑에서 먹을 만한 것은 아니다. 베를 린의 명물 커리부어스트Currywurst처럼 소스와 양념으로 이름을 붙인 경우도 있다.

Aus Bayern **바이스 부어스트** Weißwurst

직역하면 '흰 소시지'라는 뜻. 실제로 희고 통통한 소시지가 하얀 도자기 그릇에 담겨 나온 다. 위에 설명한 보크부어스트의 일종으로 그릇에서 부어스트를 꺼내 접시에 올린 뒤 껍질을 벗겨 머스터드소스에 찍어 먹는다. 잘 모르고 껍질째 먹다가 고생했던 경험담을 종종 들어보았다. 과감하 게 손으로 껍질을 벗겨버리자. 바이스 부어스트는 송아지 고기로 만

든다. 냉장 기술이 없던 시절에는 송아지 고기가 쉽게 상하는 탓에 재 료를 조금만 가져다 만들었기 때문에 바이스 부어스트가 일찍 동이 나기도 했었다. 그 전통을 기억하는 유서 깊은 레스토랑에서는 여전 히 소량만 만들어 팔고 있기 때문에 늦은 밤에 가면 바이스 부어스트 를 주문할 수 없는 경우도 있다.

Aus Bayern **뉘른베르거 부어스트** Nürnberger Wurst

바이에른 제2의 도시이면서 프랑켄에 속한 뉘른베르크 지역의 부어스트. 브라트부어스트의 일종인데, 부어스트의 크기가 손가락 정도 로 짧고 가늘다. 그래서 메뉴 하나에 부어스트가 기본 6개, 보통 8~12 개 나온다. 성인 남성 기준으로 10개 이상은 먹어야 배가 부르다.

* Aus Bayern: 바이에른에서 시작된 향토요리

(Aus Bayern) 학세 Haxe

이른바 '독일식 족발'로 불리는 학세. 바이에른 지역의 사투리인 학슨Haxn이라는 표기도 종종 보인다. 돼지 정강이 살을 뼈째로 요리하는데, 겉은 딱딱하지만 속은 마치 족발을 먹듯 식감이 부드럽다. 돼지고기로 만든 슈바이네학세Schweinehaxe(또는 슈바인스학세Schweinshaxe라고도 한다)가 단연 유명하고, 송아지고기로 만든 칼브학세Kalbshaxe도 있다. 영어 메뉴판에는 포크 너클Pork knuckle이라 적혀 있다.

(Aus Bayern) 슈바이네브라텐 Schweinebraten

슈바인스브라텐Schweinsbraten이라고 적는다. 직역하면 '돼지 구이'라는 뜻. 그런데 구이 요리가 아니라 초벌구이한 것을 오븐에 쪄서 소스와 함께 먹는 방식이다. 그래서 학세처럼 식감이 부드럽고, 학세와 달리 딱딱한 껍질이 없기 때문에 더 간편하게 먹을 수 있다는 장점이 있다. 영어 메뉴판에는 로스트 포크Roast pork라고 적혀 있다.

슈니첼 Schnitzel

엄밀히 말하면 오스트리아에서 탄생했지만 당시만 해도 독일과 오스트리아가 같은 나라(신성로마제국)였으니 독일 향토요리로 보아도 무방하다. 슈니첼을 영어로 포크 커틀릿Pork cutlet이라고 하고, 커틀릿을 발음하지 못하는 일본인들이 '가쓰레트'라고 발음한 것에서 돈가스라는 이름이 유래했으니 이게 바로 '원조 돈가스'다.

아이스바인 Eisbein

'독일식 족발' 학세에 버금가는 또 하나의 튼실한 요리가 바로 아이스바인이다. 베를린을 포함한 독일 동북부에서 탄생했기에 동유럽 요리와 유사하다. 슈바이네학세와 같은 부위를 푹 삶아서 소스를 곁들여 먹기에 그 맛은 '독일식 수육'이라고 할 수 있겠다. 뮌헨에서는 당연히 아이스바인보다 학세의 인기가 높지만 바이에른식 아이스바인 주어학세Surhaxe는 기억해두자.

게조테네 옥센브루스트 Gesottene Ochsenbrust

쇠고기로 만든 국물 요리. 마치 고깃국을 먹는 것 같은 느낌이다. 국물이 느끼하지 않고 상큼한 채소로 맛을 내어 뒷맛이 깔끔하다. 만약 전날 무리한 음주로 속이 불편하다면 해장국 대용으로도 괜찮다.

레버캐제 Leberkäse

Aus Bayern

레버캐스Leberkäs라고도 한다. 직역하면 '간肝 치즈'라는 뜻. 돼지고기를 다진 뒤 간 부위를 소량 첨가해 뭉쳐서 식빵 모양으로 만든 것이다. 이것을 얇게 잘라 빵에 끼워 먹는 것이 마치 치즈와 비슷하다 하여 레버캐제라는 이름이 붙었다. 베이커리에서는 빵 사이에 끼워 먹고, 레스토랑에서는 돌판에 구워 감자나 달걀프라이와 함께 먹는다. 맛은 통조림 햄과 유사하다.

플라이슈플란체를 Fleischpflanzerl

Aus Bayern

'독일식 미트볼' 요리. 독일뿐 아니라 유럽에서 어디를 가든 이러한 미트볼 요리는 흔하게 발견할 수 있는데, 특별히 바이에른 지역의 미트볼 요리는 '플라이슈플란체를'이라고 부른다. 직역하면 '고기 완자'라는 뜻이다. 바이에른의 푸짐한 고기 요리들에 비해 양이 적은 편이므로 부담 없이 먹을 수 있다.

오바츠다 Obatzda(Obazda)

Aus Bayern

바이에른에서 탄생한 스프레드 치즈. 빵에 발라 먹는 용도로 고안되었으나 그 짭조름하고 고소한 맛이 일품이어서 비어홀의 안주로 각광받는다. 배는 부른데 가벼운 안주가 필요할 때 오바츠다를 강력히 추천한다. 치즈요리라 느끼할 수 있어 피클이나 양파가 함께 나오는 경우가 많다.

카이저슈마른 Kaiserschmarrn

직역하면 '황제의 스크램블' 정도로 풀이된다. 오스트리아 황제 요제프 1세를 위해 고안된 요리로 알려져 있다. 반죽을 잘게 찢어 튀긴 뒤 과일잼 등을 곁들여 먹는다. 주로 조식 또는 중식 대용으로 먹는다.

자우어크라우트 Sauerkraut

양배추를 발효시켜 만든 독일식 샐러드. 향토요리를 주문하면 반찬처럼 함께 나오는 곳이 많다. 자우어크라우트는 그 시큼한 맛과 아삭한 식감으로 한국에서는 '독일식 김치'라고 불린다. 실제로 김치를 구하기 힘든 유학생들은 자우어크라우트를 가지고 '유사 김치찌개'를 끓여 먹는다.

뮌헨 6대 맥주 완전정복

옥토버페스트에 참여하는 호프브로이, 아우구스티너 브로이, 파울라너, 뢰벤브로이, 슈파텐브로이, 하커프쇼르 6개 양조장이 바로 뮌헨의 6대 맥주. 이들을 지나치고서는 뮌헨을 여행했다고 할 수 없다는 사실!

맥주의 종류

굉장히 다양한 맥주를 고르기 위해 기본적으로 맥주의 종류를 알아두면 도움이 된다. 다음과 같은 대표적인 종류를 기억해두자.

필스너 Pilsner

한국에서 흔히 마시는 라거 타입의 맥주. 하지만 탄산으로 맛을 내지 않고 보리맥아 특유의 풍미가 강해 약간 쌉쌀한 맛이 난다. 좀 더 산뜻한 필스너는 헬레스비어Helles Bier 또는 헬Hell이라 부른다.

바이스비어 Weißbier

'흰 맥주'라는 뜻의 바이스비어는 밀로 만든 맥주를 뜻한다. 바이첸Weizen이라고도 부른다. 바이에른 지역에서 탄생한 맥주. 그래서 뮌헨에서는 필스너보다 바이스비어의 인기가 더 높다.

헤페바이스비어 Hefe-Weißbier

바이스비어를 만들 때 효모를 거르지 않고 만드는 것. 그래서 '독일식 막걸리'라고 표현하기도 한다. 고소하고 달콤한 풍미가 일품이고 매우 순하게 넘어가 여성도 부담 없이 마실 수 있다. 헤페바이첸이라고도 한다.

슈바르츠비어 Schwarzbier

'검은 맥주'라는 뜻. 즉, 흑맥주를 말한다. 필스너를 만들 때 맥아를 로스팅하여 사용하면 슈바르츠비어가 된다. 쌉쌀한 맛이 더 강하지만 풍미도 깊어 오랜 여운을 남기는 맛이다. 도수가 더 높지는 않다.

둥클레스 Dunkles

바이스비어를 만들 때 맥아를 로스팅하면 둥클레스가 된다. 슈바르츠비어에 비해 색이 좀 더 옅고 쌉쌀한 맛이 덜하며 고소한 풍미는 강하다. 뮌헨에서는 바이스비어 기반인 둥클레스의 인기가 더 높다. 둥켈Dunkel이라고도 부른다.

라들러 Radler

맥주와 과즙음료를 반반 섞은 맥주음료를 라들러라고 한다. 특별한 언급이 없다면 레몬과 섞은 것이다. 도수가 맥주의 절반이라 더욱 부담 없이 마실 수 있어 술에 약한 사람도 독일 맥주를 즐길 수 있게 해준다.

독일의 음주 연령

맥주를 물처럼 마시는 나라 독일. 과연 음주 연령도 매우 관대하다. 만 16세
이상은 맥주 구입 및 음주가 가능하고, 만 14세 이상은 보호자와 함께 있을
때 맥주 구입 및 음주가 가능하다. 단, 대한민국은 속인주의를 택하므로 해외
에서도 자국의 법을 지켜야 하기 때문에 독일의 규정과 무관하게 미성년자가
음주하는 것은 원칙적으로 불법이라는 점을 덧붙인다. 무알코올 맥주도 많다.
음주가 불가능한 미성년자 또는 음주를 하지 않는 성인도 무알코올 맥주로 독
일의 우수한 맥주 기술을 느껴보고 비어홀 문화도 체험할 수 있다. 특히 양조
중 발효과정을 생략한 말츠비어Malzbier(영어로는 몰트 비어Malt beer)는 알
코올 도수가 평균 0.5도 정도에 불과한 사실상 무알코올 맥주이면서 캐러멜
시럽 등을 첨가해 맛을 낸다. 말츠비어는 독일에서 일부러 체험해 봐도 좋을
독특한 음료라고 할 수 있다.

대표적인
말츠비어인
비타말츠

병맥주 / 캔맥주

꼭 레스토랑이나 비어홀을 찾아가지 않아도 마트와 편의점에서도 맛있는 맥주를 취향대로 골라 마실
수 있다. 뮌헨 6대 맥주와 기타 유명한 독일 맥주의 종류가 매우 많다. 병맥주의 종류도 다양하므로
병따개를 휴대하면 선택의 폭을 더욱 넓힐 수 있다. 캔맥주는 25센트, 병맥주는 일반 8센트, 간편 병
따개 15센트의 보증금이 붙는다는 사실도 기억하자. 판트Pfand라고 불리는 재활용품 보증금이다. 맥
주뿐 아니라 물이나 음료 등 대부분의 음료에 보증금이 붙고, 나중에 빈 캔이나 병을 가지고 가면 환
급받을 수 있다. 구매처가 아니어도 되고 영수증이 없어도 된다. 마트나 편의점에 가서 환급을 요청하
자. 단, 소규모 편의점은 수거하기 어려워 병은 받지 않는 경우도 있다.

판트 환급 기계

뮌헨 6대 맥주

No 1. 호프브로이 Hofbräu

1589년 바이에른 대공의 왕실 양조장으로 만든 곳. 이후 1828년부터 일반인의 출입이 허가되었고 1852년 왕실에서 독립하여 민간인이 운영하기 시작하였다. 뮌헨 시민의 입장에서는 같은 값이면 '왕이 마시던 맥주'를 마셔보고 싶었을 것이다. 일반인에게 개방된 이후 호프브로이 하우스는 선풍적인 인기를 얻었고, 호프브로이의 맥주는 전 세계에 이름을 알리게 되었다. 이 책에는 본점이라 할 수 있는 호프브로이 하우스, 그리고 관광객에게 덜 알려져 상대적으로 분위기가 여유로운 호프브로이 켈러를 소개하고 있다.

No 2. 아우구스티너브로이 Augustiner-Bräu

관광객에게는 호프브로이가 가장 유명하지만 오늘날 뮌헨 시민에게는 아우구스티너브로이가 가장 존재감 있는 양조장이다. 1328년부터 양조를 시작해 뮌헨의 로컬 양조장 중 가장 오래된 곳으로 꼽힌다. 그래서인지 아우구스티너브로이의 비어홀은 뮌헨 시내 곳곳에 굉장히 많고, 지금도 새로 생기고 있다. 이 책에는 아우구스티너 켈러, 춤 아우구스티너 두 곳을 소개하고 있다. 편의점이나 마트의 맥주 판매대에 가득 쌓여 있는 제품도 아우구스티너브로이인 것을 보면 뮌헨 시민의 사랑을 듬뿍 받고 있음이 틀림없다.

No 3. 파울라너 Paulaner

분데스리가 바이에른 뮌헨은 우승 후 샴페인 대신 맥주를 터트린다. 이때 터지는 맥주가 바로 바이에른 뮌헨의 후원사이기도 한 파울라너의 맥주다. 1634년부터 양조를 시작했으며, 수도원에서 만들던 맥주가 지금은 대형 맥주회사로 성장하였다. 특히 뮌헨 스타일의 바이스비어와 헤페바이스에 있어서는 6대 맥주 중 단연 첫 손에 꼽힌다. 이 책에는 파울라너 암 노크허베르크 비어홀을 소개하고 있다.

TIP 여기 소개한 6대 맥주 중 국내에 수입되는 제품도 적지 않다. 하지만 신선한 생맥주의 맛은 비교 불가. 한국에서 구할 수 있는 맥주라는 생각은 하지 말고 현지의 신선한 맛을 꼭 경험해 보라고 권하고 싶다.

No 4. 뢰벤브로이 Löwenbräu

아우구스티너브로이보다 조금 늦은 1383년 양조를 시작했으니 엄청난 역사를 가지고 있다. 바이에른의 상징색과 같은 푸른 라벨은 뢰벤브로이의 심벌이다. 제2차 세계대전 이후 사업수완을 발휘해 해외 마케팅에 열심을 부려 세계적으로도 많이 알려졌다. 다음에 소개할 슈파텐과 1997년 합병했고, 합병한 회사는 2003년 글로벌 맥주 기업 AB인베브에 매각되었다. 그래서 지금의 뢰벤브로이는 독일의 전통을 유지하고 있지만 글로벌 맥주 기업의 이미지가 강하다. 이 책에는 뢰벤브로이 켈러를 소개하고 있다.

No 5. 슈파텐브로이 Spatenbräu

1397년 양조를 시작하였다. 19세기 말 또 다른 유서 깊은 뮌헨의 양조장인 프란치스카너Franziskaner를 인수해 덩치를 키웠고, 현재는 뢰벤브로이와 한 몸이며 글로벌 맥주 기업에서 운영한다. 즉, 뢰벤브로이, 슈파텐, 프란치스카너가 같은 회사인 셈. 이 세 가지 맥주는 같은 비어홀에서 함께 취급하는 경우도 많다. 이 책에는 슈파텐브로이의 비어홀로는 슈파텐하우스를, 프란치스카너의 비어홀로는 춤 프란치스카너를 소개하고 있다.

No 6. 하커프쇼르 Hacker-Pschorr

1417년 하커Hacker라는 이름으로 양조를 시작했다. 18세기 말 양조장을 매수한 새 경영자의 이름을 추가해 하커프쇼르로 이름을 바꾸었는데, 이후 다시 경영권이 나뉘면서 하커와 프쇼르 두 개의 회사로 분할된다. 그러다 보니 비어홀도 하커와 프쇼르 두 곳의 이름이 보이지만 두 회사 모두 하커프쇼르라는 이름으로 같은 맥주를 판매하는 독특한 구조다. 이 책에는 알테스 하커브로이하우스와 데어 프쇼르 두 곳을 소개하고 있다.

지나치기 아까운 **뮌헨 근교 7대 맥주**

뮌헨의 6대 맥주만으로도 선택지가 많은데 저자는 여기에 더욱 다양한 선택지를 제시하려고 한다.
뮌헨뿐 아니라 바이에른 어디를 가든 유서 깊은 양조장에서 생산하는 맛있는 맥주가 있다. 그중
특별히 소개하고 싶은 뮌헨 근교의 7가지 맥주를 골라 소개한다.

바이엔슈테파너 Weihenstephaner

뮌헨 근교 프라이징Fresing의 맥주. 1040년부터 양조를 시작했으니 무려 1천
년에 육박하는 역사를 가졌다. 그 역사에 걸맞게 어디에 내놓아도 뒤지지 않
는 최상급의 맥주를 생산한다. 수도원 맥주로 시작해 지금은 바이에른 주에서
소유권을 가지고 있다. 이 책에는 바이엔슈테파너 본사의 비어홀을 소개하고
있다.

테게른제어 Tegernseer

뮌헨 남쪽 독일 알프스 부근의 테게른 호수 부근에서 양조하는 맥주. 정확한
기록이 남아 있지 않지만 대략 1050년부터 양조를 시작했을 것으로 추정된
다. 세계에서 가장 오래된 맥주인 바이엔슈테파너와 불과 10년밖에 차이 나지
않는다. 현재는 비텔스바흐 왕가의 후손이 소유하고 있다. HB라고 적힌 로고
가 마치 호프브로이 하우스를 연상케 하지만 이것은 '바이에른 공작Herzoglich
Bayerisch'을 뜻한다. 이 책에는 테게른제어 탈Tegernseer Tal을 소개하고 있다.

아잉어 Ayinger

뮌헨 근교 아잉Aying의 맥주. 1877년부터 양조를 시작했다. 상대적으로 국내에 덜 알려진 곳이지만 맛의 수준은 최상급. 맥주 대회에서도 여러 차례 수상한 바 있다. 이 책에는 뮌헨 시내의 아잉어 비어트하우스와 아잉에 있는 아잉어 브로이슈튀베를 소개하고 있다.

슈나이더 바이세 Schneider Weisse

로고가 산뜻한 현대식 디자인이라 근래에 들어 생긴 맥주처럼 보이지만 1872년부터 양조를 시작한 나름의 역사를 가진 곳이다. 이름처럼 바이스비어에 특화된 곳. 바이스비어를 굉장히 다양한 종류로 만들어 판매하기에 골라 마시는 재미가 있다. 바이에른 북쪽 켈하임Kelheim의 맥주. 이 책에는 뮌헨에 있는 바이세스 브로이하우스를 소개하고 있다.

쾨니히 루트비히 König Ludwig

1871년 바이에른 왕실에 속한 양조장으로 시작되었고, 1980년부터 '루트비히 왕'이라는 이름을 붙였다. 바이에른의 마지막 왕인 루트비히 3세의 증손자가 사업을 물려받아 확장하면서 붙인 이름이라고 한다. 그 이름이 비운의 미치광이 왕 루트비히 2세를 연상케 하기에 퓌센 등 루트비히 2세와 관련된 곳에서 유독 쾨니히 루트비히 맥주가 많이 보인다. 바이스비어와 둥클레스 두 가지가 특히 유명하다.

안덱서 Andechser

1455년부터 뮌헨 근교 안덱스Andechs의 수도원에서 양조를 시작했다. 아주 오랜 세월 동안 뮌헨 시민과 함께했기에 뮌헨 맥주가 아니지만 아낌없는 사랑을 받고 있다. 이 책에 소개한 안덱서 암 돔은 관광객보다 현지인의 발길이 끊이지 않으며 늘 붐비는 인기 장소다.

에르딩어 Erdinger

뮌헨 근교 에르딩Erding의 맥주. 정식명칭은 에르딩어 바이스브로이Erdinger Weißbräu다. 그 이름답게 바이스비어의 수준이 높다. 1886년부터 양조를 시작했다. 이 책에는 에르딩어 본사 공장의 투어를 소개하고 있다. 국내에서도 '에딩거'라는 표기의 수입 맥주로 인지도가 높은 편이다.

여기서 무슨 맥주 팔아요?

뮌헨 6대 맥주와 뮌헨 근교 바이에른의 7대 맥주를 소개했다. 그런데 꼭 해당 양조장이 직접 운영하는 비어홀에서만 해당 맥주를 파는 것은 아니다. 뮌헨의 일반 레스토랑과 비어홀에서도 신선한 생맥주를 공급받아 판매한다. 따라서 꼭 맥주 때문에 특정 비어홀을 고집할 필요는 없다. 냉장과 유통이 발달한 오늘날에는 일반 레스토랑에서도 동일한 품질의 맥주를 판매하니까.

이 레스토랑에서 무슨 맥주를 판매하는지 알고 싶다면 간판을 보자. 레스토랑 이름만큼이나 비중 있게 맥주 로고를 붙여놓고 있다. 만약 아우구스티너브로이 로고가 붙여 있다면 이 레스토랑에서는 아우구스티너 맥주를 판다는 뜻이다. 이런 식으로 구분하면 내가 가고 싶은 레스토랑에서 식사도 하면서 뮌헨과 바이에른의 이름 난 맥주도 골라 마실 수 있다. 이 책의 레스토랑 소개에 해당 매장에서 판매하는 맥주 브랜드까지 함께 적어두었다.

그런데 기분 탓인지는 몰라도 양조장에서 직접 운영하는 비어홀에서 마실 때 여행의 만족도가 배가되는 것 같았다. 독일 속담 중 "맥주는 양조장 그늘에서 마시라"는 말이 있다. 독일인의 전통에 대한 애정을 생각했을 때 적어도 뮌헨에서만큼은 그렇게 '맥주 순례' 여행을 만들어보아도 기분이 남다를 것이라 추천한다.

EATING 04

자부심 가득한 **프랑켄의 맥주와 와인**

프랑켄 지역은 바이에른 내에서도 독립적인 성향이 강하다. 그들의 식문화도 바이에른과는 차이가 있는데, 그중 프랑켄의 맥주와 와인에 대해 좀 더 알아보자.

프랑켄 대표 맥주

프랑켄 지역도 다른 바이에른 지역과 마찬가지로 일찍부터 맥주 양조가 발달해 우수한 맥주를 생산하고 있다. 그중 뉘른베르크의 맥주인 투허 브로이Tucher Bräu가 단연 유명하다. 그리고 프랑켄의 대표도시인 로텐부르크에 가면, 로텐부르크 인근 슈타인스펠트 Steinsfeld의 맥주인 란트베어 브로이Landwehr-Bräu를 많이 보게 될 것이다. 각각 1672년, 1755년부터 양조를 시작한 곳이다.

그 외에도 이 책에 소개하지는 않았지만 프랑켄의 유명 도시인 밤베르크에서 만든 라우흐비어Rauchbier도 기억해두자. 라우흐비어는 훈제 맥주다. 아주 독특한 향이 있어 처음에는 낯설 수 있지만 독일 어디서도 이와 비슷한 맛을 만날 수 없을 것이다. 1405년부터 양조를 시작한 슐렌케를라Schlenkerla가 대표적인 라우흐비어 양조장이다.

투허 맥주 · 슐렌케를라 맥주

개성만점 프랑켄 와인

프랑켄은 맥주보다 와인이 더 유명하다. 프랑켄 와인 Frankenwein은 보크스보이텔Bocksbeutel이라 불리는 둥근 와인 병이 인상적이다. 와인을 마신 뒤 꽃병으로 써도 잘 어울릴 것 같은 예쁜 모양의 병인데, 선물용으로도 좋다. 물론 프랑켄 와인의 맛도 매우 훌륭하고, 화이트 와인 위주로 이름을 알리다가 최근에는 레드 와인도 유명세를 타고 있는 중이다. 뷔르츠부르크의 율리우스슈피탈Juliusspital과 뷔르거슈피탈Bürgerspital이 가장 유명하고 우수한 프랑켄 와인이다.

율리우스슈피탈

음식만큼 유명한 **베이커리**

앞서 소개한 향토요리는, 우리식으로 비유하면 반찬이나 찌개에 해당된다. 그러나 한국음식에 대해 이야기하면서 밥을 빼놓을 수 없듯 독일음식에 대해 말할 때 그들의 주식인 빵을 빼놓을 수 없다. 마침 바이에른은 독일에서도 베이커리 문화가 발달한 곳으로 손꼽힌다.

건강한 독일 빵

빵을 독일어로 브로트Brot라고 한다. 독일 빵은 참 딱딱하다. 그리고 색깔도 좀 더 검은색에 가까울 정도로 짙다. 빵을 만들 때 호밀, 오트밀 등을 섞고 버터 등 '살찌는' 첨가물들을 추가하지 않기 때문에 그렇다. 그래서 독일 빵은 참 건강한 맛이 난다.

빵이 주식이니 당연히 빵집은 번화가뿐 아니라 주택가 사이사이에서 어렵지 않게 찾을 수 있다. 종류가 다양하고 계산이 간편한 프랜차이즈 빵집은 젊은이들이 많이 찾고, 직접 구워 신선한 빵을 판매하는 동네 빵집은 어르신들이 애용한다. 여행자라면 일부러 주택가를 찾아가는 것이 오히려 낭비이므로 번화가에 있는 프랜차이즈 빵집을 들를 일이 많을 것이다.

브레첼 Brezel

8자 모양의 특이한 모습으로 국내에도 인기가 많은 브레첼(영어로는 프레첼Pretzel)의 기원에 대한 학설이 분분하지만, 어쨌든 그 모양이 '기도하는 손'을 형상화한 것이며 신성로마제국의 주무대인 독일 지역에서 가장 발전해 왔다는 것에 대해서는 이견이 없다. 그중에서도 바이에른은 브레첼이 가장 사랑받았던 지역이며, 바이스부어스트 등 바이에른 향토요리와 브레첼이 짝을 이루는 것도 볼 수 있다. 브레첼을 갈라 내용물을 넣어 먹기도 한다. 버터를 바른 부터브레첼Butterbrezel, 앞서 소개한 바이에른의 치즈요리 오바츠다를 바른 오바츠다브레첼Obatzdabrezel이 대표적이다.

젬멜 Semmel

독일에서 일반적으로 브뢰트헨Brötchen이라 부르는 작은 동그란 빵을 바이에른에서는 젬멜이라고 부른다. 그중에서 나선형 무늬가 있는 카이저젬멜Kaisersemmel을 가장 많이 먹는다. 젬멜 자체로는 특별한 맛이 없지만, 젬멜을 반으로 갈라 슈니첼이나 부어스트 등 먹을거리를 끼워 샌드위치처럼 먹는 것이 바이에른의 최고 간식이다.

아펠슈트루델 Apfelstrudel

오스트리아에서 유래한 사과 파이. 바이에른에서도 독창적으로 발달하여 바이에른의 대표 디저트로 꼽힌다.

슈네발 Schneeball

복수형으로 슈네발렌Schneeballen이라고 적기도 한다. 직역하면 '눈덩이'라는 뜻. 밀가루 반죽을 공처럼 둥글게 뭉쳐 튀긴 뒤 설탕이나 시럽, 초콜릿 등을 입혀 맛을 냈다. 로텐부르크가 슈네발의 발상지. 한국에서는 슈네발을 먹을 때 망치로 깨 먹는데, 독일에서는 한 번도 그러한 모습을 본 적이 없다. 손으로 부서 먹어도 전혀 무리 없다.

만델른 Mandeln

아몬드에 시나몬 등을 넣어 볶아 만든 간식. 달짝지근하고 고소해 아이들뿐 아니라 어른의 입맛에도 잘 맞는 간편한 간식거리로 꼽을 수 있다.

뮌헨에서 만나는 **글로벌 요리**

선진국의 대도시인 만큼 여러 국적 출신이 거주하면서 다양한 문화가 자리 잡았기 때문에 글로벌 요리도 쉽게 만날 수 있다. 뮌헨에서는 독일 향토요리를 우선적으로 고려하라고 당부하고 싶지만 여러 취향을 존중하여 가장 보편적인 글로벌 요리를 간략하게 소개한다.

이탈리아 요리

피자와 파스타는 독일인에게도 주식이라 해도 과언이 아닐 정도로 인기가 높다. 가격이 저렴하고 종류도 다양하다는 것이 가장 큰 장점. 카르보나라, 알리오 올리오 등 이름도 우리가 알고 있는 그 대로이기에 고르기도 쉽다. 피자는 대개 작은 사이즈로 성인 혼자 먹을 만한 크기이거나 조각으로 판매한다. 대중음식점에서는 '독일식 피자'인 플람쿠헨Flammkuchen을 팔기도 한다. 독일과 프랑스가 맞닿은 알자스 지방에서 시작된 플람쿠헨은 그 조리법이 피자와 똑같고 네모난 모양만 차이 난다. 국내에서는 프랑스어인 타르트 플람베Tarte Flambée라는 이름이 더 친숙하다.

터키 요리

독일에 거주하는 터키 출신 이주민이 많다. 자연스럽게 터키 음식점도 많이 생겼고, 주로 터키인이 직접 요리하므로 본토의 맛을 훌륭히 재현한다. 터키의 대표요리인 케밥Kebap은 독일인도 식사 또는 간식으로 사랑하기에 곳곳에 터키 음식점이 보인다. 고깃덩어리를 굵어 채소와 함께 빵에 넣어 먹는 되너 Döner, 평평한 빵으로 둘둘 말아 랩샌드위치처럼 먹는 뒤륌Dürüm, 고기 조각을 접시에 담아 샐러드나 감자와 함께 먹는 텔러Teller가 대표적인 케밥의 종류다.

햄버거

원래 햄버거는 독일 함부르크에서 유래한 스테이크가 미국에서 개량되어 탄생한 음식이다. 햄버거라는 이름 자체가 '함부르크의 Hamburger'라는 뜻을 가진 독일어다. 그래서인지 독일인들은 햄버거를 거부감 없이 받아들였고, 특히 젊은이들이 많이 찾는다. 맥도날드, 버거킹 등 패스트푸드 업체도 많이 보이지만 그보다는 직접 수제로 만들면서 가격 부담도 덜한 햄버거 가게에서의 식사를 권한다.

아시아 요리

오랜 여행 중 한식이 그립지만 한국식당의 가격이 부담되는 여행자가 대안으로 찾아갈 만한 곳이 바로 아시아 식당이다. 아시아 식당은 중국이나 동남아 이민자가 운영하며, 중국식 볶음밥이나 누들, 태국식 쌀국수 팟타이, 인도네시아 볶음밥 나시고렝 등 우리에게도 친근한 요리를 저렴한 가격에 판매한다. 주로 임비스 형식의 레스토랑이기에 포장도 가능하고 조리 시간이 빨라 급할 때에도 유용하다. 기차 시간이 급하다면 포장 주문한 뒤 기차에서 먹으면 시간 활용이 가능하다.

한국 요리

한국식당도 몇 곳 있다. 주로 전골이나 고기요리를 메인으로 하여 푸짐하게 한 상 차리는 정통 한식 식당들이기에 가격대는 조금 비싼 편이다. 하지만 대학가에는 유학생을 대상으로 저렴하게 비빔밥 등 간소한 한식을 파는 한국식당도 있다. K-푸드의 위상이 높아지면서 비한국인이 운영하는 한국식당도 늘고 있는데, 이런 곳은 가격이 더 저렴한 대신 우리가 아는 한식의 맛과는 결이 다른 곳도 있다.

EATING **07**

알아두면 유용한 **프랜차이즈**

프랜차이즈 업체의 장점은, 어디서든 균일한 맛과 서비스를 기대할 수 있다는 점이다. 숨겨진 맛집을 '발굴'하듯 도전하는 것도 좋지만 때로는 모험 없이 안정된 식사를 하고 싶을 때가 있다. 그럴 때 아래 프랜차이즈가 눈에 띄면 안심하고 들어가도 좋다.

마레도와 블록하우스

마레도Maredo와 블록하우스Blockhouse는 독일 전국에 체인을 둔 스테이크 레스토랑이다. 스테이크 가격은 비싼 편이지만 두 곳 모두 점심에 한두 가지 메뉴를 할인해 판매하므로 점심에 찾아가면 경제적이다.

요르마

요르마Yorma's는 기차역 등 유동인구가 많은 곳에서 눈에 띄는 대표적인 편의점 체인이다. 맥주나 음료, 테이크아웃 커피, 간식거리를 살 때 편리하다. 브레첼 등 베이커리도 함께 판매한다.

한스 임 글뤼크

그림 형제의 동화 제목을 빌린 한스 임 글뤼크 Hans im Glück는 최근 독일 전국에 매장이 많이 늘고 있는 버거 그릴 레스토랑이다. 패스트푸드가 아닌 수제 햄버거와 건강한 샐러드를 정갈하게 담아 판매한다.

딘 앤 데이비드

만약 뮌헨의 푸짐한 고열량 육류 요리가 부담된다면 딘 앤 데이비드dean & david로 가자. 신선한 채소와 치즈로 만든 샌드위치, 푸짐한 샐러드 한 접시, 과일을 갈아 만든 주스 등 건강한 음식을 먹을 수 있다. 테이크아웃도 가능.

카페 리샤르트와 회프링어

뮌헨에 뿌리를 둔 프랜차이즈 베이커리의 양대
산맥이 카페 리샤르트Cafe Rischart와 회프링어
Bäckerei Höflinger다. 브레첼과 젬멜 등 수많은
종류의 독일식 빵을 비교적 부담 없는 가격에
판매한다. 두 곳 모두 뮌헨에서 100년 안팎의
역사를 가진 유서 깊은 빵집이다.

레베

식당에서 밥을 사 먹지 않고 대형 슈퍼마켓에서
먹을 것을 사는 방법도 있다. 뮌헨에서 가장 많
이 보이는 대형 슈퍼마켓은 레베Rewe City. 가
격이 아주 저렴하지는 않지만 품질이 좋은 식
재료만 판매하므로 현지 사정을 잘 모르는 여
행자가 이용하기에 적당하다. 최근에는 빵이나
음료 등 바로 먹을 수 있는 것들 위주로 판매하
는 편의점 레베투고Rewe to Go도 문을 열어 인
기를 얻고 있다.

바피아노

이탈리안 레스토랑 바피아노Vapiano는 독일에
서 손꼽히는 프랜차이즈 외식 업체다. 푸드코
트처럼 파스타, 피자 등 저마다의 요리를 판매
하는 코너가 따로 있으며, 입장 시 받은 주문카
드를 가지고 각 코너에서 주문한 뒤 나중에 퇴
장할 때 카운터에서 한꺼번에 결제한다. 가격이
저렴하고 팁이 필요 없다는 것도 장점이다.

아시아훙

아시아훙Asiahung은 누들과 볶음밥 등 아시아
요리를 재빨리 조리하여 판매하는 임비스 프랜
차이즈. 독일의 큰 기차역에 꼭 하나씩 매장이
있는데, 뮌헨 중앙역에도 있다. 누들 박스 등
테이크아웃도 가능하므로 기차 시간이 급할 때
에도 요긴하게 활용되며, 저렴한 가격으로 배부
르게 먹을 수 있어 경제적이다.

독일 레스토랑의 **예절과 이용방법**

사람 사는 곳은 다 거기서 거기라고 하지만 익숙하지 않은 곳에서는 밥 먹는 것 하나도 은근히 신경 쓰이기 마련. 뮌헨에서 밥 먹을 때 신경 쓰지 마시라고 정리한 레스토랑 이용 팁!

TIP 팁에 관한 팁!

다른 서양 국가와 마찬가지로 독일에서도 레스토랑에서 팁 주는 것을 당연한 예의로 여긴다. 강제 사항은 아니지만 점원이 아주 불친절하거나 서비스에 문제가 많지 않았다면 소액의 팁을 주는 것이 기본이다. 금액은 공식처럼 정해진 것은 없으며, 거스름돈의 일부를 주는 것이 일반적이다. 가령, 지불할 금액이 16.5유로인 경우 점원에게 20유로를 내면서 18유로를 결제하겠다고 하면, 그것이 1.5유로를 팁으로 주겠다는 의미가 된다. 그러면 점원이 거스름돈을 2유로만 가져다줄 것이다. 이런 식으로 잔돈이 생기지 않는 단위로 거스름돈 내에서 팁을 주면 된다.

신용카드 결제 시에는 팁만 동전으로 따로 지불하면 된다. 가령, 16.5유로를 결제할 때 점원에게 카드를 주면서 1~1.5유로 정도의 동전을 함께 주는 것이다. 동전을 줄 때 "디스 이즈 포 유This is for you"라고 이야기해 주면 센스 만점.

다시 한 번 이야기하지만, 팁은 강제사항은 아니다. 팁을 안 준다고 해서 나쁜 소리를 듣거나 기타 불이익을 받지 않는다. 그러나 이유 없이 팁을 주지 않으면 그것이 곧 동양인의 이미지로 기억된다. 간혹 동양인에게만 유독 불친절하게 구는 점원도 있다고 한다. 아마도 팁을 받지 못한 경험이 누적되면서 '어차피 팁도 안 줄 손님'이라는 선입견이 만든 불친절일지도 모른다. 그러니 다른 한국인 여행자의 기분을 망치지 않게 하기 위해서라도 팁은 잘 챙겨주시라고 부탁드린다.

레스토랑 이용방법

❶ 입장 전 입구 앞에 게시된 메뉴판을 직접 볼 수 있다. 메뉴와 가격 등을 감안해 결정을 내린다.

❷ 입장 후 담당 점원의 안내를 받아 좌석에 앉는다. 만약 예약을 했다면 예약 정보를 알려주면 된다.

❸ 메뉴판을 받은 뒤 먼저 음료부터 주문한다. 만약 현금이 없어 신용카드를 사용해야 할 상황이라면 카드 결제가 가능한지 미리 물어보는 것이 좋다.

회화 Can I pay by a credit card?

❹ 음료를 가져오는 사이 식사를 고르고, 음료를 가져온 점원에게 식사도 주문한다.

*단, 이것은 독일인의 일반적인 이용방법을 이야기하는 것이다. 식사와 음료를 함께 주문해도 된다. 보통 식사를 고를 때 시간이 좀 더 걸려서 음료부터 주문하는 게 일반적이다.

❺ 식사 중 점원이 한 번 정도 찾아와 음식이 괜찮은지 물어볼 것이다. 특별히 불편한 점이 없다면 웃으면서 가볍게 대답해 주자.

회화 No Problem! 또는 Everything is good.

❻ 식사를 마치고 점원에게 계산을 부탁한다. 일행이 있다면 따로 계산할 것인지 한꺼번에 계산할 것인지 점원이 물어볼 테니 편한 대로 요청하자.

회화 Bill, please.

❼ 점원이 계산서를 가져오면 그 자리에서 팁과 함께 지불한다.

레스토랑 예약

유명 비어홀과 레스토랑은 평일 휴일을 가리지 않고 늘 만석이다. 특히 저녁 시간에는 뮌헨의 그 많은 비어홀에 모두 사람이 꽉 들어차 '여기 사람들은 술만 마시고 사나' 하는 생각까지 들 정도. 이 책에 소개된 주요 비어홀과 향토 레스토랑은 대개 저녁에는 자리가 없으니 예약을 하는 것이 좋다.

예약 방법은 크게 세 가지다. 첫째, 낮이나 오후에 관광하던 중 레스토랑 앞을 지날 때 들어가 예약을 해두고 저녁에 다시 오는 방법, 둘째, 레스토랑의 홈페이지에서 예약하는 방법, 셋째, 예약 전문 사이트를 이용하는 방법이다. 이 책에 소개된 레스토랑은 모두 홈페이지를 함께 소개하고 있으니 홈페이지에서 예약(독일어로 Reservierung 또는 영어로 Reservation) 메뉴를 찾아 이용하거나 오픈테이블(www.opentable.de)과 같은 예약 전문 사이트에서 예약하면 간편하다. 단, 예약 전문 사이트에서는 모든 레스토랑의 예약이 다 가능한 것은 아니니 레스토랑마다 예약 방법을 미리 확인하자. 만약 예약을 하지 않았다면 식사 시간은 피해서 방문하는 것이 좋은데, 호프브로이 하우스 등 최상급의 유명세를 가진 곳은 밤 9시가 넘도록 빈 좌석을 찾기 힘들 수 있다. 아울러 유명 레스토랑도 점심에는 빈 좌석이 더러 있으니 '낮술'에 거부감이 없다면 저녁보다 점심시간을 공략하는 것도 한 방법이다. 점심에는 한 가지 메뉴를 정해 할인하는 런치메뉴Mittagskarte를 파는 곳이 많아 비용을 절약하는 방법이 되기도 한다.

독일의 식사 예절

음식을 맨손으로 집어먹을 사람은 당연히 없을 것이다. 음식에 침이 튀도록 재채기를 할 사람도 없을 것이다. 즉, 보편적인 상식선에서 무례한 행동만 하지 않으면 된다. 식사 중 코를 풀어도 결례가 아니다. 단, 어린 자녀를 동반할 경우에는 꼭 주의할 것이 있다. 한국에서는 자녀가 불필요한 고함을 지르거나 식당을 뛰어다녀도 이를 방관하는 부모가 적지 않은데, 독일에서는 이러한 행동을 몹시 큰 결례로 여기며 심할 경우 식당에서 쫓겨날 수도 있다.

레스토랑과 비어홀(비어가르텐)

무 자르듯 구분할 수 없지만 레스토랑과 비어홀은 성격이 다르다. 모두 음식과 음료, 주류를 판매하는 '일반음식점'이라는 점은 같지만, 레스토랑은 식사 판매가 주가 되고 비어홀은 맥주 및 주류 판매가 주가 되는 곳이다. 식사가 목적일 때에는 어디를 가든 관계없다. 만약 맥주는 마시고 싶지만 음식을 따로 주문하지 않으려면 비어홀로 가자. 안주 주문 없이 맥주만 마셔도 뭐라 하지 않으니까. 비어가르텐도 마찬가지. 독일인의 취향이 점점 글로벌화됨에 따라 최근에는 비어홀이나 비어가르텐에서 와인까지 다양하게 구비해 둔 모습도 심심찮게 볼 수 있으니 저녁에 회포를 풀고 싶다면 비어홀을 추천한다.

© München Tourismus / Photo: A. Kupka

📢 |Theme|
비어가르텐

'맥주 정원'이라는 명칭을 보면 실외에서 술 마시는 주점을 연상케 한다. 그 말은 맞다. 그
런데 바이에른의 비어가르텐은 조금 특별하다. 독일 민족의 오랜 풍습이 담긴 하나의 민
속문화라 할 수 있다.

비어가르텐의 역사

냉장 기술이 없던 시절, 뮌헨의 양조장에서는 맥주를 신선하게 보관하기 위해 하천이 흐르거나
호수가 있는 나무 그늘 아래에 땅을 파고 맥주 통을 보관했다. 사람들은 갓 오픈한 신선한 맥주
를 마시려고 양조장으로 찾아가 그 자리에서 맥주를 마셨다. 간단한 음식도 판매하기 시작하자
시내의 음식점에서 강력히 항의하였고, 1812년 바이에른 국왕 막시밀리안 1세의 칙령으로 빵을
제외한 음식 판매를 금지하는 대신 사람들이 가족과 함께 직접 음식을 가지고 와서 맥주를 마시
는 규칙이 만들어졌다.

비어가르텐의 풍경

일반적으로 '술집'이라고 하면 성인 전용 유흥업소를 떠올리지만, 바이에른의 비어가르텐은 그렇
지 않다. 처음부터 가족 피크닉 코스처럼 유명해진 곳이다. 어른들은 맥주를 마시며 수다를 떨
고, 아이들은 그늘이 우거진 넓은 공원에서 뛰어놀았다. 지금도 비어가르텐은 가족중심적인 분
위기가 강하고, 어린 자녀와 함께 한가로이 저녁 시간을 보내는 현지인으로 붐빈다.

비어가르텐 이용방법

비어가르텐은 맥주와 음식을 판매하는 코너가 마켓처럼 모여 있다. 이용자는 자신이 원하는 음
료와 음식을 각각의 코너에서 주문해 쟁반에 담아 한꺼번에 계산한다. 맥주는 1리터가 기본 사
이즈. 셀프서비스 방식이어서 팁을 지불할 필요가 없고 가격도 레스토랑보다 저렴하다. 비어가
르텐의 테이블은 합석이 기본이고, 때때로 밴드의 연주가 흥을 돋우기도 한다. 일부 비어가르텐
은 맥주잔의 보증금을 별도로 받기도 한다. 이때 다 마신 컵을 반납하면 보증금을 전액 돌려준
다. 좀 더 자유롭고 활기찬 분위기이므로 뮌헨 여행 중 꼭 한 번은 이용해 보는 것을 추천한다.

Step 05
Shopping

뮌헨을
사다

뮌헨 **쇼핑 속성 정리**

명품을 사기 위해 독일에 간다는 사람은 별로 들어보지 못했을 것이다. 하지만 평생 사용할 수 있을 것 같은 냄비와 칼을 사러 독일에 간다는 사람은 들어본 적 있을 것이다. 뮌헨에서의 쇼핑이 이런 식이다. 비싸지만 압도적인 품질과 내구성을 자랑하는 실용적인 제품들이 당신을 기다리고 있다.

TIP 뮌헨에서 쇼핑할 때 한 단어만 기억하자. 바로 '실용성'. 무조건 저렴하다고 실용적인 것은 아니다. 유명 브랜드 제품이라는 이유만으로 상상을 초월하는 가격을 요구하는 것도 실용과는 거리가 멀다. 우수한 품질과 기능을 갖추고 그에 걸맞은 합리적인 가격을 요구하는 것이 실용이다. 독일 제품이 대개 이러하다. 가격이 저렴하지는 않지만 품질과 내구성을 고려하면 그 비용이 아깝지 않다. 세상이 좋아져서 이제 많은 독일 제품이 수입되어 한국에서도 쇼핑할 수 있지만, 한국에서 구매하는 가격과 비교하면 비싸다는 생각이 들지 않을 것이다.

무엇을 살까?

주방용품

주방용품에 관심이 있는 사람이라면 독일의 백화점에서 길을 잃을지도 모른다. 당신의 주방을 업그레이드해 줄 장비가 즐비하기 때문이다. 우수한 냄비와 칼, 식기, 그릇 등이 대표적이다. 이러한 주방용품은 반드시 'Made in Germany'를 확인하자. 같은 브랜드라 해도 한국에서 판매하는 것은 'Made in China'인 경우가 많다. 우수한 독일 주조기술의 결정체인 주방용품을 구매하고자 하면 당연히 'Made in Germany'이어야 한다.

유아동용품

직구 시장에서 독일 분유의 명성은 익히 들어보았을 것이다. 독일의 까다로운 품질 관리 속에 생산된 유아동용품은 그 자체로 신뢰가 높을 수밖에 없다. 분유 등 무거운 제품을 쇼핑하기는 부적절하겠지만 아동 의류, 장난감, 크림, 유산균 등 아이들에게 필요한 많은 제품들을 골라서 쇼핑할 수 있다.

아웃도어

비가 자주 내리고 날씨가 쌀쌀한 독일의 기후 때문에 아웃도어 제품은 일상 속에서 보편화되어 있다. 아웃도어의 특성상 가격은 저렴하지 않다. 하지만 독일 브랜드는 다른 선진국 브랜드에 비해 가격이 저렴하면서 기능성은 더 훌륭하기 때문에 가성비가 뛰어나다. 독일인은 일상생활에서 무채색 옷을 즐겨 입는 편이기에 튀지 않는 디자인의 제품이 많다. 한국에서도 일상생활에 착용하기에 부담되지 않는 제품들을 찾아볼 수 있을 것이다. 물론 등산용품, 캠핑용품 등 아웃도어 본연의 기능에 충실한 제품도 종류가 많고 품질이 좋다.

화장품

약국에서 판매하는 기능성 화장품도 빼놓을 수 없다. 모두 독일 브랜드는 아니지만 프랑스 등 유럽 유명 회사의 기능성 화장품을 독일에서 비싸지 않은 가격으로 구입할 수 있다.

어디서 살까?

백화점

주방용품, 의류잡화, 아웃도어, 침구 등 대부분의 독일 제품을 구입하기 가장 좋은 곳은 백화점이다. 백화점의 내부 구성은 한국과 비슷하다. 층별로 카테고리마다 매장이 줄지어 있어 서로 비교하며 쇼핑할 수 있다. 한 가지 차이점이 있다면, 보통 한국에서는 각 매장마다 직원이 상주하는 반면 독일에서는 점원이 눈에 띄지 않는 편이다. 구매 시 직접 물건을 가지고 층마다 있는 계산대로 가서 결제한다. 매대에 나와 있는 것이 전부라고 보아도 무방하다. 만약 의류 쇼핑 시 원하는 사이즈가 없다면, 점원에게 요청해도 그 사이즈는 없을 확률이 높다.

아웃도어 백화점

워낙 아웃도어 시장이 큰 독일이기에 아웃도어 제품만 따로 판매하는 슈포르트셰크 SportScheck와 같은 백화점이 있다. 내부는 백화점과 큰 차이 없다. 층별로 카테고리마다 매장이 있고, 보통 남성용·여성용·아동용 등으로 카테고리를 구분한다. 그래서 똑같은 브랜드도 남성용 매장과 여성용 매장이 따로 있는 편이다. 마찬가지로 구매 시 직접 물건을 가지고 계산대로 가서 결제한다.

쇼핑몰

대중적인 SPA 의류 브랜드 쇼핑에 적합한 곳은 백화점보다는 쇼핑몰이다. 대개 카페 등 상업시설이 함께 영업하므로 현지인들이 쇼핑하고 데이트하는 코스로 많이 이용한다.

드러그스토어

저렴한 화장품, 생활용품, 건강보조제 등은 드러그스토어에서 쇼핑한다. 독일의 드러그스토어는 이미 국내에도 명성이 자자하여 한 보따리씩 쇼핑하는 여행자가 많다. 주로 저렴하지만 기능성이 훌륭한 물건들이 해당되기에 '독일 쇼핑 필수리스트'로 꼽히기도 한다.

약국

기능성 화장품은 약국에서 구매할 수 있다. 독일의 약국은 마치 편의점과 같아서 여러 의약품과 화장품 및 건강용품을 진열해두고 있다. 직접 골라서 계산대의 약사에게 결제한다. 이러한 제품들은 대개 독일어로 적혀 있기 때문에 독일어를 모르는 여행자는 포장만 봐서는 정확히 이해하기 힘들 수 있다. 약국 쇼핑은 즉흥적으로 하기보다는 미리 필요한 제품 브랜드와 제품명을 살펴보고 약국에서 해당 제품을 구매하는 것이 좋다.

쇼핑 실용정보

세일기간

백화점에서 매년 여름과 겨울 두 차례 큰 세일을 진행한다. SSVSommerschlussverkauf라 불리는 여름 세일은 매년 6월 중순, WSVWinterschluss verkauf라 불리는 겨울 세일은 매년 1월 중순 약 1개월 정도 지속된다. 이 기간 중에는 할인 폭이 굉장히 크기 때문에 아웃도어 등 비싼 제품도 저렴하게 구입할 수 있다. 세일이 진행될수록 재고가 소진되기에 세일 막판에는 원하는 사이즈를 찾을 수 없는 경우도 많다.

휴일

일요일과 공휴일은 백화점, 아웃도어 백화점, 쇼핑몰 모두 철저히 쉰다. 그나마 뮌헨은 대도시이기에 토요일은 저녁까지 영업하는 곳이 적지 않지만, 뮌헨에서의 쇼핑은 평일에 하는 것으로 계획을 세워두기 바란다.

신용카드 결제

모든 백화점 등 대형 상업시설에서 신용카드 결제가 가능하다. 물론 해외 결제가 가능한 신용카드만 사용할 수 있고, VISA와 Master 카드는 범용적으로 쓰이지만 JCB, Union pay 등 아시아계 카드는 결제가 불가능한 곳이 있다. 체크카드 역시 VISA와 Master 계열만 범용적으로 사용할 수 있다. 카드 사용 시 뒷면에 서명을 해두어야 한다. 서명되지 않은 카드는 결제를 거부하는 경우가 생길 수 있다. 결제 시 전표에 서명할 때에도 카드 뒷면의 서명과 일치하도록 해야 함은 물론이다.

택스 리펀드

거의 모든 백화점과 쇼핑몰은 택스 리펀드 가맹점이다. 구매 금액의 일부를 환급받을 수 있어 보다 경제적이다. 관련 사항을 꼭 알아두자.

사이즈 구별

옷과 신발을 살 때 유럽의 단위는 한국과 다르기 때문에 혼동할 수 있다. 그러나 최근에는 상표에 국가별 사이즈를 모두 표기하는 추세로 바뀌었으니 가격표를 잘 살펴보면 한국에서 사용하는 단위(아시아 규격)도 나와 있어 금세 정확한 확인 및 구별이 가능하다.

여성 의류

한국 사이즈	44(XS)	55(S)	66(M)	77(L)
독일 사이즈	30~32	34~36	38~40	42~44

남성 의류

한국 사이즈	90	95	100	105
독일 사이즈	44	45	48	50

여성 신발

한국 사이즈	230	235	240
독일 사이즈	36.5	37.5	38

남성 신발

한국 사이즈	260	270	280
독일 사이즈	41	42.5	44

남성 바지

한국 사이즈	30	32	36
독일 사이즈	46	48	52

브랜드만으로 설레는
Made in Germany 스페셜

독일에서는 독일 브랜드를 구매하는 것이 가장 유리하다. 실용의 대명사나 다름없는 독일 브랜드를
정리하였다. 여기 소개된 제품들은 독일 쇼핑 리스트에 올려두어도 손색이 없다.

주방용품

냄비, 칼 등 장인정신에 입각한 주방용품 생산업체는 베엠
에프WMF, 뷔스트호프Wüsthof, 그리고 소위 '쌍둥이 칼'로
알려진 헹켈Zwilling J.A. Henckels이 가장 유명하고 품질도
우수하다. 현지인에게 인기 높은 브랜드는 베엠에프. 가격
은 모두 대동소이하다. 냄비와 칼 모두 용도별로 다양한 종
류가 있고, 세트로 구매하면 더 저렴하다. 그 외에도 수저
세트, 양념통, 금속비누 등 다양한 제품을 판매한다. 냄비
와 압력밥솥으로는 위 브랜드 외에도 피슬러Fissler, 질리트
Silit 등이 유명하다.

* 뷔스트호프는 우스토프, 피슬러는 휘슬러, 질리트는 실리트 등
의 표기로 국내에 알려져 있는데, 잘못된 표기이므로 여기서는 원
래 발음에 가깝게 표기하였다.

가방

독일인은 대개 에코백이나 백팩을 선호하기에 명품 브랜드의 가죽가방 스타일은 인기가 높지 않은데, 그나마 독일 브랜드 중 브리Bree의 인기가 높다. 매우 튼튼하고 가격은 적당히 비싸다. 여행가방 브랜드 리모바Rimowa는 초고가 브랜드지만 독일에서 인기가 매우 높은 이례적인 케이스. 항공기 소재로 만들어 매우 튼튼하기 때문에 한 번 구입하면 오래 쓸 수 있다는 점에서 인기가 높은 것으로 보인다. 국내에서는 리모와로 부르는데, 이는 잘못된 표기다.

그릇, 도자기

그릇과 식기 분야에서 독일의 브랜드는 세련된 디자인으로 인정받는다. 클래식한 것부터 모던한 것까지 다양한 분위기의 그릇이 있고, 마찬가지로 세트로도 판매한다. 빌레로이 앤 보흐Villeroy&Boch가 가장 유명한 브랜드. 여기서 만든 비보Vivo라는 서브 브랜드는 젊은 감각이 더욱 돋보인다. 로젠탈Rosenthal은 가격대가 좀 더 비싸고, 뮌헨에 기반을 둔 님펜부르크 도자기Porzellan Manufaktur Nymphenburg는 더욱 비싸다. 그리고 마이센Meissen은 쉽게 구입할 엄두도 나지 않을 정도의 초고가 브랜드다. 도자기 그릇을 구매할 경우 귀국 시 화물 운송 도중 파손될 수 있다는 점은 유념해야 한다. 포장을 튼튼히 해달라고 따로 요청하고, 옷으로 몇 겹 더 감싸서 수하물로 부치는 것을 권한다. 그럼에도 불구하고 파손의 우려가 없지 않으니 가급적 고가의 그릇은 소량만 구매해 기내 반입하는 것이 더 안전하다.

TIP 님펜부르크 도자기는 님펜부르크 궁전의 왕실 도자기 공방에 뿌리를 두고 있다. 바이에른 왕실의 호화로운 취미생활이었던 셈. 지금도 님펜부르크 도자기의 소유권이 비텔스바흐 가문에 있다. 현재 경영자는 쾨니히 루트비히 맥주에서 소개한 루트비히 3세의 증손자라고 한다.

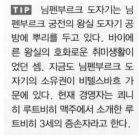

의류, 잡화

아웃도어 브랜드 잭 울프스킨Jack Wolfskin은 독일에서 부
동의 1위를 달리는 대표 브랜드. 이웃 국가의 아웃도어 브
랜드에 비해 가격이 좀 더 저렴한 편이다. 쇠펠Schöffel과 도
이터Deuter 역시 유명한 독일 아웃도어 브랜드로 꼽힌다.
독일 브랜드는 아니지만 아이더Eider, 노스페이스North Face
등 유명한 아웃도어 브랜드의 제품도 국내보다는 저렴하게
구매할 수 있다. 스포츠 브랜드 쇼핑도 편리하다. 독일에

본사가 있는 아디다스Adidas와 푸마Puma, 글로벌 기업 나이키Nike 등의 매장이 서로 경쟁한다. 국
내보다 크게 저렴하다 하기는 어렵지만 세일 기간에 들러볼 만하다. 그리고 아디다스 매장에서 독
일 국가대표 축구팀 유니폼과 바이에른 뮌헨 유니폼을 판매하므로 축구팬이라면 구미가 당길 것이
다. 고급 의류 브랜드로는 휴고 보스Hugo Boss가 단연 대표주자.

SPA 의류

자라Zara, 에이치 앤드 엠H&M, 프라이마크Primark, 체 운트 아C&A 등 이웃 국가의 SPA 브랜드(제
작부터 유통까지 직접 해결하는 전문 소매점)가 독일에도 뿌리를 내렸다. 가격도 매우 저렴한 편이
기에 여행 도중 옷을 급하게 구해야 할 때 저렴하게 구매하기에도 좋다. 독일의 SPA 브랜드로는
페크 운트 클로펜부르크Peek & Cloppenburg가 첫 손에 꼽힌다. 이러한 SPA 브랜드의 품질과 가격
은 대동소이하니 자신의 패션 취향에 맞추어 선택하도록 하자.

필기구

250년 전통의 파버카스텔Faber-Castell, 180년 전통의 슈
태틀러Staedtler는 필기구의 양대산맥이다. 마침 두 회사 모
두 바이에른에 뿌리를 두고 있다. 색연필, 물감 등 정교한
색상을 재현하는 우수한 필기구를 판매하는데 화가들도 사
용할 정도로 품질이 정교하다. 어린아이부터 어른까지 모두
좋은 기념품이 된다.

* 국내에서는 슈태틀러를 스테들러라고 표기하는데, 현지 발음과는
차이가 크다.

화장품, 의약품

독일, 프랑스, 스위스 등 유럽 선진국은 약국에서 파는 기
능성 화장품의 천국이다. 그중 오이체린Eucerin과 오이보스
Eubos가 대표적인 독일 브랜드로 꼽힌다. 독일 회사인 오
르토몰Orthomol은 면역약, 비타민 등 건강보조제 분야에서
세계적으로 명성이 높다.

* 오이체린은 유세린, 오르토몰은 오쏘몰 등의 표기로 국내에 알
려져 있는데, 잘못된 표기이므로 여기서는 원래 발음에 가깝게 표
기하였다.

장난감, 완구

'원조 테디베어'로 꼽히는 슈타이프Steiff의 봉제 곰 인형은 아이들의 선물로 그만이다. 독일 브랜드
는 아니지만 레고Lego의 인기도 높아 곳곳에서 매장을 발견할 수 있다. 레고와 비슷한 모빌 장난
감의 독일 브랜드로는 플레이모빌Playmobil을 꼽는다. 국내에서도 유명한 독일의 식품업체 하리보
Haribo의 젤리 역시 선물용으로 아주 좋다. 하리보 제품은 국내에서 구경하기 어려운 굉장히 다양
한 종류를 판매 중이며, 가격도 저렴하다.

뮌헨의 **백화점과 쇼핑가**

번화한 대도시답게 곳곳에 백화점과 쇼핑몰이 가득하다. 소비자의 시선에서 꼭 사야 할 것을 구매하거나 아니면 아이쇼핑으로 시간을 보낼 수 있을 만한 뮌헨의 대표 쇼핑명소를 골라보았다.

백화점과 쇼핑몰

독일의 웬만한 도시에 하나 이상씩 있는 대중적인 백화점 체인
카우프호프Galeria Kaufhof와 카르슈타트Karstadt가 뮌헨에도 '당
연히' 있다. 이 책에서는 일부러 발품 들여 찾아갈 필요 없이 관
광지 주변에서 가볍게 둘러볼 수 있는 곳으로 선별해 소개한다.
카우프호프 백화점은 마리아 광장 지점, 카르슈타트 백화점은
슈바빙 지점을 들러보자.

카르슈타트 백화점

명품 브랜드까지 들어와 있는 고급 백화점 오버폴링어, 의류나
화장품 등 여성의 취향을 저격하는 루트비히 베크 등 개성 있는
백화점과 현지인이 즐겨 찾는 쇼핑센터로 마리아 광장 부근에 있
는 카우핑어토어 파사주, 퓐프회페, 슈타후스 파사주도 있다.
또한 시내에서는 조금 떨어져 있지만 일부러 쇼핑을 하러 가도
될 정도의 가치가 있는 올림픽 쇼핑센터도 기억해두면 좋다.

오버폴링어 백화점

관광지 부근에서 떨어져 있어 이 책에 소개하지 않았지만 파징
아르카덴Pasing Arcaden(www.pasing-arcaden.de)과 림
아르카덴Riem Arcaden(www.riemarcaden.de)은 뮌헨 시민
의 핫플레이스로 꼽히는 초대형 쇼핑몰이다.

루트비히 베크

쇼핑가

각종 상점이 거리 양편에 줄지어 있어 쇼윈도를 마냥 구경해도 즐거운 번화한 쇼핑가도 있다. 카를
광장과 마리아 광장 사이를 연결하는 노이하우저 거리가 대표적인 곳. 관광객을 위한 기념품숍부터
현지인을 위한 의류상점까지 다양한 상점들이 빼곡히 들어서 있다. 가전 백화점 자투른Saturn도 여
기에 있으니 현지 선불유심 구입 시에도 노이하우저 거리를 찾으면 된다.

그런가 하면 막시밀리안 거리는 명품 브랜드가 줄지어 있는 럭셔리 쇼핑가로 유명하다. 자존심 드높
은 명품 브랜드가 경쟁하고 있기에 서로 돋보이기 위해 쇼윈도를 매우 화려하고 센스 있게 꾸며두고
있다. 꼭 상점 내부를 구경하지 않더라도 쇼윈도만 구경하는 재미가 쏠쏠하고, 영업이 끝난 밤에도
화려한 조명이 반짝이는 쇼윈도들을 보는 재미가 있다.

노이하우저 거리

막시밀리안 거리

쇼핑 마니아가 주목할 **뮌헨 근교 아웃렛**

쇼핑할 것이 많은 여행자에게 도움이 되는 정보. 알뜰하게 쇼핑할 수 있는 아웃렛! 뮌헨에서 찾아 갈 수 있는 아웃렛 두 곳을 소개한다. 대형 아웃렛도 일요일은 휴무라는 것은 반드시 기억하자.

가까운 곳에 잉골슈타트 빌리지

대도시 근교에 마치 마을처럼 아웃렛을 꾸민 빌리지 아웃렛이 뮌헨 근교 잉골슈타트에 있다. 정식 명칭은 잉골슈타트 빌리지 디자이너 아웃렛Ingolstadt Village Designer Outlet. 편의상 잉골슈타트 빌리지라고 부른다. 대중적인 의류 브랜드와 스포츠 브랜드 중심이며, 명품 브랜드는 없다는 점을 알아두자. 실용적인 의류, 가방, 신발 등을 구매할 때 고려할 만하다.

Data 가는 법 카를 광장(09:30)과 BMW 벨트(09:45)에서 하루 1회 셔틀버스가 출발한다. 하루 한 차례 출발(09:30), 뮌헨으로 돌아오는 셔틀버스도 아웃렛에서 하루 한 차례(15:30) 출발한다. 왕복 요금 20유로. 시간에 구애받지 않는 자유로운 쇼핑을 원하면 잉골슈타트 북역Ingolstadt Nord까지 기차로 이동하여 북역 앞에서 20번 시내버스를 타면 된다. 전 일정 바이에른 티켓이 유효하다. 주소 Otto-Hahn-Straße 1, Ingolstadt 전화 0841 8863100 운영시간 월~토 10:00~20:00,일·공휴일 휴무

독일 최대의 메칭엔 아웃렛 시티

독일에서 가장 크고 유명한 아웃렛이 독일 서남부 메칭엔에 있
다. 이름은 메칭엔 아웃렛 시티Outletcity Metzingen. 이름부터가
'빌리지'가 아닌 '시티'라는 것에서 유추할 수 있듯 타의 비교를
불허하는 초대형 아웃렛이다. 메칭엔은 독일의 고급의류 브랜드
휴고 보스의 본사가 있는 곳. 처음에는 휴고 보스에서 이월 상품
이나 약간 하자 있는 제품을 초저가에 판매하는 아웃렛을 만든
것인데, 이 때문에 방문자가 몰려들자 다른 브랜드의 아웃렛까지
하나둘 생겨 지금의 초대형 아웃렛으로 확장되었다. 메칭엔 아웃
렛 시티의 최대 장점은 명품을 포함해 대중적인 스포츠 브랜드,
독일의 주방용품 브랜드 등 카테고리를 초월하는 다양한 브랜드
가 파격적으로 세일 중이라는 점이다. 특히 메칭엔 아웃렛 시티
의 타깃대감이라 할 수 있는 휴고 보스는 전 세계 어디를 가도 여
기보다 저렴한 곳이 없다. 비싼 고급 양복을 창고형 매장에 쌓아
놓고 판매하는 생경한 모습을 보게 될 것이다.

Data 가는 법 슈투트가르트에서 셔틀버스를 운행한다. 뮌헨에서
찾아갈 때는 기차가 가장 편하다. 1~2회 환승하여 메칭엔까지 가면
(편도 약 3시간 소요) 기차역에서 아웃렛까지 도보 10분 거리.
주소 Reutlinger Straße 58, Metzingen 전화 07123 92340
운영시간 월~금 10:00~20:00, 토 09:00~20:00, 일·공휴일 휴무
홈페이지 www.outletcity.com

꼭 사야 하는 **편의점, 약국 쇼핑 리스트**

독일은 싸고 질 좋은 생활용품의 천국이다. 편의점(드러그스토어)에 가면 의외로 저렴한 생활물가에 놀라게 될 것이고, 장바구니에 한가득 물건을 담는 자신을 발견하게 될 것이다. 한국에서 비싸게 판매되는 기능성 화장품을 훨씬 저렴하게 구매할 수 있는 약국 또한 빼놓을 수 없는 쇼핑 장소다.

독일의 약국

독일어로 약국을 아포테케 Apotheke라고 한다. 건강에 유난히 관심이 많은 독일인의 특성상 약국은 편의점만큼 많이 보인다. 기능성 화장품이나 세안용품 등을 한국에서 판매하는 가격보다 훨씬 저렴하게 구입할 수 있다. 로텐부르크의 마리아 약국처럼 관광객에게 특화된 약국도 있다.

붉은색 A는 약국 공통 마크

독일의 드러그스토어

화장품, 위생용품, 건강보조제, 유아용품 등을 파는 드러그스토어(독일어로 드로게리마르크트 Drogeriemarkt)는 가장 부담 없이 생필품을 구입할 수 있는 장소다. 데엠dm, 로스만Rossmann은 드러그스토어의 양대 산맥. 최근에는 대도시에서 뮐러Müller가 세를 부쩍 확장하는 중이지만 가격대가 조금 더 비싸다. 뮌헨에는 데엠, 로스만, 그리고 뮐러의 매장이 워낙 많다. 시내 곳곳에 매장이 있으니 일부러 어디를 찾아갈 필요 없이 여행 중 자연스럽게 만나게 될 텐데, 가급적 숙소 부근에서 매장을 찾는 것이 편리하다. 매장 위치는 홈페이지나 구글맵을 이용해 검색할 수 있다.

Data 홈페이지 데엠 www.dm.de, 로스만 www.rossmann.de, 뮐러 www.mueller.de

드러그스토어 쇼핑 리스트

모든 종류의 생활용품이 다 있으니 천천히 둘러보면서 필요한 것들을 구매해 보자. 한국 여행자들이 특히 선호해 잔뜩 구매한다는 품목들을 소개한다.

카밀 핸드크림 Kamil Handcreme

보습력이 좋아 항공 승무원이 애용하여 소위 '승무원 크림'으로 불리며 국내에 알려졌다. 1유로 안팎의 저렴한 가격에 최강의 가성비를 자랑한다.

아요나 치약 Ajona Stomaticum

처음 보는 사람은 작은 크기 때문에 휴대용 치약으로 오해할 수 있겠으나 아요나 치약은 아주 조금씩 짜서 사용하기에 일반 치약과 수명이 비슷하다. 가격은 2유로 미만. 잇몸에 특히 좋다.

발포 비타민

물에 타서 먹는 발포 비타민(20정) 1개의 가격이 50센트 미만. 여러 종류의 비타민뿐 아니라 마그네슘, 칼슘 등 온갖 발포 영양제를 판매한다. 특히 레몬맛 비타민C 제품의 인기가 높다.

영양제, 차

오메가-3를 비롯한 각종 영양제, 허브차나 과일차 등 각종 차도 인기 품목이다. 역시 종류가 매우 많고 가격이 저렴하다. 영양제 브랜드로는 도펠헤르츠Doppelherz, 탁소피트Taxofot가 인기 높다.

TIP 기본 독일어 카테고리 정리

드러그스토어는 현지인의 생활공간이다. 즉, 매장 내에서 영어 안내를 발견하기 어렵다. 넓은 매장은 카테고리별로 섹션이 구분되어 있으니 구매하고자 하는 제품의 섹션을 먼저 찾아가면 된다. 이때 알아두면 유용한 대표적인 독일어는 아래와 같다.

몸 : Körper(쾨르퍼) – 보디로션 등 몸에 사용하는 제품
머리카락 : Haar(하르) – 샴푸 등 머리에 사용하는 제품
얼굴 : Gesicht(게지히트) – 로션 등 얼굴에 사용하는 제품
입 : Mund(문트) – 치약 등 입에 사용하는 제품
여성 : Damen(다멘) – 여성용 제품
남성 : Herren(헤렌) – 남성용 제품
아기/아동 : Baby(베비) / Kind(킨트) – 유아/아동용 제품

맥주잔부터 전통의상까지!
뮌헨 기념품숍

엽서, 자석, 열쇠고리 같은 평범한 기념품은 가라! 뮌헨에서는 맥주잔부터 전통의상까지 독일 냄새
물씬 풍기는 기념품이 당신을 기다리고 있다.

TIP 여기 소개하는 기념품 외에도 축구팬이라면 바이에른 뮌헨 팬숍, 자동차 마니아라면 BMW
박물관이나 아우디 박물관에 있는 기념품숍을 기억해두면 좋다. 앞서 소개한 프랑켄 와인도 가벼운
선물로 적당하다.

화려하게 맥주잔

뮌헨 기념품숍의 얼굴마담은 단연 맥주잔이다. 뚜껑이 달린 주석으로 만든 맥주잔을 화려하고 앙증맞은 무늬로 장식해두었다. 원래 용도는 맥주의 김이 빠지지 않은 채 오래 마시도록 고안된 것이지만 그 모양이 남달라 장식용으로 테이블 위에 놔두어도 '미친 존재감'을 뽐낼 것이다. 맥주잔을 파는 기념품숍이라면 십중팔구 독일을 떠올릴 수 있는 다른 장식품도 함께 팔고 있을 것이다. 가령, 고가의 뻐꾸기시계부터 나무로 만든 소품이나 장식품까지 다양하다.

귀엽게 로텐부르크 기념품

소도시 중 로텐부르크에서만큼은 기념품 쇼핑에 아낌없이 지갑을 열어도 좋다. 슈미트 골목을 중심으로 맥주잔, 공예품, 전통의상 등 뮌헨에서 살 만한 기념품도 거의 다 갖추고 있고, 독일의 자랑거리인 크리스마스 장식품은 로텐부르크가 뮌헨보다 몇 수 위다. 가격은 만만치 않지만 너무도 귀여운 크리스마스 장식품은 오래도록 기억에 남을 기념품이나 선물이 될 것이다. 로텐부르크 여행정보에 소개된 케테 볼파르트를 참조.

색다르게 독일 전통의상

독일의 전통의상 레더호젠과 디른들을 파는 곳도 많다. 뮌헨뿐 아니라 퓌센이나 로텐부르크 등 바이에른의 유명한 관광도시에서 흔하게 찾아볼 수 있다. 제대로 만든 전통의상의 가격은 꽤 비싸다. 저렴한 것은 모양만 흉내 내어 대충 만든 것이라고 보면 된다.

고급스럽게 시가

바이에른 국립극장 부근에 있는 체흐바우어 Zechbauer, 구 시청사와 이자르문 사이에 있는 파이펜 후버Pfeifen Huber는 시가를 파는 곳이다. 각각 1830년, 1863년부터 시작된 유서 깊은 고급 담배 가게다. 흡연자에게 고급스러운 선물을 하고 싶다면 찾아가 보자.

© Jewels Of Romantic Europe

SHOPPING 07

품격을 사는 **쿨투어구트**

노이슈반슈타인성 등 바이에른의 유명 궁전을 둘러보고 나면 내부의 기념품숍을 보게 된다. 관광지에 있는 흔한 상점이라 생각하여 그냥 지나치지 말자. 여기는 '흔한' 상점이 아니기 때문이다. 굳이 정의하자면 '명품 기념품숍'이라고 할 수 있겠다.

© Jewels Of Romantic Europe

궁전의 인테리어에서 영감을 받은 패턴 디자인

쿨투어구트

이곳의 이름은 쿨투어구트Kulturgut. 직역하면 '문화 상품' 정도 된다. 쿨투어구트는 노이슈반슈타인성 등 바이에른의 역사적인 문화에서 영감을 받아 제품을 제작한다고 한다. 가령, 바이에른 궁전의 정원을 형상화한 디자인, 바이에른 왕실의 문양이나 바이에른을 상징하는 사자를 활용한 디자인 등을 적극 활용하는 것이다. 가격은 다소 비싸지만 그만큼 품질은 보장한다. 관광지에서 파는 싸구려 기념품이 아니라 제대로 품질 관리가 이루어지면서 바이에른의 아이덴티티를 심은 특별한 기념품을 만드는 것으로 이해하면 된다.

주요 상품

티셔츠, 스카프, 가방 등 의류잡화(아동용 포함), 머그컵, 접시, 냅킨 등 주방소품이 대표적이다. 또한 자석, 양초, 스노 볼 등 일반적인 기념품도 있다. 만약 해외여행 후 지인에게 기념품으로 냅킨을 선물하면 떨떠름해할지 모른다. 하지만 '무려' 왕실의 상징이 도안으로 사용된 냅킨이라고 설명하면 받는 사람도 생각을 달리하지 않을까?

매장 위치

이 책에 소개된 장소에 있는 쿨투어구트 매장은 다음과 같다.

- 뮌헨의 레지덴츠 궁전, 님펜부르크 궁전
- 슐라이스하임 궁전 • 노이슈반슈타인성
- 린더호프성 • 헤렌킴제성

그 외 전체 목록은 쿨투어구트 홈페이지에서 확인할 수 있다.

© Jewels Of Romantic Europe

택스 리펀드 제도

쇼핑하면서 낸 세금을 환급받는 것을 택스 리펀드Tax Refunds라고 한다. 다른 유럽 국가와 마찬가지로 독일 역시 택스 리펀드가 활성화되어 있으며, 평균 7~10%를 환급받을 수 있다. 환급받을 대상 물품을 독일 현지에서 소비하지 않고 한국으로 가지고 와야 한다.

초간단 택스 리펀드 방법

❶ 택스 리펀드 가맹점에서 쇼핑한다.

❷ 결제할 때 점원에게 택스 리펀드 서류를 달라고 한다.

회화 | I want to take a tax refund form.

❸ 매장의 도장이 찍힌 택스 리펀드 서류와 영수증을 받는다.

❹ 서류의 빈칸을 기입한다.

❺ 출국 시 공항 세관에서 서류에 확인 도장을 받는다.

❻ 세관 도장이 찍힌 서류를 택스 리펀드 업체로 접수하고 환급받는다.

택스 리펀드 가맹점 확인

독일에서 택스 리펀드는 대부분 글로벌블루Global Blue가 담당하며, 플래닛 택스프리Planet TaxFree도 있다. 이 책에서는 글로벌블루를 기준으로 설명한다. 택스 리펀드 가맹점은 매장 입구 또는 계산대 앞에 글로벌블루의 로고가 붙어 있어 가맹점 여부를 식별할 수 있다.

Global Blue

'planet

택스 리펀드 기준금액

택스 리펀드 가맹점에서 한 번에 50유로 초과 구매하면 택스 리펀드를 요청할 수 있다. 프랑스는 100유로로, 이탈리아는 70유로로, 오스트리아는 75유로가 기준금액인 것을 감안하면, 독일에서 제공하는 50유로 기준금액은 파격적인 혜택이라 할 수 있다. 여러 제품을 구매하더라도 한 번에 결제하여 영수증에 50유로 초과 금액이 찍힌다면 택스 리펀드가 가능하다.

택스 리펀드 서류 수령 시 주의사항

상점명, 주소, 구매금액, 환급액 등은 점원이 기입한다. 그리고 매장의 도장을 날인(또는 서명)하고, 영수증 원본을 서류에 동봉한다. 만약 점원이 잘못 기입하거나 도장을 누락한 경우 또는 영수증이 첨부되지 않은 경우 환급은 불가능하다. 서류는 A4용지 크기의 기본 서류도 있지만 최근에는 카드 전표와 같은 영수증 용지에 출력되는 서류를 주는 경우도 많은데, 모두 환급에는 전혀 문제없다. 나중에 서류를 우편으로 보내야 할 수도 있으니 봉투도 함께 받아두자.

환급 방법

현금 환급 그 자리에서 현금(유로화)으로 환급

카드 환급 VISA, MASTER 등 해외결제 가능한 신용카드로 환급받는 방법(카드에 마이너스 결제로 들어가 청구금액에서 해당 금액만큼 차감된다.)

수표 환급 외국환 수표로 환급받는 방법. 거의 사용하지 않는다.

택스 리펀드 서류 작성방법

Name, Vorname 영문성명(여권과 동일하게 작성)

Wohnadresse 주소(거주하는 한국의 주소를 도로명주소 기준으로 영문 작성)

PLZ, Stadt 우편번호, 도시(우편번호는 적지 않아도 무방하며, 도시는 영문으로 작성)

Land 국적(Republic of Korea, South Korea 모두 가능)

Paß-nr. 여권번호(여권과 동일하게 작성)

Karten-nr. 카드번호(카드로 환급받고자 하는 경우에만 작성)

Unterschrift 서명(여권과 동일하게 서명)

* 이 중 주소, 우편번호, 도시는 꼭 정확하게 입력하지 않아도 관계없다.

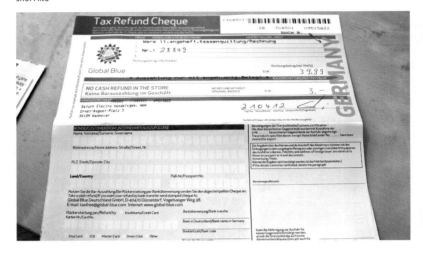

공항 세관에서 도장 받기

공항에 도착 후 먼저 동일한 방법으로 항공사 수속을 마친다. 단, 짐을 부치기 전 직원에게 택스 리펀드 받을 것임을 이야기하여 수속한 수하물을 되돌려 받는다. 그리고 세관Zoll을 찾아가 서류를 제출한다. 만약 택스 리펀드 대상 물품을 보여 달라고 하면 그 자리에서 꺼내 보여줘야 하기 때문에 수하물을 가지고 가야 한다. 대상 물품을 보여주지 못하면 환급은 거부된다. 항공사 수속을 마치지 않을 경우 세관 도장을 받을 수 없다. 세관에서 확인을 마치면 서류에 도장을 찍어준다. 수하물은 세관 옆에 놔두면 공항 직원이 뒷일을 처리해 준다. 서류만 가지고 글로벌블루 카운터로 이동하면 된다.

글로벌블루 환급 신청

글로벌블루 카운터에서 환급을 신청한다. 현금 환급을 원하면 카운터에 서류를 제출하여 그 자리에서 유로화를 수령하고, 카드 환급을 원하면 서류를 봉투에 담아 카운터 주변에 있는 우편함에 넣는다. 단, 우편함이 보이지 않으면 카운터의 직원에게 제출한다.

세관, 글로벌블루 카운터 위치

터미널2 출발층에 세관과 글로벌블루 카운터가 나란히 있다. 세관은 'Zoll'이라고 적힌 방으로 들어가면 된다. 터미널1에서 환급받으려면 체크인 후 보안구역으로 들어가야 하므로 제약이 많다. 인천행 루프트한자는 터미널2에서 출발한다. 공항 내부 구조는 종종 바뀌기 때문에 세관이나 글로벌블루 카운터 위치는 공항에 도착한 뒤 인포메이션에 물어보자.

* EU에서 구매한 것은 최종 EU 출국지에서 택스 리펀드 받는다. 따라서 최종 출국지가 뮌헨이 아니라면 해당 공항의 세관과 글로벌블루 카운터 위치를 따로 확인해두기 바란다.

TIP 출국심사 후 면세구역에서도 택스 리펀드는 가능하다. 특히 한국행 루프트한자 탑승 게이트가 있는 터미널2의 H 구역에 세관과 글로벌블루 카운터가 있어 일부러 멀리 돌아가지 않아도 된다는 점에서 좀 더 편리하다. 단, 세관에 물건을 보여줘야 하니 기내 반입하는 물품에 대해서만 H 구역에서 택스 리펀드 받을 수 있다는 점은 유념하기 바란다.

수수료

현금 환급의 경우 서류당 수수료를 공제한다. 카드 환급은 수수료가 없다.

- 환급액 3유로 이하 : 현금 환급 불가능
- 환급액 3유로 초과, 50유로 이하 : 수수료 3유로
- 환급액 50유로 초과, 100유로 이하 : 수수료 5유로
- 환급액 100유로 초과, 500유로 이하 : 수수료 5%
- 환급액 500유로 초과 : 수수료 25유로

글로벌블루 외 업체의 경우

기본적인 방식은 동일하다. 상점에서 서류를 받아 빈칸을 기입하고, 공항 세관에서 도장을 받아 업체로 접수하면 환급된다. 따라서 공항 세관의 도장을 받는 것까지는 위 내용과 동일하다. 플래닛 택스프리는 공항의 라이제방크 Reise Bank에서 환급을 대행한다. H 구역의 글로벌블루 환급 카운터 부근에 라이제방크가 있다. 나머지 업체는 서류를 받을 때 환급처를 미리 물어보아야 한다. 플래닛 택스프리 등 다른 환급업체도 우편 접수는 가능하니 세관 도장을 받은 서류를 국제우편으로 보내면 환급받을 수 있다(카드 환급만 가능).

단, 이러한 업체의 서류가 아니라 상점에서 자체적으로 발행하는 서류도 있다. 이것은 세관 도장을 받은 뒤 다시 업체에 서류를 제출해야

환급이 가능하므로 여행자는 실질적으로 환급받을 수 없는 방식이다. 이런 방식은 매우 드물기는 하지만, 여행자가 많이 가는 드러그스토어 데엠이 여기에 해당되어 골치를 썩는 여행자가 있다. 데엠에서의 택스 리펀드는 '쿨하게' 포기하는 것이 좋다.

주의사항

세관과 글로벌블루 카운터 모두 크지 않다. 만약 신청자가 밀리면 두 곳에서 기다리는 시간만 엄청나게 소요된다. 비행기 시간에 늦어 도장을 받지 못해도 환급은 불가능하니 택스 리펀드를 원하면 출발 3시간 전 공항에 도착하는 것을 권한다. 세관과 글로벌블루 카운터 모두 영업시간이 정해져 있지만(06~22시, 요일에 따라 약간 차이가 있음) 뮌헨에서 인천행 비행기가 출발하는 시각은 오후이므로 아무 문제없이 이용할 수 있다. 그럴 확률은 거의 없겠지만 뮌헨에서 다른 항공편을 이용해 사무실이 영업하지 않는 시간에 출국한다면, 세관은 버튼을 눌러 당직을 호출해 도장을 받을 수 있고(그러나 당직이 자리를 비울 때도 많다) 도장 받은 서류는 국제우편으로 보내 환급 신청하면 된다.

우편으로 서류를 접수할 때 누락되는 경우가 은근히 많다. 처리 결과를 사후 확인하려면 서류의 고유번호를 따로 메모해두어야 한다. 하지만 사후 확인이 가능하더라도 대부분 환급 불가로 결론 나기 때문에 카드 환급 시 누락의 가능성은 감안하고 신청해야 한다.

Step 06
Sleeping

....

뮌헨에서
자다

03 바이에른 지역별 숙박 가이드

뮌헨 **숙박업소 속성 정리**

전 세계에서 수많은 관광객이 찾아오는 뮌헨에는 크고 작은 숙박업소가 잔뜩 준비되어 있다. 고급 호텔부터 저렴한 호스텔까지 다양한 숙박업소가 존재한다. 뮌헨에서의 편안한 밤을 위해 기본적으로 알아둘 만한 내용을 정리한다.

호텔

독일은 호텔을 1~5성급으로 분류한다. 최고급 5성급 호텔은 매우 비싸고, 가장 저렴한 1성급 은 시설이 낙후되어 있다. 따라서 일반적인 여행자는 3성급을 기준으로 생각하고, 조금 더 여유가 있다면 4성급까지 선택의 폭을 넓혀도 좋다. 숙박료를 절약하기 위해 불편은 감수할 수 있다는 알뜰한 여행자는 2성급까지 선택의 폭을 넓혀도 좋은데, 뒤에 소개할 호스텔의 싱글룸·더블룸이 2성급 호텔보다는 편안할 것이다.

단, 여기서 호텔의 등급은 절대적인 것은 아니다. 객실이 넓은 3성급 호텔이 있는가 하면 객실이 좁고 낡은 4성급 호텔도 있다. 특히 호텔에서 가장 저렴한 등급의 객실일수록 더 그렇다. 아무래도 4성급 호텔에 투숙하는 여행자는 비싼 대신 더 넓고 편안한 잠자리를 원하는 것일 테니 4성급 호텔에서는 가장 저렴한 객실보다는 중급 이상의 객실이 적당하다. 독일의 호텔 문화는 기본적으로 객실이 넓지 않은 편이므로 한국에서의 호텔방을 생각하고 들어가면 실망할 수도 있다는 점을 미리 덧붙인다.

디자인 호텔

건물의 내·외부를 개성적인 디자인으로 꾸며 마치 하나의 예술작품을 보는 것처럼 만든 호텔을 특별히 디자인 호텔이라 부른다. 디자인 호텔 역시 1~5성급의 구분은 동일하며, 아무래도 동급의 호텔보다는 가격대가 좀 더 비싼 편

이다. 하지만 센스 있게 꾸민 객실은 마치 스튜디오에 들어온 것 같은 느낌을 주기에 객실 내에서도 그럴듯한 사진을 찍을 수 있고 더욱 기억에 남는 여행을 만들 수 있다는 장점이 있다.

호스텔

마치 기숙사를 연상케 하는 공동 객실을 갖춘 저렴한 숙소를 호스텔이라 한다. 호스텔은 따로 1~5성급의 구분을 두지는 않지만 아무래도 최근에 문을 연 호스텔일수록 시설이 좋고 숙박이 편안하다. 이 책에 소개된 호스텔은 대부분 시설의 검증은 끝난 곳이다. 단, 대부분 유명한 호스텔인 만큼 워낙 많은 여행자가 방문하고, 시설을 험하게 사용하는 몰상식한 여행자도 많기 때문에 유명한 호스텔도 침대가 삐거덕거리거나 문고리가 덜렁거리는 등의 불편이 발생할 수 있다.

도미토리Dormitory라 부르는 공동 객실은 특별한 언급이 없는 이상 남녀공용이다. 전 세계의 남녀 여행자가 한 방에 숙박하므로 신경이 많이 쓰이겠지만, 반대로 외국인과 스스럼없이 친해질 수 있는 장점도 있다. 욕실은 객실 내에 있는 경우도 있고, 복도 등 공용 공간에만 있는 경우도 있다.

모르는 사람과 같은 방을 쓴다는 것은 보안에 유의해야 한다는 뜻이기도 하다. 최신 호스텔은 카드키 시스템을 갖추어 나름의 보안을 유지하고 있으나 어쨌든 귀중품은 스스로 잘 챙겨야 한다. 많은 호스텔에 사물함이 제공되어 귀중품을 보관할 수 있으나 자물쇠는 직접 지참하거나 돈을 내고 빌려야 한다.

> **TIP** 숙박업소마다 투숙 가능 연령의 제한을 두는 경우가 있다. 기본적으로 만 18세 이하의 미성년자는 단독 투숙이 불가능하니 보호자 없이 독일을 여행하려면 사전에 투숙 가능여부를 숙박업소에 문의해야 한다. 그리고 유명 호스텔 중 도미토리에 숙박하는 연령의 상한선을 두는 경우도 있다. 이런 경우는 따로 언급해두었으니 참고하자.

유스호스텔

독일어로 유겐트헤어베르게Jugendherberge라고 하는 유스호스텔은 국제 유스호스텔 연맹에 속한 호스텔을 의미한다. 우수한 설비를 갖추고 조식을 제공하여 그 어떤 호스텔보다 신뢰할 수 있다. 유스호스텔에 숙박하려면 국제 유스호스텔 회원증이 필요하다. 회원증은 한국의 국제 유스호스텔 연맹(www.kyha.or.kr)에서 유료로 발급해 준다. 하지만 회원이 아니더라도 3.5유로의 추가요금을 내면 숙박은 가능하다. 뮌헨에도 두 곳의 유스호스텔이 있다.

A&O 호스텔

독일의 유명 호스텔 체인인 A&O 호스텔은 말하자면 '도심형 유스호스텔'이다. 기본요금을 저렴하게 책정하는 대신 침대 시트, 조식, 빠른 와이파이 접속, 카드 결제 수수료 등 부대비용

이 추가로 발생할 수 있다. 즉, 자신의 여행 스타일에 맞추어 합리적으로 비용을 조절하며 숙박할 수 있다는 것이 장점.

한인민박

한국인이 운영하는 민박을 뜻한다. 싱글룸·더블룸·가족룸·도미토리 등 저마다 다양한 등급의 객실로 구성되며, 한국어로 예약 및 이용할 수 있어 편리하고 한국음식을 제공한다는 장점이 있다. 뮌헨에 한인민박이 몇 곳 있는데, 당국에 신고하지 않은 무허가 업소도 일부 있으므로 사전에 등록업소 여부를 확인할 것을 권장한다.

에어비앤비

숙박공유 서비스 에어비앤비는 뮌헨에서도 꽤 활성화되어 있다. 그런데 남는 방을 쉐어하는 진정한 의미에서의 숙박공유보다는, 현지인(주로 아시아인)이 집을 빌려 손님을 받는 무허가 숙박업소로 변질된 사례도 적지 않아 주의가 필요하다. 숙박공유 서비스는 전적으로 호스트에 따라 '케이스 바이 케이스'라 할 수 있다. 어떤 곳은 호텔보다 좋은 환경에서 저렴한 숙박이 가능하지만, 반대로 각종 범죄에 노출되는 곳도 있다. 그러므로 에어비앤비를 이용한다면 후기 등을 꼼꼼히 확인하고 안전하게 이용하도록 하자.

호텔·호스텔 공통 주의사항

❶ 체크인과 체크아웃 시간이 정해져 있다. 체크인 시간 이전에 도착하면 체크인을 할 수 없어 기다려야 되고, 체크아웃 시간을 넘겨 체크아웃하면 추가요금이 발생할 수 있다. 리셉션을 24시간 운영하지 않는 곳도 있다. 만약 밤 늦게 뮌헨에 도착해 투숙한다면 리셉션을 24시간 운영하는 곳으로 골라 예약해야 한다.
❷ 기차 연착 등으로 예기치 못하게 자정 이후

에 체크인할 일이 생기면 숙소에 미리 전화해 이야기해두는 것이 좋다. 자정까지 손님이 도착하지 않으면 노쇼로 판단해 예약을 취소해버리는 등의 불상사가 생길 수 있기 때문이다. 따라서 예약한 업소의 전화번호는 따로 메모해두는 것이 좋다.

❸ 객실 내 에어컨은 고급 호텔 또는 최근에 지어진 호텔 정도에만 갖추어져 있다. 난방은 옛 건물에도 갖추어져 있다.

❹ 객실 내에서도 신발을 신고 생활한다. 따라서 편하게 지내려면 가벼운 슬리퍼를 지참하는 것이 좋다. 등급이 높은 호텔은 일회용 슬리퍼를 제공하지만, 평범한 호텔과 호스텔은 대부분 슬리퍼를 제공하지 않는다.

❺ 호텔과 호스텔 모두 화장실의 바닥에 배수구가 따로 없으므로 바닥에 물을 흘리면 안 된다. 샤워 후 물기를 다 닦고 샤워부스 밖으로 나와야 하고, 세면대 주위에 물이 튀지 않도록 주의하자. 미끄러져 본인이 다칠 수도 있으니 자신의 안전을 위한 주의사항이라 생각하고 조심하는 것이 좋다.

호스텔 주의사항

특별히 호스텔 도미토리 이용 시 주의할 내용을 따로 정리한다.

❶ 공동으로 사용하는 공간인 만큼 타인에 대한 배려는 기본이다. 밤늦게 불을 켜거나 떠드는 것은 당연히 큰 결례에 해당된다. 밤에 따로 볼일을 보거나 일행과 대화할 일이 있다면 호스텔의 로비나 휴게실을 이용하면 된다.

❷ 공동 객실 사용 시 뒷정리를 깨끗하게 해주어야 한다. 특히 샤워부스에 남은 머리카락 등의 불순물은 직접 치워야 한다.

❸ 수건, 샴푸, 비누, 헤어드라이어 등이 제공되지 않는 경우가 많다. 개인 세면용품은 직접 챙겨야 한다. 최근에는 샴푸나 헤어드라이어가

제공되는 업소가 조금씩 늘고 있는 추세다.

❹ 속옷이나 양말을 화장실에서 손세탁한 뒤 객실에서 말리는 것은 관행적으로 허용된다. 물론 타인에게 폐를 끼치지 않도록 자기 침대 주변에 널어두어야 한다.

베드버그

호스텔을 이용할 때나 드물게는 호텔 이용 시 여행자를 괴롭히는 녀석이 베드버그다. 일반적으로 호텔이 청결하지 않을 때 베드버그가 출몰하는 것은 사실이지만, 워낙 많은 여행자가 사용하기 때문에 외부에서 묻어온 베드버그가 다른 여행자까지 괴롭히는 경우도 적지 않다. 이 책에 소개한 숙박업소는 모두 청결히 관리되는 곳이지만 아무리 시트를 열심히 세탁해도 침대 프레임에 숨어든 베드버그까지는 어쩔 수 없는 노릇. 이와 같은 이유로 인해 베드버그가 나타나지 않는다는 보장은 없다.

그런 일은 없어야겠지만 혹시 베드버그에 물리면 약국에서 연고를 구입해 바르는 것이 좋다. 약사에게 "아이 니드 어 크림 포 베드버그 바이츠I need a cream for bed bug bites." 정도로 이야기하면 처방전 없이 구입할 수 있는 항히스타민 계열 또는 스테로이드 계열의 연고를 추천할 것이다. 베드버그에 물리면 2~3일 정도의 잠복기를 거쳐 가려움증이 시작되고, 긁으면 긁을수록 환부가 크게 부풀어 오르고 더 가려워져 정상적인 여행이 힘들어진다. 이때 긁지만 않으면 자연스럽게 가라앉으므로 연고를 바르는 것이다. 그리고 혹시 옷이나 가방에 베드버그가 묻어 있을 수 있으므로 가능하다면 옷과 가방은 일광 소독을 권한다.

최근에는 인체에 무해한 베드버그용 살충제를 가지고 출국하는 여

스테로이드 연고

행자도 많다. 인터넷 검색창에 '베드버그 살충제'라고 검색하면 관련 제품이 여럿 나온다. 인체에 무해한 살충제를 시트와 침대 프레임에 골고루 뿌리면 베드버그 예방에 도움이 된다.

호텔 팁

팁 문화가 없는 한국에서 생활하다가 외국에 가면 '팁을 줘야 하는지' 은근히 신경 쓰이기 마련. 결론부터 이야기하면, 독일에서 호텔에 팁을 줄 필요는 없다. 이미 봉사료가 포함된 금액으로 결제한 것이기 때문이다. 그래도 객실에 과도한 쓰레기를 버렸다거나 기타 청소인력이 힘들어할 만한 일을 만들었다면 1~2유로 정도의 동전을 침대나 테이블에 놔두면 당신은 예의 바른 여행자. 그리고 고급 호텔은 직원이 짐을 객실까지 가져다줄 텐데, 이때도 약간의 팁을 주는 것이 좋다.

숙소 예약 방법

현지에서 바로 숙박료를 지불하고 투숙하는 것도 가능하지만 혹 빈방이 없을 수도 있으니 출국 전 예약해두는 것이 편리하다. 인터넷으로 간편하게 예약할 수 있다.

호텔 예약

부킹닷컴, HRS, 호텔스닷컴, 아고다 등의 글로벌 호텔 사이트에서 예약할 수 있다. 이들 사이트는 모두 한국어 버전을 지원하므로 이용에 어려움이 없다. 저마다 가격은 조금씩 다르니 같은 숙소도 여러 사이트에서 검색하는 것이 좋고, 그런 불편을 덜어주는 호텔스컴바인 같은 가격비교 사이트도 활성화되어 있다. 물론 각 호텔 홈페이지에서 직접 예약하는 것도 가능하다.

Data 부킹닷컴 www.booking.com
HRS www.hrs.com
호텔스닷컴 www.hotels.com
아고다 www.agoda.co.kr
호텔스컴바인 www.hotelscombined.com

호스텔 예약

마찬가지로 호스텔도 글로벌 예약 사이트가 있다. 호스텔월드, 호스텔부커스 등이 여기 해당된다. 이 중 호스텔월드는 한국어가 지원된다.

Data 호스텔월드 www.korean.hostelworld.com
호스텔부커스 www.hostelbookers.com

유스호스텔 예약

공식 유스호스텔은 호스텔월드 등의 사이트에서 검색이 되지 않는 경우도 은근히 많다. 공식 유스호스텔 전용 예약 사이트 하이호스텔에서는 불편이 없으니 공식 유스호스텔을 예약할 때는 참고하도록 하자. 한국어는 지원되지 않는다.

Data 하이호스텔 www.hihostels.com

한인민박 예약

전문 예약 사이트는 활성화되지 않았다. 각 민박업체의 홈페이지(또는 온라인 카페)에서 개별적으로 예약할 수 있다.

주의사항

호텔과 호스텔 예약 시 각 사이트에서 한국어로 설정하더라도 요금은 현지 화폐인 유로화로 설정해두어야 한다. 한국 화폐로 설정하여 요금을 확인하면, 그 금액으로 결제되는 것이 아니라 이중으로 환차손과 수수료가 발생한 금액으로 결제되어 훨씬 손해를 보게 된다. 한국에서 접속하면 자동으로 한국어, 한국 화폐로 설정될 것이다. 번거롭더라도 화폐 단위는 재설정하고 이용하자. 아울러 한국어 사이트에서 예약하더라도 투숙자 정보는 영문으로 입력해야 한다. 한국어로 입력하면 현지 숙소에서 알아볼 수 없어 예약이 정상적으로 완료되지 않는다.

|Theme|
옥토버페스트 숙박 대란

3주 남짓의 짧은 축제기간 동안 수백만 명이 뮌헨을 찾는다. 아무리 뮌헨에 숙박업소가 많다고 해도 이 정도의 극성수기라면 숙소 구하기가 하늘의 별 따기일 수밖에 없고, 자연스럽게 가격도 폭등한다. 축제 기간 중 숙박요금이 평상시의 3~5배 정도 뛰고, 그마저도 최소 3개월 전, 넉넉하게는 6개월 전에 예약해야 빈방을 찾을 수 있다. 한마디로, 호텔 요금을 내고 호스텔 도미토리에서 자게 되는 셈이다. 물론 '세계 3대 축제'를 즐길 때 그 또한 하나의 추억이라 생각할 수 있겠지만 아무래도 비용이 아깝게 느껴질 수밖에 없는 것이 당연하다.

비용을 절약하려면 뮌헨에서 레기오날반으로 1~2시간 떨어진 도시에서 숙박하는 것이 좋다. 이 책에 소개된 도시 중에는 아우크스부르크, 란츠후트, 퓌센, 그 외에도 바이에른의 유명 도시인 뉘른베르크, 레겐스부르크, 오스트리아의 잘츠부르크 등이 해당된다. 이런 도시에서는 옥토버페스트 기간 중에도 가격이 거의 오르지 않는 편이다. 단, 그렇다고 해서 빈방이 많다는 의미는 아니니 적당히 이른 시점에 예약하는 것은 필요하다. 그리고 바이에른 티켓을 가지고 뮌헨을 왕복하며 축제와 관광을 즐기면 된다. 바이에른 티켓 요금이 추가로 들고, 기차에서 2~3시간을 허비하게 되지만, 그래도 뮌헨에서 살인적인 숙박 대란에 시달리지 않을 수 있다.

이 경우에도 한 가지 주의할 점은 있다. 옥토버페스트를 찾는 독일인도 굉장히 많다. 특히 바이에른에 사는 많은 독일인들이 레기오날반을 타고 뮌헨을 찾기 때문에 기차에 사람이 엄청나게 많다. 축제 기분에 들떠 이미 기차에서 술 한 박스를 비우고 떠드는 현지인 단체도 보게 될 것이고, 정도가 지나치면 술병을 바닥에 깨버린다든지 화장실에 볼썽사나운 흔적을 남긴다든지 기타 불편한 경험을 하게 될 수 있다. 비용을 조금 더 투자해도 괜찮다면, 바이에른 티켓을 1등석용으로 구매해 1등석에 앉아서 가는 방법도 있다. 1등석은 대개 소란스럽지 않은 편이다.

뮌헨 지역별 숙박 가이드

옥토버페스트 등 극성수기를 제외하면 뮌헨에서 숙박할 때 중앙역 부근을 벗어날 필요가 없다. 대부분의 유명 숙소가 모두 이곳에 밀집되어 있기 때문. 따라서 뮌헨에서의 숙박은 중앙역 부근에서 해결한다는 것을 전제로 두고, 각 지역별 숙박의 장점을 따로 정리한다.

전철역 기준 숙박업소 정리

뮌헨의 중심부는 에스반 전철역을 기준으로 세밀하게 구분한다. 중앙역을 중심으로 동쪽으로는 동역까지, 서쪽으로는 파징역까지의 에스반 전철역에 따라 아래와 같이 숙박을 정할 수 있다. 참고로, 어디서 숙박하든 공항까지 가는 것은 큰 차이가 없다.

뮌헨의 에스반 전철역

파징Pasing Ⓢ	퓌센에 다녀오는 날 장점이 있다.
라임Laim Ⓢ	퓌센에 다녀오는 날 장점이 있다.
Hirschgarten Ⓢ	
Donnersbergerbrücke Ⓢ	
하커브뤼케Hackerbrücke Ⓢ	버스터미널 이용 시 장점이 있다.
중앙역Hauptbahnhof Ⓢ	뮌헨 숙박의 중심지
카를 광장Karlsplatz Ⓢ	중앙역과 관광지가 모두 가깝다.
마리아 광장Marienplatz Ⓢ	시내 중심지. 그러나 숙소가 부족하다.
Isartor Ⓢ	
로젠하이머 광장Rosenheimer Platz Ⓢ	필하모닉 공연 등 문화생활에 장점이 있다.
동역Ostbahnhof Ⓢ	박람회장에 갈 일이 있다면 유리하다.

일단은 중앙역과 카를 광장

특별한 이유가 없는 이상 숙박업소는 중앙역 부근으로 알아본다. 카를 광장의 숙소는 중앙역과 마리아 광장 등의 관광지를 모두 걸어서 오갈 수 있다는 장점이 있지만 카를 광장에 숙소가 많지 않아 선택의 폭은 제한된다. 저렴하거나 유명한 호스텔은 거의 대부분 중앙역 부근에 위치한다.

하커브뤼케역 고가도로의 낭만

고속버스 이용 시 하커브뤼케

버스터미널이 있는 하커브뤼케 전철역 주변에도 숙소가 몇 곳 있으며, 저렴한 호스텔도 있다. 그러나 하커브뤼케는 마리아 광장 등 관광지와 거리가 있어 도보 이동은 어렵다. 고속버스를 이용할 때 무거운 짐이 있거나 출발·도착 시간이 애매한 경우에 하커브뤼케 주변의 숙소를 고르면 도움이 된다. 아울러 옥토버페스트가 열리는 테레지엔비제에서 가장 가깝기도 하다.

라임역 부근의 유일한 호스텔

Messe München

박람회장

퓌센 가는 날 파징과 라임

파징 부근에 숙소를 두면 상대적으로 일정 관리가 편하고 차비도 조금 더 절약할 수 있다. 파징에서 숙소를 구하지 못했다면 에스반 전철역 한 정거장 거리의 라임 부근에 있는 호스텔을 선택하는 것도 대안이 될 수 있다.

박람회장 갈 때 동역과 로젠하이머 광장

뮌헨 박람회장Messe München은 시내에서 조금 멀리 떨어져 있어 중앙역 부근에서 오가기에는 다소 번거롭다. 이때 동역 부근, 또는 동역과 한 정거장 차이인 로젠하이머 광장 부근에 숙소를 두면 박람회장을 좀 더 편하게 다녀올 수 있다. 로젠하이머 광장에 뮌헨 필하모닉 공연장도 있어 문화생활을 즐기기에도 좋다.

바이에른 지역별 숙박 가이드

뮌헨에서 레기오날반 노선이 매우 방대하게 연결되고 바이에른 티켓이라는 좋은 제도도 있기 때문에 바이에른을 여행하더라도 가급적 뮌헨에 숙소를 두고 몸만 가볍게 움직이는 게 더 편리하다. 그러나 바이에른에도 매력적인 숙소가 많고, 특히 대도시 특유의 정형화된 숙소가 아니라 지역의 특색을 간직한 개성있는 숙소도 많으니 바이에른에서의 숙박을 일부러 피할 이유는 없다.

바이에른 레기오날반 네트워크

이 책에 소개된 바이에른의 도시와 뮌헨의 레기오날반 노선과 소요시간을 정리하였다. 각 도시의 위치와 거리를 파악하여 적당한 숙박 장소를 파악할 수 있다.

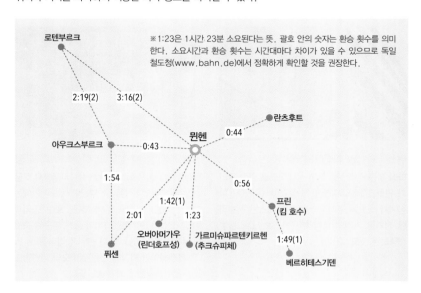

※ 1:23은 1시간 23분 소요된다는 뜻. 괄호 안의 숫자는 환승 횟수를 의미한다. 소요시간과 환승 횟수는 시간대마다 차이가 있을 수 있으므로 독일 철도청(www.bahn.de)에서 정확하게 확인할 것을 권장한다.

로텐부르크

2:19(2)   3:16(2)

란츠후트

0:44

뮌헨

아우크스부르크   0:43

1:54

0:56

프린 (킴 호수)

1:42(1)

2:01   1:23

오버아머가우 (린더호프성)

가르미슈파르텐키르헨 (추크슈피체)

1:49(1)

퓌센

베르히테스가덴

로텐부르크와 퓌센

뮌헨만큼, 어쩌면 뮌헨보다 더 유명한 관광도시
인 만큼 숙소를 구하기 매우 편하다. 특히 로텐
부르크는 옛 건물을 호텔로 개조해 건물 자체의
멋이 남다르다. 두 도시 모두 뮌헨에서 당일치기
여행이 가능하지만, 해당 도시에서 숙박하면 훨
씬 여유로운 여행이 가능하니 적극적으로 고려해
보자.

아우크스부르크

도시의 규모는 큰 편이지만 숙박업소가 많지 않
다. 하지만 프랜차이즈 호텔이 몇 곳이 있고 저렴
한 호스텔도 있으니 성수기가 아니라면 숙박에
큰 무리는 없는 편. 아우크스부르크에 숙박하면
로텐부르크, 퓌센까지 가는 시간을 단축할 수
있다는 장점이 있다. 레고랜드 역시 뮌헨보다는
아우크스부르크에서 찾아가기 편하다.

추크슈피체

저렴한 호스텔은 거의 없지만 유명 관광지치고
호텔 요금이 비싼 편은 아니다. 추크슈피체와
가까운 기차역인 가르미슈파르텐키르헨역 부근
에 호텔이 여럿 있다.

린더호프성과 란츠후트

린더호프성에서 가까운 기차역이 있는 오버아
머가우, 그리고 뮌헨 동쪽의 란츠후트는 시가
지 전체에 낭만적인 풍경이 펼쳐지는 소도시이
며, 호텔 선택의 폭이 넓다고 하기는 어려우나
충분한 선택지가 있다. 단, 저렴한 호스텔은 찾
기 힘들다.

킴 호수와 베르히테스가덴

킴 호수 연안의 프린은 숙박업소 구하기가 쉽
지는 않으나 뮌헨에서 당일치기 여행이 편하다.
베르히테스가덴은 운치 있는 숙소가 여럿 있으
며, 뮌헨에서 거리가 떨어진 만큼 1박 2일로 여
행하면 만족도가 두 배 이상 높아지는 곳이다.

작은 도시일수록 공식 유스호스텔의 진가가 빛을 발한다. 사진
은 건물도 남다른 로텐부르크 유스호스텔

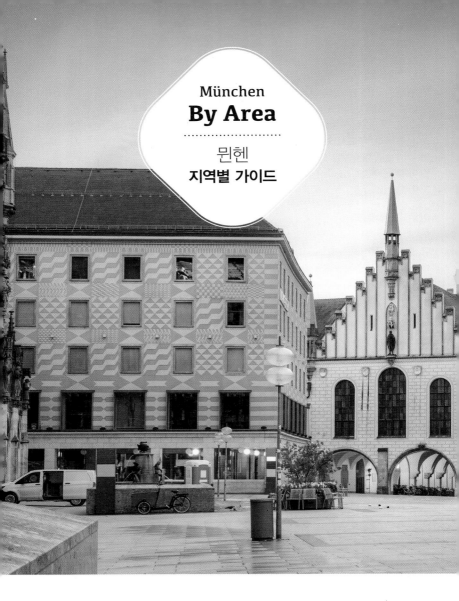

München
By Area

· ·

뮌헨
지역별 가이드

01

마리아 광장 &
뮌헨 중심부

Marienplatz &
München Mitte

뮌헨의 중심 마리아 광장은 당신이 뮌헨을 만나기 위해 반드시 들러야 할 필수 코스. 뮌헨에서 손꼽히는 유명한 여행지가 이곳에 밀집되어 있다. 여기를 봐도 멋있고, 저기를 봐도 신비로운 풍경이다. 한 걸음 걸을 때마다 펼쳐지는 전통적인 분위기에 열심히 사진도 남기게 된다. 활기찬 사람들과 맥주 냄새가 가득한 고급스러운 시가지가 펼쳐지니 천천히 걸으며 뮌헨을 만끽하자.

미리보기

중세 뮌헨에서 성벽 안쪽이었던 중심부. 친근한 표현으로는 '사대문 안쪽 구시가지'라고 할 수 있겠다. 마리아 광장은 명실공히 뮌헨의 중심이며, 독일 전체를 통틀어 유명한 관광지 중 하나로 꼽힌다.

SEE

마리아 광장과 오데온 광장이 중심부의 하이라이트. 궁전, 시청, 교회 등 웅장한 건축물이 두 광장에 밀집되어 있고, 또 두 광장도 거리가 멀지 않기에 사실상 한 곳에 관광지 대부분이 밀집된 셈이다. 보행자 전용 거리로 조성된 구역이 많아 도보로 여행하기에 최적의 장소다.

EAT

대로변과 그리고 골목 안쪽에 레스토랑과 비어홀이 가득하다. 저마다의 전통을 자랑하는 자부심 높은 곳들이기에 어디를 가든 손님이 많고 시끌벅적하며, 음식과 맥주의 품질도 매우 빼어나다.

SLEEP

고급 호텔 몇 곳이 있지만 전반적으로 숙박업소가 많지는 않다. 마리아 광장 인근에서는 관광과 쇼핑, 식사를 하루 종일 즐기고, 숙소는 중앙역 등 가까운 다른 지역에 잡아 편하게 쉬자.

BUY

백화점, 의류매장, 가전매장 등 현지인의 쇼핑 공간도 많고, 보기만 해도 즐거운 기념품점이나 축구용품점도 곳곳에 있으며, 전통시장까지 있다. 관광객과 현지인 모두에게 최고의 쇼핑 플레이스가 된다.

어떻게 갈까?

에스반과 우반 전철역인 마리아 광장Marienplatz역에서 내리면 여기가 뮌헨의 중심이다. 오데온 광장은 우반 전철역 오데온 광장Odeonsplatz역에서 내리면 된다. 모두 도보 이동 가능 거리 내에 있다.

어떻게 다닐까?

마리아 광장과 그 주변, 오데온 광장과 그 주변에 모든 볼거리, 레스토랑, 쇼핑시설이 밀집되어 있다. 마리아 광장과 오데온 광장은 도보 5분 거리. 즉, 도보 10~30분 거리 이내에 모든 방문지가 모여 있으니 관광과 쇼핑 및 식사를 즐기며 하루 종일 이 골목 저 골목을 돌아다니자.

마리아 광장 & 뮌헨 중심부
♀ 1일 추천 코스 ♀

관광으로도 하루가 훌쩍 가고, 쇼핑으로도 하루가 훌쩍 가며, 삼시 세끼 모두 해결해도 좋을 만큼 다채로운 음식과 맥주도 모여 있다. 썰렁해진 밤에도 야경을 밝히고 길거리 뮤지션이 공연을 펼쳐 또 다른 여행의 재미를 선사한다.

도보 2분 →

도보 5분 →

마리아 광장을 둘러싼
웅장한 건축을 하나하나
빠짐없이 감상

전통시장의
활기가 넘치는
빅투알리엔 시장 구경

뮌헨 중심부에서
가장 높이 솟은
성모 교회 관광

도보 2분

← 도보 5분

← 도보 2분

호프브로이 하우스를
비롯해 주변의 유명
비어홀과 레스토랑을 순례

탁 트인 오데온 광장의
활기찬 분위기
느껴보기

레지덴츠 궁전에서
바이에른 왕실의 권력과
품격 느껴보기

마리아 광장 & 뮌헨 중심부
Marienplatz & München Mitte

렌바흐 하우스
Lenbachhaus

이집트 박물관
Staatliches Museum
Ägyptischer Kunst

함부르거라이 아인스

글립토테크
Glyptothek

쾨니히 광장
Königsplatz

나치 기록관
NS-Dokumentationszentrum

안티켄잠룽
Staatliche Antikensammlungen

Brienner S

Marsstraße

더 찰스 호텔

Arnulfstraße

포유 호스텔

파스토

암바호텔

NH 도이처
카이저 호텔

Seidlstraße

카르슈타트
백화점(중앙역)

유스티츠 궁전
Justizpalast

성 미하엘 교회
Jesuitenkirche

노이하우저

중앙역

Hauptbahnhof

오버폴링어 백화점

Fr

인터시티 호텔

뷔르거잘 교회
Bürgersaalkirche

안덱서

Bayerstraße

뮌히너 슈투븐

움밧 호스텔

카를 광장
Karlsplatz

카도로

알리바바

카를문
Karlstor

춤 아우구스티너

레오나르도 호텔

예거스 호스텔

카우프호프 백화점
(카를 광장)

슈니첼비어트

유로 유스 호텔

카페 보어

카우핑어토어 파사주

호프슈타트

알테스 하커브로이하우스

Sonnenstraße

아잠 교회
Asamkirche

카우프

(대

젠들링문
Sendlinger Tor

Bi

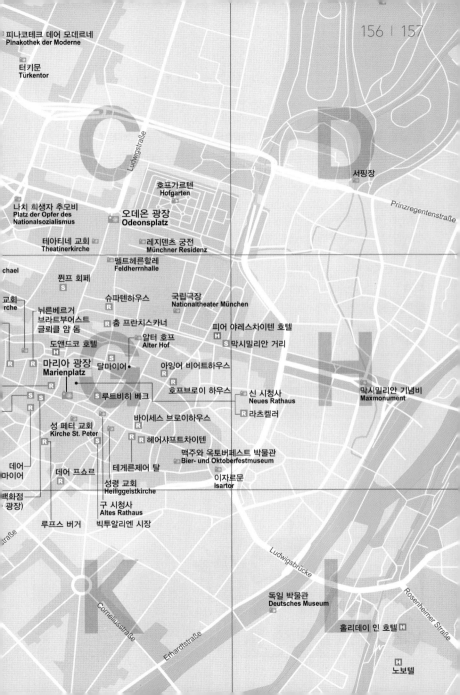

피나코테크 데어 모데르네
Pinakothek der Moderne

터키문
Türkentor

Ludwigstraße

서핑장

Prinzregentenstraße

호프가르텐
Hofgarten

나치 희생자 추모비
Platz der Opfer des
Nationalsozialismus

오데온 광장
Odeonsplatz

테아티네 교회
Theatinerkirche

레지덴츠 궁전
Münchner Residenz

chael

펠트헤른할레
Feldherrnhalle

핀프 회페

교회
rche

슈파텐하우스

국립극장
Nationaltheater München

뉘른베르거
브라트부어스트
글뢰클 암 돔

춤 프란치스카너

피어 야레스차이텐 호텔

도앤코 호텔

알터 호프
Alter Hof

막시밀리안 거리

마리아 광장
Marienplatz

달마이어

아잉어 비어트하우스

막시밀리안 기념비
Maxmonument

호프브로이 하우스

루트비히 베크

신 시청사
Neues Rathaus

성 페터 교회
Kirche St. Peter

바이세스 브로이하우스

라츠켈러

데어
마이어

헤어샤프트차이텐

맥주와 옥토버페스트 박물관
Bier- und Oktoberfestmuseum

데어 프쇼르

테게른제어 탈

이자르문
Isartor

백화점
· 광장)

성령 교회
Heiliggeistkirche

구 시청사
Altes Rathaus

raße

루프스 버거

빅투알리엔 시장

Ludwigsbrücke

Cornelliusstraße

Erhardtstraße

독일 박물관
Deutsches Museum

Rosenheimer Straße

홀리데이 인 호텔

노보텔

SEE

뮌헨의 중심지
마리아 광장 Marienplatz | 마리엔플랏쯔

뮌헨 구시가지 한복판에 널찍하게 형성된 마리아 광장은 1158년부터 뮌헨의 중심 광장 역할을 했다. 독일에서는 대개 이러한 광장의 이름을 마르크트 광장Marktplatz이라 부르지만 뮌헨에서는 마리아 광장이라고 부르고 있는데, 그 이유는 광장 한복판에 1638년 세워진 성모 마리아 기념비 Mariensäule가 있기 때문이다. 당시 30년 전쟁이 끝나고 스웨덴의 점령군이 물러간 것을 기념하여 만들었다. 아름다운 광장의 주인공은 뭐니 뭐니 해도 신 시청사 등 중세 건축의 향연. 신 시청사를 향해 연신 카메라를 치켜올리는 관광객들, 분주히 지나가는 현지인들, 물고기 분수Fischbrunnen 주변에 서거나 앉아 한가로이 시간을 보내는 사람들로 늘 붐빈다. 뮌헨의 크리스마스 마켓을 비롯하여 중요한 지역 행사도 이곳에서 열린다.

Data 지도 157p-G 가는 법 S1~8호선과 U3·U6호선 Marienplatz역 하차 홈페이지 www.marienplatz.de

화려함과 음산함의 컬래버레이션
신 시청사 Neues Rathaus | 노이에스 랏하우스

마치 벨기에 브뤼셀 또는 오스트리아 빈의 시청사를 보는 것 같은 정통 신고딕 양식의 뮌헨 신 시청사는 1908년 완공되었다. 장식이 많고 정교한 고딕 양식을 그대로 차용하여 20세기 당시의 미적 가치를 더한 건축가 게오르그 폰 하우버리서Georg von Hauberrisser의 역작이다. 내부에 방 400여 개가 있고 길이가 100m에 달할 정도로 대형 건물이며, 그 전면부에는 85m 높이의 종탑이 있다. 건물의 1층은 다양한 상점으로 활용되기에 쇼핑몰의 역할도 겸한다. 지하와 안뜰에 레스토랑이 있고, 건물 내부에는 무료로 개방되는 작은 미술관이 있으며, 엘리베이터를 타고 종탑에 오르면 마리아 광장과 뮌헨의 전경을 감상할 수 있는 전망대가 나온다. 매일 하루 세 번(11시, 12시, 17시) 작동되는 종탑의 특수장치 시계를 보려고 시간을 맞춰 마리아 광장에 많은 사람이 모여 들기도 한다. 인형극의 주제는 바이에른의 대공 빌헬름 5세의 결혼식 피로연이다. 낮에는 그 화려한 건축미에 눈을 떼기 어렵고, 옅은 조명이 밝혀지는 밤에는 음산함이 느껴지지만 낮과 밤의 두 얼굴이 모두 매력적이다.

Data 지도 157p-G 가는 법 마리아 광장에 위치
주소 Marienplatz 8 전화 089 23300 운영시간 월~토 10:00~19:00, 일 10:00~17:00 요금 전망대 성인 6.5유로, 학생 5.5유로
홈페이지 www.muenchen.de/rathaus/

순백의 르네상스
구 시청사 Altes Rathaus | 알테스 랏하우스

신 시청사가 생기기 전까지 뮌헨의 시청이었던 곳. 1300년대부터 존재했다. 원래는 고딕 양식으로 지었지만 신 시청사가 생긴 뒤 건물의 외관을 하얀 르네상스 양식으로 교체하였다. 옛 성문의 망루였던 첨탑은 1877년 유동인구가 많아짐에 따라 건물 1층에 길을 뚫어 오늘날의 모습을 완성하였고, 그것이 건축미를 더욱 아름답게 만들었다는 평을 받고 있다. 탈부르크문 Talburgtor라는 이름이 붙은 첨탑 내부에는 오늘날 아담한 장난감 박물관이 있다. 그리고 1974년 〈로미오와 줄리엣〉의 줄리엣을 형상화하여 율리아Julia 청동상을 탈부르크문 앞에 만들었는데, 행인들의 '나쁜 손'의 흔적이 남아 있다.

Data 지도 157p-G
가는 법 마리아 광장에 위치
주소 Marienplatz 15
전화 089 23396500
운영시간 10:00~17:30
요금 성인 6유로, 아동 2유로

율리아

전망대에서 보이는 마리아 광장

뮌헨 최고의 전망대

성 페터 교회 Kirche St. Peter | 키으헤 장크트 페터

마리아 광장에서 신 시청사 맞은편에 있다. 뮌헨이라는 도시가
생기기 이전부터 수도원으로 만들었던 곳이기에 뮌헨의 역사보
다 오래되었다. 그래서 '알터 페터Alter Peter'라는 애칭으로 부른
다(독일어 알트alt는 영어 올드old와 뜻이 같다). 로마네스크 양식
으로 지었다가 고딕 양식으로 확장하고, 내부는 바로크 양식으로
단장해 여러 건축 양식이 뒤섞여 독특한 매력이 있다. 무엇보다 성
페터 교회는 첨탑을 전망대로 개방해 관광객에게 인기가 높다. 뮌
헨의 여러 전망대 중 신 시청사와 성모 교회, 그 너머까지 한눈에
들어오는 전망대는 여기가 유일하기에 300개 이상의 좁은 계단을
빙글빙글 돌아 오르는 수고를 아끼지 않는다.

Data 지도 157p-G
가는 법 마리아 광장에 위치
주소 Rindermarkt 1
전화 089 210237760
운영시간 전망대 09:00~19:30
(11월~3월 평일 09:00~18:30)
요금 전망대 성인 5유로,
학생 3유로
홈페이지 www.alterpeter.de

소박함이 매력적인

성령 교회 Heiliggeistkirche

| 하일리히가이스트키으헤

1730년에 완공된 성령 교회는 저마다 화려한 건축미와 역사적인
의의를 자랑하는 건축물이 많은 마리아 광장의 한쪽 끄트머리에
소박하게 자리 잡고 있다. 14세기부터 병원이 있던 자리였으나
뮌헨이 급속도로 발전하면서 병원은 옮겨지고 병원에 속한 예배
당만 남아 있던 것을 오늘날의 모습으로 재단장한 것이다. 화려
하지도 않고 눈이 휘둥그레지는 볼거리가 있지는 않으나 분주한
관광지에서 잠시 비켜나 조용히 사색하고 싶을 때 좋은 곳이다.

Data 지도 157p-G
가는 법 마리아 광장에 위치
주소 Prälat-Miller-Weg 1
전화 089 24216890
운영시간 교회 사정에 따라 유동적
요금 무료 홈페이지 www.
heilig-geist-muenchen.de

성스러운 양파 두 개
성모 교회 Frauenkirche | 프라우엔키으헤

정식 명칭은 성모 대성당Dom zu Unserer Lieben Frau 또는 뮌헨 대성당Münchner Dom. 보통 큰 도시의 대성당이라 하면 굉장히 거대하고 화려한 모습이 연상되지만 성모 교회는 매우 단아하다. 1468년부터 건축이 시작되었으나 당시 면벌부 판매 등 교황청의 타락이 극에 달하다 보니 교회 건축 자금을 모으기 힘들어 화려한 멋을 부릴 수 없었다고 한다. 하지만 그 덕분에 단아한 귀부인 같은 오늘날의 모습으로 완공되었고, 멋을 부리지 않지만 그것이 더 품격을 자아내어 '독일의 이미지'에 잘 어울리는 관광명소로 꼽히고 있다. 99m 높이의 첨탑은 비슷한 유례를 찾기 어려운 '양파 모양'이 특이하다. 건축 자금 부족으로 탑을 완성하지 못한 채 건축을 마무리했다. 미완성된 탑으로 빗물이 새어 서둘러 탑을 덮어버리려고 한 것이 지금의 디자인이었는데 그것이 개성의 상징이 되었으니 여러모로 성모 교회는 새옹지마라는 표현이 잘 어울린다. 뮌헨 시당국에서도 성모 교회의 첨탑보다 높은 건물을 지을 수 없게 규제하고 있어 '양파' 두 개는 뮌헨 어디서도 잘 보인다. 남쪽 탑(정면에서 바라보았을 때 오른쪽)은 최근에 공사를 마치고 또 하나의 인기 높은 전망대로 늘 사람들이 붐빈다. 엘리베이터로 편하게 오를 수 있고, 실내 전망대이므로 날씨에 상관없이 마리아 광장 전망을 즐길 수 있다.

Data 지도 157p-G
가는 법 마리아 광장에서 도보 2분
주소 Frauenplatz 12
전화 089 2900820
운영시간 본당 08:00~22:00
전망대 10:00~17:00(일 11:30~)
요금 본당 무료 전망대
성인 7.5유로, 학생 5.5유로
홈페이지 www.muenchner-dom.de

전망대에서 보이는 마리아 광장

악마의 발자국

성모 교회의 입구에 들어서면 바닥에 발자국 하나가 새겨져 있
는 것을 볼 수 있다. 악마의 발자국Teufelstritt이라 불리는 이것에
는 전설이 있다. 건축 당시 자금 부족으로 힘들어하자 악마가 나
타나 빛이 들어오지 않도록 교회의 창문을 없애면 건축을 돕겠다
고 제안했다. 건축가는 잔꾀를 부렸다. 일단 제안을 받아들이되
악마가 선 자리에서는 기둥에 가려 창문이 보이지 않도록 건축
한 것이다. 나중에 이 사실을 알고 악마가 격분했지만 빛이 들어
오기 때문에 더 이상 나아가지 못하고 입구 안쪽에서만 서성이다
사라졌다는 내용이다. 실제로 악마의 발자국이 있는 자리에서는
제단 뒤편 스테인드글라스를 제외하고는 기둥에 가려 창문이 보
이지 않는다. 수백 년 전 선조들의 재미있는 상상력이 낳은 귀여
운 전설이다.

번화가의 안뜰
알터 호프 Alter Hof | 알터 홉

직역하면 '옛 왕궁'이라는 뜻. 바이에른을 다스린 비텔스바흐 가문이 레지덴츠 궁전을 짓기 전 200
여 년간 사용하던 궁궐이다. 지금의 모습은 21세기 들어 복원을 마친 것으로, 건물에 둘러싸인 안뜰
에 서면 고딕 양식의 원숭이탑Affentürmchen을 포함하여 고즈넉한 풍경을 감상할 수 있다. 뮌헨의
분주한 중심지에 있지만, 상대적으로 조용하고 아늑한 분위기를 느낄 수 있다. 뮌헨의 역사를 멀티
미디어 형태로 보여주는 인포 센터가 지하에 있다.

© www.muenchen.travel

Data 지도 157p-G
가는 법 마리아 광장에서 도보 2분
주소 Alter Hof 1
전화 089 21014050
운영시간 월~토 10:00~18:00,
일 휴관
요금 무료

성모 교회까지 공사가 끝나 이제 마리아 광장에는 전망대만 세 곳이다. 모두 올라가 보면 좋겠지만, 사정이 여의치 않거나 하나만 고르고 싶은 분들을 위해 장단점을 비교했다.

성 페터 교회

뮌헨의 상징적 건축물인 신 시청사와 성모 교회를 한 프레임에서 바라볼 수 있는 유일한 전망대. 다시 말해, 뷰가 가장 좋다. 하지만 계단으로 올라가야 하는 것이 단점. 또한, 전망대 플랫폼이 좁으니 인증샷 찍을 때 요령껏 다른 사람을 피해 자리를 잡아야 한다.

신 시청사

엘리베이터로 오르내릴 수 있어 편리하다. 플랫폼은 좁은 편이나 성 페터 교회보다는 양호하다. 구 시청사, 성모 교회 등 주요 건축물이 잘 보이지만 한 프레임에 담을 수는 없다. 아울러 고딕 장식이 시야를 가리는 스폿이 곳곳에 있으니 참고할 것.

성모 교회

마찬가지로 엘리베이터로 오르내릴 수 있어 편리하고, 전망대 플랫폼이 첨탑 내부 실내 공간이므로 날씨에 영향을 받지 않는 것도 장점이다. 그러나 실내 공간이기에 유리창 반사 등 부정적 요소도 있다. 마리아 광장 방면이 한 프레임에 들어오지만 신 시청사의 측면이 보이는 것은 아쉽다.

현명한 선택?!

체력에 자신 있으면 성 페터 교회를 권한다. 그렇지 않으면, 맑은 날에는 신 시청사, 궂은 날에는 성모 교회를 우선으로 하되, 취향에 따라 선택하자.

신전을 보는 것 같은 극장
국립극장 Nationaltheater München
| 나찌오날테아터 뮌센

세계 최고 수준의 오페라가 공연되는 곳. 1818년 바이에른 국왕 막시밀리안 1세의 명으로 건설되었다. 레지덴츠 궁전 내의 퀴빌리에 극장은 왕실 극장이었기에 규모가 크지 않다. 그래서 많은 사람이 고급문화를 향유할 수 없는 문제를 해결하려고 레지덴츠 궁전 바로 옆에 새로 만든 큰 극장이다. 마치 고대 신전을 보는 듯한 신고전주의 양식의 웅장한 건축도 아름답다. 제2차 세계대전 후 파괴된 극장을 복원하면서 원래의 외관은 살리되 내부 시설은 현대식으로 단장했다. 극장 앞 광장에 있는 동상의 주인공이 바로 막시밀리안 1세다.

Data 지도 157p-G 가는 법 마리아 광장에서 도보 2분 또는 레지덴츠 궁전 옆 주소 Max-Joseph-Platz 2 전화 089 21851025 홈페이지 www.staatsoper.de

거장의 손길이 구석구석
아잠 교회 Asamkirche | 아잠키으헤

코스마스 아잠Cosmas Damian Asam과 에기드 아잠Egid Quirin Asam. 아잠 형제는 독일 바로크 · 로코코 건축의 거장이다. 그들은 뮌헨에 거주했는데, 1746년 자기 집에 개인 예배당으로 만든 곳이 바로 아잠 교회다. 정식 명칭은 성 요한 네포무크 교회St.-Johann-Nepomuk-Kirche. 형 코스마스가 좀 더 이름 높은 건축가였다고 하는데, 아잠 교회만큼은 동생 에기드가 집에서 교회 중앙 제단이 보이도록 만들었을 정도로 주도하였다. 개인 예배당으로 만들었으나 여론이 나빠져 결국 일반인에게도 개방되면서 화려한 인테리어를 볼 수 있게 되었다.

Data 지도 156p-F 가는 법 마리아 광장에서 도보 5분 주소 Sendlinger Straße 32 전화 089 23687989 운영시간 09:00~19:00 요금 무료

쾨니히스바우

바이에른 왕실의 본부

레지덴츠 궁전 Münchner Residenz | 뮌히너 레지덴쯔

레지덴츠 궁전은 바이에른 왕국의 수도 뮌헨에서 왕이 거주한 궁전이다. 1385년부터 있었던 작은 궁전이 비텔스바흐 왕가의 각별한 관심 속에 1918년까지 계속 확장되어 오늘날의 모습을 갖추었다. 겉으로 권력을 과시하는 화려함을 지양하여 외관은 다소 무미건조하지만 내부는 압도적인 화려함을 드러내 강력한 왕실의 권력이 고스란히 느껴진다. 오랜 세월에 걸쳐 확장되다 보니 여러 건물이 하나의 콤플렉스를 이루면서 복잡한 구조를 갖게 되었다. 건물이 얽히면서 생긴 안뜰만 10개가 있을 정도. 여러 건물 중 1835년 루트비히 1세의 명으로 완공된 쾨니히스바우 Königsbau가 가장 큰 스케일을 선보이며, 내부의 박물관도 쾨니히스바우를 통해 들어간다. 1842년 루트비히 1세가 추가로 지은 페스트잘바우 Festsaalbau는 신고전주의 양식의 웅장한 건축미를 갖추고 있다. 쾨니히스바우와 페스트잘바우는 레지덴츠 궁전의 남쪽과 북쪽 끝에 해당되며, 그 사이를 연결하는 막시밀리안의 레지덴츠 Maximilianische Residenz 입구 앞에 바이에른 왕실을 상징하는 사자상이 장식되어 있다.

Data 지도 157p-C
가는 법 마리아 광장 또는 오데온 광장에서 도보 2분
주소 Residenzstraße 1
전화 089 290671
운영시간 3월 23일~10월 20일 09:00~18:00, 10월 21일~3월 22일 10:00~17:00
요금 통합권 성인 20유로, 학생 16유로, 레지덴츠 박물관 성인 10유로, 학생 9유로
홈페이지 www.residenz-muenchen.de
메어타게스 티켓

페스트잘바우

📢 |Theme|
레지덴츠 궁전 하이라이트

건축 양식의 화려함을 지양하는 레지덴츠 궁전은 겉에서만 관람하기에는 심심하다. 바이에른 왕실의 힘과 품격을 느끼려면 내부 관람은 필수. 세 가지 하이라이트 코스가 있다.

1. 레지덴츠 박물관 Residenz Museum

옛 바이에른 왕실의 왕들이 사용하던 궁전의 모습을 복원하여 공개하고 있다. 왕의 집무실, 침실, 응접실, 여왕의 침실, 악기실, 왕실 예배당 등 저마다의 목적에 맞게 치장한 많은 공간을 빠짐없이 관람할 수 있다. 설명을 읽어가며 모두 관람하려면 2시간은 족히 걸리는 방대한 공간이 공개되어 있고, 바쁜 여행자를 위해 40~60분 정도에 관람을 끝낼 수 있는 짧은 코스도 준비되어 있다. 왕실 소유 조각품을 전시하기 위한 안티크바리움Antiquarium, 흡사 '거울의 방'을 보는 듯 휘황찬란한 녹색 갤러리Grüne Gallerie, 비텔스바흐 왕가의 역대 선조의 초상화를 모아둔 선조화 갤러리 Ahnengalerie 등이 특히 유명하다.

안티크바리움

선조화 갤러리

2. 퀴빌리에 극장 Cuvilliés-Theater

레지덴츠 궁전 내에 있는 왕실 오페라 극장. 상류층의 문화 공간에 걸맞게 매우 호화롭게 단장하였다. 벨기에 출신으로 뮌헨에서 비텔스바흐 왕가를 위해 일했던 로코코 건축가 프랑수아 드 퀴빌리에François de Cuvilliés가 만들어 그의 이름을 따서 퀴빌리에 극장으로 부른다. 공연이 없는 날 내부를 개방하여 그 호화로운 실내를 관람할 수 있다. 여름철 피크 시즌 외에는 평일 개장 시간이 단축되니 기억해두자.

3. 보물관 Schatzkammer

왕실 소유의 보물을 전시한 곳. 총 10개 전시실로 나누어 방대한 보물을 충실히 보여준다. 왕관 등 왕실의 역사를 나타내는 보물도 있고, 르네상스 시대의 가치 높은 보석 등 온갖 금은보화가 가득하다.

 이탈리아가 펼쳐지다
오데온 광장 Odeonsplatz | 오데온즈플랏쯔

19세기 초 중세 뮌헨의 사대문 중 북문에 해당하는 슈바빙문Schwabinger Tor과 성벽을 철거하고 큰 길을 만들면서 그 출발점에 오데온 광장을 조성했다. 광장 바로 옆에 오데온Odeon이라는 이름의 공연장이 있었다. 오데온은 이탈리아 로마에 있는 팔라초 파르네세Palazzo Farnese라는 건물을 그대로 본떠 만들었다. 또 이탈리아 피렌체의 로지아 데이 란치Loggia dei Lanzi를 본떠 만든 펠트헤른할레가 있다. 여기에 로마의 산탄드레아 델라 발레Sant'Andrea della Valle 성당을 본뜬 이탈리아 바로크 양식의 테아티네 교회도 있다. 이래저래 뮌헨에 이탈리아를 만들고자 한 흔적을 역력하게 느낄 수 있는 독특한 광장이다. 옛 공연장 오데온은 오늘날 바이에른 행정관청으로 사용되며, 그 앞에 광장 조성을 명한 바이에른 국왕 루트비히 1세의 기마상이 있다. 뿐만 아니라 그 인근에 귀족의 저택으로 지었던 품격 있는 건물들도 모두 바이에른 행정관청으로 사용 중이다. 오데온 광장 안쪽의 비텔스바흐 광장Wittelsbacher Platz은 관청가의 격조가 고스란히 느껴지는 공간이다.

Data 지도 157p-C 가는 법 U3·U4·U5·U6호선Odeonsplatz역 하차 또는 마리아 광장에서 도보 5분

루트비히 1세 기마상

비텔스바흐 광장

시민의 품에 안긴 왕의 정원
호프가르텐 Hofgarten | 호프가으텐

레지덴츠 궁전에 딸린 정원으로 1617년 조성되었다. 정원 중앙에 사냥의 여신인 디아나 조각으로 장식한 파빌리온을 만들고 르네상스 양식으로 품격 있게 정원을 꾸몄다. 안타깝게도 제2차 세계대전 당시 정원도 처참히 파괴되어 파빌리온 등 과거의 틀만 살리고 장식은 제거한 후 시민 공원으로 개방하였다. 호프가르텐에서 보이는 레지덴츠 궁전 건물이 페스트잘바우, 그리고 공원의 동쪽에 있는 궁전보다 더 웅장한 건물은 바이에른 주청사Bayerische Staatskanzlei다. 주청사 앞에는 제1차 세계대전 전몰장병을 기리는 전쟁 기념비Kriegerdenkmal가 있다.

Data 지도 157p-C 가는 법 오데온 광장 또는 레지덴츠 궁전 옆
운영시간 종일개장 요금 무료

바이에른 주청사

오데온 광장의 터줏대감
테아티네 교회 Theatinerkirche | 테아티너키으헤

테아티네 교회는 루트비히 1세에 의해 오데온 광장이 조성되기 전부터 이 자리를 지키고 있던 터줏대감이다. 1690년 완공, 당시 바이에른 공국의 선제후 페르디난트 마리아Ferdinand Maria가 늦게 후사를 보고 이를 자축하며 신에 대한 감사로 만든 교회였다. '귀한' 아들이 바로 님펜부르크 궁전과도 연결되는 막시밀리안 에마누엘Maximilian Emanuel이다. 테아티네 교회는 이처럼 비텔스바흐 왕가와 밀접한 관련이 있어 여러 선제후와 국왕의 무덤이 있다. 오늘날 내부는 레지덴츠 궁전의 퀴빌리에 극장을 만든 건축가 퀴빌리에가 1768년 내부를 화사한 로코코 양식으로 바꾸어놓은 것을 다시 복원한 모습이다. 안으로 들어가면 중앙 제단과 천장, 돔, 기둥 등 눈 돌리는 곳마다 화사한 백색의 섬세한 건축미가 펼쳐진다

Data 지도 157p-C
가는 법 오데온 광장에 위치
주소 Salvatorplatz 2a
전화 089 2106960
운영시간 07:00~20:00(내부 행사 진행에 따라 관람이 제한될 수 있음) 요금 무료
홈페이지 www.
theatinerkirche.de

기념할 것과 기념하지 말아야 할 것
펠트헤른할레 Feldherrnhalle | 펠트헤른할레

1841년 루트비히 1세가 바이에른의 군사를 기리며 만든 기념관이다. 직역하면 '야전 사령관의 회관' 정도가 된다. 꼭 특정 인물을 기린다기보다는 오랜 역사 속 전쟁터에서 용맹하게 산화한 바이에른의 전우를 기리는 목적이었다고 보는 것이 적당하다. 그래서 '용장기념관'으로 번역하기도 한다. 그 상징성을 위해 장군 두 명의 동상을 세웠는데, 30년 전쟁 중 구교의 군대를 이끈 틸리 백작Graf Tilly과 나폴레옹의 침공에 맞서 싸운 브레데 후작Fürst Wrede이 그 주인공이다. 중앙의 조형물은 프러시아-프랑스 전쟁(보불전쟁)의 승리로 독일이 통일되었음을 자축하며 1882년에 만들었다. 레지덴츠 궁전 앞과 마찬가지로 바이에른을 상징하는 사자가 입구 앞을 지키고 있다. 또한 아픈 역사도 가지고 있다. 1923년 아돌프 히틀러가 비어홀 폭동을 일으켰을 때 펠트헤른할레 앞에서 총격전이 있었다. 이 장소에서 동지를 잃었음을 기억하고자 나치 집권 후 히틀러는 펠트헤른할레를 나치 기념물로 지정하여 이 앞을 지나가는 사람은 모두 경례를 하도록 시켰고 군인들이 감시하도록 했다. 그것을 피하려고 뮌헨 시민들은 펠트헤른할레 뒤편 좁은 골목으로 우회하여 지나다녔으니 이 길을 '도망치는 사람의 길'이라는 뜻의 드뤼커베르거 골목Drückebergergasse이라 부르며 나치의 폭정을 고발하는 기념물로 남겨두고 있다.

Data 지도 157p-G
가는 법 오데온 광장에 위치
주소 Residenzstraße 1
운영시간 종일개장 요금 무료

드뤼커베르거 골목

비어홀 폭동

1922년 이탈리아에서 무솔리니가 로마 진군을 통해 무혈 쿠데타에 성공하자 히틀러도 이와 똑같은 우파 혁명을 계획했다. 1923년 한 비어홀에서 집회를 열어 바이에른의 실력자들을 초청한 뒤 무력으로 감금하고 그들에게 일장연설을 했다. 이제 이들을 앞세워 뮌헨을 접수한 뒤 국방군을 이끌고 베를린을 접수할 계획이었지만 정작 누구도 히틀러에게 동조하지 않았다. 히틀러의 행진은 오데온 광장에서 무장 경찰 병력에 제압당하면서 끝났고, 폭동은 실패했다. 당시 폭동이 시작된 비어홀은 뷔르거브로이 켈러Bürgerbräu-Keller라는 곳이다. 그래서 이 사건을 뷔르거브로이 폭동 Bürgerbräu-Putsch 또는 비어홀 폭동Bierkellerputsch, 아니면 간단히 히틀러 폭동Hitlerputsch이라고 부른다. 국내에서는 뮌헨 폭동 혹은 맥주 폭동이라고 적기도 한다.

오데온 광장에서 검거된 히틀러는 내란죄로 징역 5년을 선고받았으나 9개월 만에 출소하였다. 그 유명한 히틀러의 자서전 〈나의 투쟁Mein Kampf〉도 이때 복역 중 집필한 것(정확히 이야기하면 면회온 동지에게 구술한 것)이다. 출소한 히틀러는 빼어난 언변으로 대중 정치인의 길에 들어서고, 훗날 집권에 성공한 뒤 뷔르거브로이 켈러를 다시 찾아 과거의 동지를 추모하였다. 그런데 이 자리에서 게오르그 엘저Georg Elser가 폭탄 테러를 일으켜 암살을 시도했으나 히틀러가 미리 자리를 떠 거사는 실패했고, 폭발로 아수라장이 된 비어홀은 결국 문을 닫고 만다. 뷔르거브로이 켈러는 오늘날 더 이상 남아 있지 않고, 뮌헨 필하모닉 공연장을 포함한 문화단지로 재개발되었다.

비어홀 폭동은, 한 국가를 전복하려는 엄청난 사건도 비어홀에서 시작될 정도로 뮌헨에서 비어홀이 갖는 상징성이 어마어마하다는 것을 방증하는 사례로 꼽을 수 있다.

폭동 당시의 자료사진

꺼지지 않는 사죄의 불꽃
나치 희생자 추모비
Platz der Opfer des Nationalsozialismus ㅣ 플랏쯔 데어 옵퍼 데스 나찌오날조찌알리스무스

독일 어디를 가든 그러하지만 뮌헨도 나치 집권기 동안 벌어진 무수한 폭력에 대해 뼈저리게 사죄하고 반성한다. 나치의 가해를 고발하는 박물관, 나치의 피해자를 추모하는 기념물이 곳곳에 있으며 나치 희생자 추모비도 그중 하나다. 번화가 한복판에 해당하는 광장 중앙에 1985년 불꽃이 꺼지지 않는 추모비를 세워 수많은 행인이 과거의 잘못을 되새기도록 경각심을 주고 있다.

Data 지도 157p-C 가는 법 오데온 광장에서 도보 2분 운영시간 종일개장 요금 무료

동대문 속 코미디언
이자르문 Isartor ㅣ 이자으토어

이자르문은 뮌헨 중심부의 성벽에 놓인 사대문 중 동쪽 대문이다. 1337년 고딕 양식으로 지어졌고, 도시 방어가 목적인 만큼 아주 견고한 이중 구조로 되어 있다. 출입구 위의 긴 프레스코화는 1332년 묄도르프 전투에서 승리한 신성로마제국 황제군의 귀환을 그린 것이다. 오늘날에는 '독일의 찰리 채플린'이라 불렸던 코미디언 카를 발렌틴Karl Valentin과 관련된 작은 박물관으로 사용하고 있다. 성탑 뒤편 꼭대기의 시계는 반대 방향으로 돌아가게 되어 있는데, 이 또한 코미디언과 관련된 기념관에서 '조크'를 던지는 장치라 할 수 있다.

Data 지도 157p-G 가는 법 S1~8호선 Isartor역 하차 후 도보 2분 주소 Isartorplatz
전화 089 223266 운영시간 월·화·목~토 11:00~18:00, 일 10:00~18:00, 수 휴관
요금 성인 2.99유로, 학생 1.99유로 홈페이지 www.valentin-karlstadt-musaeum.de

 뮌헨과 잘 어울리는 박물관

맥주와 옥토버페스트 박물관

Bier- und Oktoberfestmuseum | 비어 운트 옥토버페스트무제움

맥주와 옥토버페스트 박물관은 맥주를 사랑하는 뮌헨의 역사를 전시하는 박물관이다. 2005년 개관하였고, 뮌헨 맥주의 수백 년 역사를 다양한 소장품을 통해 차근차근 보여준다. 1층은 맥주, 2층은 옥토버페스트 전시관으로 꾸며져 있다. 오래전의 맥주 양조시설, 맥주잔, 포스터 등 흥미로운 자료가 소박하게 전시되어 있어 가벼운 마음으로 관람할 만하다. 박물관 건물은 약 900년 정도 되었는데 건물 자체로도 뮌헨의 오랜 역사가 담겨있다.

Data 지도 157p-G 가는 법 이자르문에서 도보 2분 주소 Sterneckerstraße 2 전화 089 24231607 운영시간 월~토 11:00~19:00, 일 휴관 요금 성인 4유로, 학생 2.5유로로 홈페이지 www.bier-und-oktoberfestmuseum.de

 이탈리아로 가는 출발점

젠들링문 Sendlinger Tor

| 젠들링어 토어

뮌헨 중심가의 사대문 중 남쪽 방면 출입문에 해당하는 곳으로 14세기경 견고한 성채와 같은 모습으로 완성되었으며, 19세기 말 지금과 같은 신고딕 양식으로 변형되었다. 중세 바이에른은 이탈리아와 교류가 활발하였는데, 젠들링문은 이탈리아로 가는 출발점이었기에 주변에 번화가를 이루었으며 오늘날까지도 마리아 광장까지 직선으로 분주한 상점가가 이어진다.

Data 지도 156p-J
가는 법 U1~3, U6~8호선 Sendlinger Tor역 하차
주소 Sendlinger-Tor-Platz 1

세계에서 가장 유명한 맥주

호프브로이 하우스 Hofbräuhaus München

설명이 필요 없는 '맥주의 대명사' 호프브로이 하우스야말로 뮌헨에서 가장 먼저 떠올릴 수 있는 비어홀이다. 바이에른 대공 막시밀리안 1세의 명으로 1589년 왕실 양조장으로 설립되었다가 1828년부터 일반인의 출입이 허가되었고, 1897년 시내로 자리를 옮겨 오늘날의 위치에서 유명세를 떨치고 있다. 호프브로이 하우스의 맥주는 세계에서 가장 유명한 맥주이다 보니 이곳은 늘 수많은 여행자들과 현지인들로 북적거린다. 덕분에 매일 시끌벅적하고 활기차다. 저녁 시간대에는 하우스 밴드가 음악을 연주하여 흥을 돋우고, 흥에 이기지 못한 사람들이 통로에서 춤을 추고, 모르는 사람끼리 건배하는 풍경은 전혀 놀랍지 않다. 엄청난 유명세에 비해 가격이 비싸지도 않고, 입구 옆 기념품숍에서 캐릭터 상품도 판매한다.

Data 지도 157p-G 가는 법 구 시청사에서 도보 5분 주소 Platzl 9 전화 089 290136100
운영시간 11:00~24:00 가격 맥주 5.4유로, 슈바이네브라텐 17.6유로, 학세 21유로
홈페이지 www.hofbraeuhaus.de

TALK

호프집의 어원

우리는 언젠가부터 생맥주 파는 술집을 '호프집'이라고 부른다. 맥주에 홉Hop이 들어가기 때문에? 맥주 마시며 희망Hope을 노래하자고? 당연히 아니다. 국어사전을 보면 호프집이 독일어 호프Hof에서 온 단어라고 나온다. 바로 호프브로이 하우스가 호프집이라는 단어의 기원이라는 사실! 언제 누가 만든 단어인지는 모른다. 하지만 오래전부터 한국에서도 맥주 하면 호프브로이가 연상되기 때문에 자연스럽게 우리의 언어생활에 호프집이 자리 잡지 않았을까? 이 정도라면 호프브로이 하우스가 세계에서 가장 유명한 맥줏집이라는 것에 이의를 제기할 수 없을 것이다.

© www.bratwurst-gloeckl.de
© www.bratwurst-gloeckl.de

 소시지 굽는 오두막
뉘른베르거 브라트부어스트 글뢰클 암 돔
Nürnberger Bratwurst Glöckl am Dom

주변 건물 틈에 끼어 있는 2층짜리 아담한 건물은 마치 낡은 오두막 같다. 이 자리에서 1893년부터 부어스트를, 그것도 뉘른베르거 부어스트를 구워 팔던 전문 레스토랑이 여전히 그 명성을 이어가는 중이다. 평범한 뉘른베르거 부어스트뿐 아니라 치즈가 들어간 케제크라이너Käsekrainer 등 여러 종류의 부어스트를 판매하며, 여러 종류를 한 접시에 담은 모둠 메뉴 글뢰클플라테Glöckl-Platte도 인기가 높다. 맥주는 아우구스티너 브로이를 판매한다.

Data 지도 157p-G 가는 법 성모 교회 옆 주소 Frauenplatz 9 전화 089 2919450 운영시간 10:00~01:00(일 ~23:00) 가격 맥주 4.6유로, 뉘른베르거 부어스트 11.9유로~, 글뢰클플라테 20.9유로 홈페이지 www.bratwurst-gloeckl.de

 천장벽화가 있는 분위기 있는 레스토랑
안덱서 암 돔 Andechser am Dom

안덱서 맥주를 파는 곳. 맥주의 생산지인 안덱스 수도원에서 영감을 얻어 인테리어 포인트로 그린 프레스코 현대미술 천장벽화가 힙한 분위기를 자아낸다. 음식은 바이에른 향토요리나 스테이크 등을 판매한다.

Data 지도 157p-G 가는 법 성모 교회 옆 주소 Frauenplatz 7 전화 089 24292920 운영시간 월~금 11:00~24:00, 토·일 10:00~24:00 가격 맥주 5.7유로, 슈바이네브라텐 19.5유로, 바이스부어스트 3.9유로 홈페이지 www.andechser-am-dom.de

500년 역사의 주점
헤어샤프트차이텐 Herrschaftszeiten

시내 중심부에 있는 파울라너 비어홀. 손 바뀜은 있었지만 1524년부터 끊이지 않고 주점을 운영하던 장소라 하니 주점의 역사는 파울라너 맥주보다도 오래되었다. 2022년 헤어샤프트차이텐으로 이름을 바꾸고 인테리어도 현대식으로 단장했다. 비건 바이스부어스트나 다양한 와인 등 현재 트렌드에 맞는 라인업을 갖추고 있으며, 물론 파울라너 맥주가 주인공이다.

Data 지도 157p-G
가는 법 마리아 광장에서 도보 2분
주소 Tal 12
운영시간 월~목·일 11:00~23:00,
금·토 11:00~01:00
전화 089 693116690
가격 맥주 5.8유로로, 비건 바이스부어스트 10.5유로로,
슈니첼 23.5유로로
홈페이지 www.herrschaftszeiten-muenchen.de

1층과 2층을 구분하세요
슈파텐하우스 Spatenhaus an der Oper

슈파텐브로이의 가장 큰 비어홀. 바이에른 국립극장 맞은편에 있어서 창가 좌석 또는 야외 테이블에서 품격 있는 극장을 마주하며 식사할 수 있다. 특이한 점은, 1층과 2층이 별개의 레스토랑이라는 것. 1층은 고급 레스토랑의 성격이 강하고, 2층은 바이에른 전통 비어홀의 성격이 강하다. 학세 등 유명 메뉴는 1층과 2층 모두 판매하고, 이런 식으로 메뉴가 겹치는 경우에 가격은 비슷하다. 맥주는 슈파텐브로이 외에도 같은 계열의 뢰벤브로이, 프란치스카너까지 함께 판매한다.

Data 지도 157p-G
가는 법 레지덴츠 궁전 옆
주소 Residenzstraße 12
전화 089 2907060
운영시간 1층 11:30~00:30,
2층 11:30~24:00
가격 맥주 5.9유로로, 학세 28유로로
홈페이지 www.kuffler.de

골라 마시는 재미

바이세스 브로이하우스 Weisses Bräuhaus

슈나이더 바이세 맥주의 비어홀. 공식 명칭은 슈나이더 브로이하우스Schneider
Bräuhaus이지만 건물에는 바이세스 브로이하우스라고 적혀 있다. 슈바이네브라
텐, 학세 등 바이에른 스타일의 향토요리도 물론 훌륭하지만 이곳의 장점은 선택의 폭
이 넓은 슈나이더 바이세 맥주를 꼽는다. 특히 슈나이더 바이세는 맥주 마니아들에게 뮌헨 6대 양
조장보다 맛이 훌륭하다는 평을 받는다. 기본적인 헬 타입의 맥주부터 알코올 도수가 10도를 훌쩍
넘는 아이스보크Eisbock까지 다양한 맥주가 있다. 단, 생맥주를 선호하면 메뉴판에서 폼 파스Vom
Fass라는 안내를 찾자. 플라셰Flasche라고 안내된 것은 병맥주를 잔에 따라주는 것이다.

Data 지도 157p-G
가는 법 마리아 광장에서 도보 2분
주소 Tal 7 전화 089 2901380
운영시간 09:00~22:30
가격 맥주 4.9유로, 슈바이네브라텐
14.9유로, 학세 19.9유로
홈페이지 www.schneider-
brauhaus.de

좋은 맥주와 다양한 향토요리

아잉어 비어트하우스 Wirtshaus Ayingers

그 유명한 호프브로이 하우스 바로 맞은편에서 장사하려면 어지간
한 자신감으로는 불가능할 터. 아잉어 비어트하우스는 호프브로
이 하우스 맞은편에서 60년 이상 살아남아 지금도 성업 중인 비어
홀이다. 그렇다는 것은 현지인의 사랑을 듬뿍 받고 있다는 증거.
아잉어 맥주의 깊은 맛과 브라트부어스트, 슈니첼 등 바이에른 향
토요리의 조화가 일품이다. 새끼 돼지로 학세를 만든 슈판페르켈
학세Spanferkelhaxe 등 향토요리의 선택 폭도 넓다.

Data 지도 157p-G
가는 법 호프브로이 하우스 맞은편
주소 Platzl 1a
전화 089 23703666
운영시간 11:00~23:00
가격 맥주 4.5유로, 브라트부어스트
17유로, 슈바이네브라텐 18유로
홈페이지 www.ayinger-am-
platzl.de

오페라 극장 부근의 고급 레스토랑
춤 프란치스카너 Zum Franziskaner

뢰벤브로이와 같은 계열인 프란치스카너의 비어홀. 맥주도 두 회사 것을 취급한다. 바이에른 국립 극장 인근이라 다른 비어홀보다 좀 더 고급스러운 분위기이며 가격도 좀 더 비싸다. 학세, 부어스트, 레버캐제 등 바이에른 향토요리 위주, 특히 새끼 돼지로 만든 슈판페르켈Spanferkel 요리가 유명하다.

Data 지도 157p-G
가는 법 레지덴츠 궁전에서 도보 2분 주소 Residenzstraße 9
전화 089 2318120
운영시간 10:00~23:30
가격 맥주 5.9유로, 레버캐제 10.2유로, 슈판페르켈 26.9유로
홈페이지 www.zum-franziskaner.de

관광지 속에서 와인 한잔
라츠켈러 Ratskeller

라츠켈러는 신 시청사 지하에 있는 와인 레스토랑이다. 신 시청사의 안뜰까지 야외 테이블이 있기 때문에 유명한 관광지인 신 시청사에서 와인과 식사를 즐길 수 있어 관광객이 특히 많이 찾는다. 샐러드나 치즈 요리, 스테이크 등 와인과 어울리는 음식이 준비되어 있다. 가격은 조금 비싼 편이다.

Data 지도 157p-G
가는 법 신 시청사에 위치
주소 Marienplatz 8
전화 089 2199890
운영시간 11:00~23:00
가격 스테이크 30유로 안팎, 부어스트 15유로 안팎, 와인 작은 잔 6유로 안팎
홈페이지 www.ratskeller.com

하커프쇼르의 반쪽
데어 프쇼르 Der Pschorr

뮌헨 6대 양조장인 하커프쇼르의 반쪽인 프쇼르의 비어홀이다. 2005년 큰 규모로 문을 열었다. 1층만 비어홀로 운영하는데, 규모가 크지만 늘 붐빈다. 학세, 슈바인브라텐, 플라이슈판체를, 그리고 식초에 절인 고기로 만드는 자우어브라텐Sauerbraten 등 바이에른 전통 육류요리가 푸짐하게 차려지고, 맥주는 당연히 하커프쇼르를 판매한다.

Data 지도 157p-G
가는 법 마리아 광장에서 도보 5분
주소 Viktualienmarkt 15
전화 089 442383940
운영시간 11:00~23:00
가격 맥주 6.1유로, 학세 22.9유로
홈페이지 www.der-pschorr.de

하커프쇼르의 다른 반쪽
알테스 하커브로이하우스 Altes Hackerbräuhaus

하커하우스Hackerhaus라고 줄여 부르기도 한다. 마리아 광장 인근에 있는, 하커프쇼르의 또 다른 반쪽인 하커의 유서 깊은 비어홀이다. 100년 이상의 역사를 가지고 있다. 그래서인지 가게 인테리어, 메뉴판 등 무엇 하나 고풍스럽지 않은 것이 없지만 무료 와이파이 제공 등 현대의 트렌드에도 민감하다. 물론 하커프쇼르 맥주를 곁들이는 바이에른 향토요리의 수준도 높다.

Data 지도 156p-F 가는 법 마리아 광장에서 도보 5분 주소 Sendlinger Straße 14 전화 089 2605026
운영시간 11:00~23:00 가격 맥주 5.8유로, 학세 20유로, 슈만케를텔러 18.9유로 홈페이지 www. hackerhaus.de

 수제 부어스트 요리
데어 슈푀크마이어 Der Spöckmeier

마리아 광장 옆 여관의 주점으로 1450년 시작된 매우 유서 깊은 레스토랑이다. 입구 부분이 좁아 보여 레스토랑도 작을 것 같은 선입견이 생기지만 지하부터 지상 및 안뜰까지 알차게 활용하여 좌석은 매우 많다. 물론 그마저도 식사 시간대에는 예약 없이 들어가기 힘들 정도로 인기가 많다. 특히 이곳은 가게 내에 정육점이 있어 직접 부어스트를 만들어 조리한다고 한다. 맥주는 파울라너와 하커프쇼르.

Data 지도 157p-G 가는 법 마리아 광장 앞 주소 Rosenstraße 9 전화 089 5880828
운영시간 월~금 11:00~23:00, 토 10:00~23:00, 일 휴무 가격 맥주 4.9유로, 바이스부어스트 3.65유로, 레버캐제 12.8유로 홈페이지 www.spoeckmeier.com

 전통의 느낌이 가득한
테게른제어 탈 Tegernseer Tal

구 시청사 너머 탈Tal 거리에 있는 비어홀. 사슴뿔 등으로 내부를 장식하고 옛날 스타일의 신문처럼 제작한 메뉴판을 갖추는 등 전통의 느낌을 살리려 애쓴 흔적이 역력하다. 건물의 안뜰까지 통째로 실내 비어홀처럼 활용하여 내부가 넓고, 테게른제어 맥주와 바이에른 향토요리, 그리고 햄버거 스테이크 등 대중적인 육류 요리를 판매한다. 평일에는 슈니첼, 슈바인브라텐 등 향토요리를 한 가지씩 런치메뉴(11:00~15:00)로 저렴하게 판매해 매우 경제적이다.

Data 지도 157p-G 가는 법 마리아 광장에서 도보 2분 주소 Tal 8 전화 089 222626
운영시간 11:00~01:00(금·토 ~03:00, 토·일 09:00~) 가격 맥주 5.5유로, 바이스부어스트 3.9유로, 슈바이네브라텐 15.9유로, 학세 19.8유로 홈페이지 www.tegernseer-tal8.com

테이크아웃 아이스크림을 권합니다

카페 보에르너 Woerner's

보에르너는 1865년부터 시작된 뮌헨의 유서 깊은 베이커리 겸 카페. 신 시청사 바로 옆에 지점이 있다. 마리아 광장이 탁 트인 야외 테이블에서 웅장한 신 시청사를 벗하며 잠시 쉬어갈 수 있다는 것이 가장 큰 장점. 하지만 종업원의 과도한 불친절로 악명이 높기도 하다. 더울 때 아이스크림을 테이크아웃으로 주문하여 마리아 광장에서 먹으면 불친절을 피할 수 있다. 아무튼 오랜 역사를 가진 곳인 만큼 빵, 초콜릿, 아이스크림의 맛은 훌륭하니까.

Data 지도 157p-G
가는 법 마리아 광장에 위치
주소 Marienplatz 1
전화 089 222766
운영시간 09:00~18:00
가격 아이스크림 2유로~
홈페이지 www.woerners.de

바이에른이 만든 수제 버거

루프스 버거 Ruff's Burger

루프스 버거는 슈바빙 지역에서 문을 연 이래 뮌헨 젊은이들의 선풍적인 인기를 얻어 지점을 조금씩 확장하고 있는 수제 햄버거 가게다. 마리아 광장 인근에도 작은 지점이 있다. 내부에 좌석은 몇 개 없어 주로 포장해서 가져간다. 여행을 마치고 숙소로 돌아갈 때 포장해 가도 좋고, 여행 중에도 포장한 뒤 바로 앞 빅투알리아 시장의 벤치에서 먹어도 좋다. 채소와 고기 등 모든 재료를 바이에른산으로만 사용한다고 한다. 주문과 동시에 수제 패티를 구워 요리해 맛이 뛰어나다.

Data 지도 157p-G
가는 법 마리아 광장에서 도보 2분
주소 Rindermarkt 6
전화 089 24408928
운영시간 월~토 11:00~21:00,
일 12:00~21:00
가격 햄버거 8.9유로
홈페이지 www.ruffsburger.de

SLEEP

뮌헨 최고급 호텔
피어 야레스차이텐 호텔 Hotel Vier Jahreszeiten

켐핀스키 호텔 그룹 산하의 럭셔리 호텔 체인인 피어 야레스차이텐 호텔의 뮌헨 지점이 바이에른 국립극장 뒤편에 있다. 그 이름을 직역하면 '사계절 호텔'이 되는데, 혹시 눈치 빠른 분들은 포시즌스 호텔을 연상하실 수 있겠지만 전혀 다른 곳이다. 고급문화의 중심지이자 명품 매장이 즐비한 곳에 위치한 고급 호텔답게 뮌헨에서도 손꼽히는 최고급 5성급 호텔이다.

Data 지도 157p-G 가는 법 바이에른 국립극장에서 도보 2분 주소 Maximilianstraße 17 전화 089 21250
홈페이지 www.kempinski.com

양파가 보이는 곳에서
도앤드코 호텔 DO&CO Hotel München

오스트리아 비엔나의 유명 고급 호텔로 잘 알려진 도앤드코 호텔의 뮌헨 지점. 성모 교회에 바로 맞닿은 중심부에 위치하고 있어 일부 객실에서 '뮌헨의 양파'가 보인다. 최고급 시설과 서비스를 갖춘 5성급 호텔이다.

Data 지도 157p-G 가는 법 성모 교회와 신 시청사 사이 주소 Filserbräugasse 1 전화 089 69313780
홈페이지 www.docohotel.com/munich/

BUY

활기찬 전통시장
빅투알리엔 시장 Viktualienmarkt

원래 중세 뮌헨에서는 마리아 광장에서 시장이 열렸으나 점차 뮌헨의 인구가 많아지고 도시가 확장
되자 마리아 광장이 시장의 수요를 감당할 수 없게 되었다. 이에 바이에른의 국왕 막시밀리안 1세
는 성령 교회가 속해 있던 병원을 허물고 그 자리에 시장을 만들도록 했으니 이것이 빅투알리엔 시
장이다. 19세기 당시 뮌헨의 중산층 사이에서 라틴어가 유행했다고 한다. 이에 라틴어로 식료품을
의미하는 빅투알리아Victualia의 독일어식 표기로 빅투알리엔 시장이라 불렸다. 전쟁 등 불가피한 경
우를 제외하고 200년 이상의 긴 세월 동안 매일 식료품을 파는 장이 열리고 있다. 채소나 과일을 팔
고, 정육점에서 고기나 소시지를 팔고, 빵집에서 빵과 케이크를 판다. 영업 중인 점포가 100개 이
상. 시장 한복판에 비어가르텐도 있는데, 여기서는 뮌헨 6대 양조장의 맥주를 모두 판매하며, 지금
개봉한 맥주 통이 어느 회사 것인지 카운터 앞에 잘 보이게 표시해 둔다. 곳곳에 보이는 아기자기한
분수 6개는 과거 지하수를 끌어올려 우물로 사용했던 흔적이 남은 것이다.

Data 지도 157p-G 가는 법 성령 교회 뒤편 전화 089 89068205 운영시간 점포마다 다르지만 보통
평일 오전부터 오후까지 영업하며, 비어가르텐은 날씨가 좋을 때 밤까지 영업
홈페이지 www.viktualienmarkt.de

대표 광장에 대표 백화점
카우프호프 백화점(마리아 광장) Galeria Kaufhof München Marienplatz

독일을 대표하는 백화점 체인 카우프호프의 마리아 광장 지점. 블록을 어긋나게 쌓은 것 같은 현대적 외관이 오히려 마리아 광장의 풍경을 해친다는 평가도 있지만 아무튼 관광지 한복판에서 쇼핑까지 겸하기에 이만한 곳이 없는 건 분명한 사실이다. 주방용품, 아웃도어, 의류 등 웬만한 것은 모두 있다.

Data 지도 157p-G
가는 법 마리아 광장에 위치
주소 Kaufinger Straße 1-5
전화 089 231851
운영시간 월~토 10:00~20:00,
일 휴무 홈페이지 www.
galeria-kaufhof.de/filialen/
muenchen-marienplatz/

예술혼을 불태우는 쇼핑몰
카우핑어토어 파사주 Kaufingertor Passage

위에 소개한 카우프호프 백화점과 나란히 있는 쇼핑몰이다. 세련된 의류 매장이 여럿 있어 아이쇼핑하기에도 좋다. 입구 위에 한 남성의 조각이 보이는데, 이것은 독일의 조각가 슈테판 발켄홀Stephan Balkenhol이 만든 〈두 팔 벌린 남성Mann mit ausgebreiteten Armen〉이라는 작품이다. 뿐만 아니라 밤에는 입구를 중심으로 조명의 색상을 바꾸어가며 요란하지 않은 예술혼을 불태운다. 이래저래 뮌헨의 중심부에서 분위기를 잘 띄워주는 쇼핑몰이다.

Data 지도 157p-G
가는 법 마리아 광장에 위치
주소 Kaufinger Straße 9
전화 089 21269541
운영시간 월~토 09:00~20:00,
일 휴무
홈페이지 www.
kaufingertor.center

감각의 백화점
루트비히 베크 Ludwig Beck

마리아 광장에 있는 백화점. 7층짜리 초대형 백화점이 전부 패션과 뷰티에 특화되어 있다. 감각의 백화점Kaufhaus der Sinne이라고 스스로 이름 붙인 이 백화점에 들어가면 시각(의류), 후각(향수와 화장품), 촉각(목욕용품) 등 감각을 자극하는 것들을 볼 수 있다. 여성 여행자라면 족히 몇 시간 동안 쇼핑해도 시간 가는 줄 모를 것이다.

Data 지도 157p-G
가는 법 마리아 광장에 위치
주소 Marienplatz 11
전화 089 236910
운영시간 월~토 10:00~20:00,
일 휴무
홈페이지 www.ludwigbeck.de

현지인에게 더 인기 높은
호프슈타트 Hofstatt

마리아 광장 인근에 있는 대형 쇼핑몰. 중세의 느낌을 간직한 주변 건물들 틈에서 홀로 현대식 디자인을 뽐내는데 묘하게 주변과 조화를 이루는 센스가 여간 아니다. 내부 역시 그 센스를 살려 감각적인 디자인이 돋보이고, 스포츠 브랜드와 중저가 의류 브랜드, 드러그스토어 등 젊은이들이 선호하는 매장 위주로 구성되어 있다. 관광객보다도 현지 젊은이들에게 인기가 높다.

Data 지도 156p-F
가는 법 마리아 광장에서 도보 2분
주소 Sendlinger Straße 10
전화 089 14333650
운영시간 월~토 10:00~20:00,
일 휴무
홈페이지 www.hofstatt.info

©e-München Tourismus /
Photo: Werner Boehm

이색적인 주상복합시설
퓐프 회페 Fünf Höfe

뮌헨의 이색적인 쇼핑시설로 퓐프 회페를 빼놓을 수 없다. 직역하면 '다섯 개의 건물'이라는 뜻. 아예 한 블록을 통째로 개발하여 다섯 개의 건물이 연결되도록 설계하였다. 쇼핑몰, 레스토랑, 슈퍼마켓 등 상업시설은 물론이고 미술관, 사무실, 주거지까지 결합된, 말하자면 주상복합시설인 셈이다. 상태가 괜찮은 옛 건물은 다듬어 보존하고, 상태가 나쁜 옛 건물은 허물고 현대적인 건물을 세웠다. 신구가 이질적으로 조화를 이루고, 내부가 복잡하게 연결되어 있어 이색적인 분위기를 느껴보며 하염없이 내부를 거닐어도 좋다.

Data 지도 157p-G
가는 법 마리아 광장 또는
오데온 광장에서 도보 2분
주소 Theatinerstraße 15
전화 089 24449580
운영시간 월~금 10:00~20:00,
토 10:00~18:00, 일 휴무
(영업점마다 세부 영업시간은
다를 수 있음)
홈페이지 www.fuenfhoefe.de

명품 커피를 기념품으로
달마이어 Alois Dallmayr

1700년 창업한 세계적인 식품기업 달마이어의 본사가 뮌헨에 있다. 본사 건물에 대형 식료품 매장과 카페 및 레스토랑을 운영 중이며, 현지인과 관광객으로 늘 붐빈다. 식료품 매장에서는 '명품 커피'로 불리는 달마이어의 다양한 커피와 차, 그리고 치즈, 오일 등 다양한 식료품을 판매한다. 이 중 커피와 차는 국내에서도 인기가 높으므로 기념품으로 구매하기에도 적당하다. 프로도모Prodomo 커피가 가장 대중적으로 인기가 높다. 레스토랑은 미슐랭 스타까지 받은 초일류 레스토랑이고 가격이 비싸 쉽게 들어가기 부담되지만, 분위기 있는 2층 카페에서 3유로 정도의 가격(팁 별도)으로 달마이어의 커피를 마실 수 있어 이 또한 추천할 만하다. 레스토랑과 카페는 영업시간에 차이가 있으니 관심 있다면 홈페이지에서 자세한 내용을 확인하자.

Data 지도 157p-G 가는 법 신 시청사에서 도보 2분
주소 Dienerstraße 14-15 전화 089 2135100
운영시간 수 18:30~24:00, 목~토 12:00~15:00, 18:30~24:00,
일·월·화 휴무 홈페이지 www.dallmayr.de

 뮌헨의 명품 거리
막시밀리안 거리 Maximilianstraße

막시밀리안 거리는 바이에른 국립극장 뒤편으로 뻗은 큰 길이다. 고급문화의 중심지와 연결되는 이
길은, 고급스러움을 극대화하며 명품 거리가 되었다. 세계적인 명품 브랜드의 매장이 거리 양편에
자리해 경쟁하고 있다. 루이비통, 샤넬, 구찌, 돌체 앤 가바나, 휴고보스, 베르사체, 디올, 까르띠
에, 버버리, 롱샴 등 내로라하는 럭셔리 브랜드는 모두 모여 있다. 아웃렛 매장은 아니므로 가격이
저렴하다는 보장은 없으나 일부 품목은 세일을 할 수 있으니 관심이 있다면 차례대로 들러보자. 독
일인은 일반적으로 명품을 선호하지 않는 것으로 알려져 있는데, 그래서인지 모두 문을 닫은 저녁
시간에 삼삼오오 모여서 쇼윈도를 구경하는 것으로 만족하는 독일인들의 모습도 볼 수 있다. 거리
양편을 모두 구경한다면 매장에 들어가지 않아도 30분 이상 걸어야 할 정도로 긴 구간에 걸쳐 매장
이 줄지어 있으니 쇼핑에 관심이 많다면 체력을 비축해두고 방문해야 한다.

Data 지도 157p-G
가는 법 바이에른 국립극장 부근
운영시간 매장마다 다르지만
일반적으로 평일 오전부터
저녁까지 영업

02

카를 광장 &
뮌헨 서부

Karlsplatz &
München West

카를 광장은 중앙역과 마리아 광장을 잇
는 관문이다. 중앙역 서쪽 방향 출입문 앞
에 카를 광장이 있기 때문. 수많은 여행자
가 카를 광장을 통해 뮌헨의 중심부로 들
어간다. 그러니 뮌헨의 첫인상으로 기억
할 장소가 바로 카를 광장과 뮌헨의 서쪽
이 되는 것. 뮌헨의 첫인상을 살짝 귀띔하
면 화려하면서도 품격 있고, 다이내믹한
에너지로 가득하다는 것 정도!

카를 광장 & 뮌헨 서부 ·············
미 리 보 기

카를문은 뮌헨 중심부의 서쪽 대문이었다. 카를 광장은 그 앞마당. 기차역 방면 대문이었으니 유동인구가 오죽 많았을까. 자연스럽게 카를 광장과 그 주변에 번화가가 형성되었고, '뮌헨의 명동'이라 해도 될 만한 쇼핑시설이 즐비하다.

SEE

카를 광장과 카를문, 그리고 여기서 마리아 광장으로 가는 길에 몇 곳의 교회와 박물관이 있다. 보다 서쪽으로는 뮌헨의 두 번째 궁전인 님펜부르크 궁전이 넓은 정원과 함께 여행자들을 맞이한다.

EAT
중앙역 주변, 그리고 카를 광장 안쪽에 유명 레스토랑과 비어홀이 많다. 번화한 마리아 광장보다 비어가르텐 문화를 체험하기에 더 좋은 곳도 이 부근이다.

SLEEP
중앙역 부근에 고급 호텔부터 호스텔까지 다 있다. 뮌헨의 유명 숙소는 모두 이곳에 있으니 사실 다른 곳을 알아볼 필요도 없이 이 부근에서 숙소를 정하면 된다. 만약 이 부근에 숙소를 구하지 못할 정도라면 다른 곳에서도 숙소를 구하기는 어려울 것이다.

BUY
중앙역과 카를 광장 사이, 그리고 카를문과 마리아 광장 사이에 유명 백화점과 각종 상점이 가득하다. 뮌헨에서 쇼핑하기 가장 좋은 곳이다.

어떻게 갈까?

카를 광장은 에스반과 우반 전철역인 카를 광장Karlsplatz역에서 내리면 된다. 중앙역에서 도보 10분 이내 거리에 있으니 천천히 도보로 이동해도 좋다. 님펜부르크 궁전 등 보다 서쪽에 있는 관광지는 전철보다 트램이 더 편리하다.

어떻게 다닐까?

님펜부르크 궁전에서 중앙역 또는 카를 광장까지 17번 트램을 이용한다. 카를 광장은 에스반과 우반뿐 아니라 트램도 여러 노선이 정차해 뮌헨 어디로든 쉽게 연결되는 교통의 요지다.

카를 광장부터 마리아 광장까지 쭉 연결된다. 그 사이에서 관광과 쇼핑, 식사가 모두 가능하다. 약간 외곽에 떨어져 있는 님펜부르크 궁전부터 여행을 시작하자.

님펜부르크 궁전과
정원, 내부의
박물관 감상

→ 트램 17분 →

카를 광장 도착.
유스티츠 궁전 등
관광지 구경

→ 도보 2분 →

뮌헨의 서대문인
카를문 통과

↓ 도보 2분 ↓

유서 깊은 비어가르텐에서
시원한 맥주로 마무리

← 도보 5~10분 ←

왕실의 흔적이 남은
엄숙한 분위기의
성 미하엘 교회 관광

← 도보 2분 ←

카를문 안쪽
노이하우저
거리에서 쇼핑

카를 광장 & 뮌헨 서부
Karlsplatz & München West

0   200m

Schloßgartenkanal

님펜부르크 궁전
Schloss Nymphenburg

• **Schlosspark Nymphenburg**

Notburgastraße

Romanstraße

Romanstraße

Wotanstraße

Wendl-Dietrich-Straße

R 쾨니히리허 히르슈가르텐

• **Hirschgarten**

Wilhelm-Hale-Straße

M

Fürstenrieder Straße

Agnes-Bernauer-Straße

Gotthardstraße

Tübinger Straße

Westendstraße

중앙역 부근 확대도

H 더 찰스 호텔

포유
H 호스텔

H 암바 호텔
R 파스토

NH 콜렉션 H
뮌헨 바바리아

🚉 중앙역
Hauptbahnhof

유스티츠 궁전
Justizpalast

S 슈타후스
파사주

성 미하엘 교회
Jesuitenkirche St. Michael

오버폴링어
백화점
S

인터시티 호텔 H

뷔르거잘 교회
Bürgersaalkirche

노이하우저
거리
S

뮌히너 슈투븐 R
카도로 R
레오나르도 호텔

움밧 호스텔
H
H 알리바바

카를 광장
Karlsplatz

카를문
Karlstor

H 예거스 호스텔

춤 아우구스티너
R

H 유로 유스 호텔

김가네 R

노이에 피나코테크
Neue Pinakothek

카페 야스민 R R 슈타인하일 제흐첸

뢰벤브로이 켈러

알테 피나코테크
Alte Pinakothek
R

렌바흐 하우스
Lenbachhaus

벤츠 전시장
s-Benz Niederlassung

Marsstraße

함부르거라이
아인스

쾨니히 광장
Königsplatz

안티켄잠룽
Staatliche Antikensammlungen

Amulfstraße

아우구스티너 켈러 R

🚌 버스터미널

중앙역 부근

🚉 중앙역

Landsberger Straße

H 마이닝어 호스텔

Bayerstraße

아잠 교회
Asamkirche

독일 박물관 교통관
Deutsches Museum Verkehrszentrum

테레지엔비제
Theresienwiese

Alter Südfriedhof

SEE

뮌헨으로 들어가는 입구
카를문 Karlstor | 카을스토어

14세기경부터 뮌헨의 서쪽을 지키는 성벽의 출입문이었지만, 당시 이름은 노이하우저문Neuhauser Tor이었다. 1791년 방어력을 더 높이기 위해 성문을 개조하면서 오늘날의 모습이 되었고, 이름도 카를문으로 변경되었다. 당시 바이에른의 선제후 카를 테오도르가 자신의 이름을 딴 것이다. 오늘날 성벽은 없어지고 성문만 남았으며, 건물들 사이에 성문이 놓여 있기에 성문보다는 벽처럼 보이기도 한다. 투박하지만 단단한 모습을 확인할 수 있고, 카를문 안쪽으로 들어가면 마리아 광장까지 보행자 도로가 펼쳐진다.

Data 지도 193p-D
가는 법 카를 광장에 위치

카를문의 앞마당
카를 광장 Karlsplatz | 카을스플랏쯔

카를문 앞 둥근 광장이 카를 광장이다. 중앙에 원형 분수가 있고, 건물이 둥그렇게 광장의 반쪽을 둘러싸고 있다. 화창한 날 분수 앞에 걸터앉아 시민들이 담소 나누는 여유로운 풍경을 볼 수 있고, 겨울에는 광장에 스케이트장이 생겨 시민의 놀이터가 되기도 한다. 광장의 이름은 카를문에서 유래하였으니 이 또한 바이에른 선제후 카를 테오도르의 이름에서 딴 것이다.

Data 지도 193p-D
가는 법 S1~8호선,
U4·U5호선Karlsplatz(Stachus)역
하차 또는 중앙역에서 도보 10분
이내

© München Tourismus / Photo: Tommy Loesch

너의 이름은, 슈타후스

뮌헨 시민은 카를 광장이라는 명칭을 싫어해서 카를 광장 대신 슈타후스Stachus라는 지명을 사용한다. 전철역도 'Karlsplatz(Stachus)'라고 표기하고 있으니 슈타후스는 별명을 넘어 세컨드 네임이라고 해도 되겠다.

바이에른의 선제후 막시밀리안 3세Maximilian III Joseph가 후사 없이 사망하자 비텔스바흐 가문 출신으로 팔츠 공국의 선제후였던 카를 테오도르Karl Theodor가 바이에른을 상속받아 선제후로 부임했다. 왕가 출신이라고는 하지만 엄연한 이방인이었기에 뮌헨 시민은 카를 테오도르를 몹시 싫어했다고 한다. 그런데 카를 테오도르가 자기 이름을 따서 카를 광장으로 이름을 붙였으니 그 이름을 입에 담기도 싫었던 시민들은 그 자리에 있던 술집 이름을 따서 슈타후스라는 다른 이름을 만들었다. 노이하우저문이 카를문으로 바뀌었을 때 노이하우저 거리도 카를 거리로 이름이 바

뀌었지만 이처럼 카를 테오도르에 대한 반감이 높아 그의 사후 노이하우저 거리는 원래 이름을 되찾았다. 그 전통 때문인지 오늘날에도 뮌헨 시민은 카를 광장보다 슈타후스라는 이름을 더 선호한다. 만약 현지인에게 길을 물을 일이 있다면 카를 광장 대신 슈타후스라고 언급하면 더 좋아할 것이다. 현지 발음으로는 '슈타쿠스'에 가깝다.

참고로, 독일 여행에 관심이 있다면 카를 테오도르의 이름을 들어보았을지도 모른다. 유명한 관광도시 하이델베르크Heidelberg에 그의 이름을 딴 카를 테오도르 다리가 있기 때문. 바이에른에서는 인기가 없었지만 그의 원래 영지인 팔츠 공국에서는 학문을 융성했던 나름 훌륭한 군주였다. 하이델베르크, 슈베칭엔Schwetzingen, 만하임Mannheim, 뒤셀도르프Düsseldorf 등 그의 흔적이 남은 도시가 여럿 있다. 모두 뮌헨과는 멀리 떨어진 지방이다.

하이델베르크의 카를 테오도르 동상

아름다운 법원
유스티츠 궁전 Justizpalast | 유스티쯔팔라스트

카를 광장 맞은편에 아름답고 거대한 건물이 있다. 당연히 궁전 또는 귀족의 대저택일 것 같은 이곳은 뜻밖에도 법원이다. '정의의 궁전'이라는 뜻의 유스티츠 궁전. 1897년 신바로크 양식으로 건축되었다. 이름은 '정의의 궁전'이지만 한때 정의의 반대편에 섰던 순간도 있었다. 백장미단에게 사형선고를 내린 장소가 바로 이곳이다. 당시 선고가 내려진 253호(당시에는 216호) 재판정은 백장미 홀Weiße Rose Saal이라는 이름의 기념관으로 공개하고 있다. 오늘날에도 법원으로 사용하고 있다.

Data 지도 193p-D
가는 법 카를 광장에 위치 주소 Prielmayerstraße 7
전화 089 559703 운영시간 월~목 09:00~15:00, 금 09:00~14:00,
토·일 휴무 요금 무료 홈페이지 www.justiz.bayern.de

시민을 위한 교회, 위인을 위한 기념관
뷔르거잘 교회 Bürgersaalkirche | 뷔으거잘키으헤

직역하면 '시민회관 교회'라는 뜻. 시민회관을 지을 때 마리아 수녀회 자금을 보태 완성하고 종교적 목적으로도 활용하면서 이러한 이름이 붙었다. 교회는 크게 상층과 하층으로 나뉘며, 상층은 아름다운 제단과 성화로 장식한 바로크 양식의 예배당이, 하층은 조각으로 장식한 기도실이 있다. 이 중 하층의 안쪽으로 들어가면 루퍼트 마이어Rupert Mayer 신부의 무덤과 그를 기리는 기념관이 있다. 마이어 신부는 나치에 저항한 대표적인 종교인으로 나치에 의해 투옥되고 고초를 겪다 1945년 뮌헨에서 사망하였다. 1987년, 당시 교황 요한 바오로 2세에 의해 시복(죽은 사람을 복자로 칭송하는 것)되었다. 이를 기념하며 루퍼트 마이어의 일생과 저항, 시복에 대한 다양한 자료를 모아 이곳에 기념관을 만들었다.

Data 지도 193p-D 가는 법 카를문에서 도보 2분
주소 Neuhauser Straße 14 전화 089 2199720 운영시간 10:00~17:00
(일 14:00~), 상층은 종교행사가 자주 열려 입장이 제한되는 편이다.
요금 무료 홈페이지 www.mmkbuergersaal.de

르네상스와 바로크의 조화
성 미하엘 교회 Jesuitenkirche St. Michael
| 예수이텐키으헤 장크트 미하엘

성 미하엘 교회는 1597년 바이에른 공국의 대공 빌헬름 5세 Wilhelm V의 명으로 당시 신성로마제국을 휩쓴 종교개혁에 반대하는 반종교개혁의 일환으로 완공되었다. 공사 중 천장이 무너지는 사고가 생기자 이를 불길하게 여긴 빌헬름 5세가 더 큰 교회를 만들라고 명령하여 오늘날의 대형 교회가 탄생하였다. 외부는 박공에 세심한 장식이 달린 르네상스 양식, 내부는 순백과 황금색의 조화가 아름다운 바로크 양식이다. 알프스 이북에 최초의 르네상스 교회로 꼽히고, 독일 바로크 건축의 길을 선도한 역사적인 건축물로 가치를 인정받고 있다. 입구 쪽 정면 외벽은 최근 보수공사를 마쳐 매끈하게 광이 나 겉에서 보기에는 마치 역사적 의의와 무관한 새 건물처럼 느껴지기도 한다. 중앙 정면에 예술적인 대제단이 있고, 당시까지 바이에른을 통치했던 군주 15명의 동상이 있으며, 지하 납골당Fürstengruft에는 비운의 미치광이 왕 루트비히 2세의 무덤도 있다. 내부 입장은 무료, 지하 납골당만 유료로 개방된다.

Data 지도 193p-D
가는 법 카를문에서 도보 5분
주소 Neuhauser Straße 6
전화 089 2317060
운영시간 07:30~19:00
(일 ~22:00)
요금 교회 무료, 납골당 2유로
홈페이지 www.st-michael-muenchen.de

 요정과 미인의 궁전
님펜부르크 궁전 Schloss Nymphenburg | 슐로스 님펜부르크

궁전이라기보다는 한적한 시골에 고급스럽게 만든 별장처럼 생긴 님펜부르크 궁전. 아니나 다를까 비텔스바흐 왕가의 여름별궁으로 만든 것이다. 1675년 완공되었으며 바이에른 선제후 페르디난트 마리아가 오랫동안 기다렸던 아들을 얻고 이를 자축하며 왕자를 위한 별궁을 만든 것이 시초다. 테아티네 교회와 그 목적이 같다. 이후 권력자가 바뀌어도 님펜부르크 궁전은 계속 왕이나 왕자의 휴식처로 사용되었다. 궁전 중앙의 본관은 옛 궁전의 모습을 복원한 박물관으로 공개되어 왕실의 권력을 고스란히 보여준다. 루트비히 2세가 태어난 방도 남아 있다. 그리고 남쪽 날개 건물(본관과 길게 연결된 별관)은 마르슈탈 박물관Marstall Museum으로, 북쪽 날개 건물은 일종의 자연사 박물관인 인류 자연 박물관Museum Mensch und Nature으로 사용된다. 독일어로 '마구간'을 뜻하는 마르슈탈은 왕실의 교통수단을 관리하던 곳이다. 마르슈탈 박물관에서 왕의 마차나 썰매 등 화려하고 신기한 볼거리를 구경할 수 있다. 인류 자연 박물관은 화석이나 광물을 소소하게 전시하고 있으니 관심이 있다면 들러보아도 좋다. 여행자는 주로 궁전과 마르슈탈 박물관으로 몰린다. 궁전 이름은 요정Nymph이 그려진 천장벽화에서 유래하였다.

Data 지도 192p-A 가는 법 17번 트램 Schloss Nymphenburg 정류장 하차
주소 Schloß Nymphenburg 1 전화 089 179080 운영시간 3월 28일~10월 15일 09:00~18:00,
10월 16일~3월 27일 10:00~16:00 요금 통합권 성인 15유로, 학생 13유로(10월 16일~3월 31일은
각 12유로, 10유로로 할인), 궁전 성인 8유로, 학생 7유로 홈페이지 www.schloss-nymphenburg.de

> **TIP** 통합권으로 궁전 내부와 마르슈탈 박물관, 정원에 있는 몇 가지 작은 건물에 입장할 수 있다.
> 동절기에는 정원의 건물들이 폐쇄되므로 통합권 가격이 할인된다.

📣 |Theme|

님펜부르크 궁전 하이라이트

세 가지 박물관이 혼재된 거대한 궁전에서 무엇을 봐야 할까?
바쁜 여행자라면 아래 세 가지만이라도 꼭 기억해두기 바란다.

1. 미인화 갤러리 Schönheitengalerie

궁전 박물관에서 가장 유명한 곳은 미인화 갤러리라 불리
는 방이다. 루트비히 1세가 당대 최고의 미녀를 찾아 초상
화를 그려 전시했다. 20년 동안 그린 미녀가 총 36명. 앞
서 루트비히 1세를 소개할 때 언급했듯 여성에 대한 과한
탐닉이 결국 루트비히 1세를 파멸로 이끌었으니 미인화 갤
러리는 단순히 예쁜 얼굴을 감상하는 공간이 아니라 한 왕
의 흥망성쇠를 상징하는 공간이 된다.

2. 도자기 전시장 Porzellansammlung

바이에른 왕실 도자기 공방이었던 님펜부르크 도자기의 아
름다운 도예품을 여럿 모아 박물관을 만들었다. 마르슈탈
박물관 위층에 있고, 입장권도 마르슈탈 박물관에 포함된
다. 통합권 구입 시에도 당연히 도자기 전시장까지 관람할
수 있다. 감탄을 자아내는 아름다운 도예품의 향연이 펼쳐
진다.

3. 님펜부르크 정원 Schlosspark Nymphenburg

궁전 앞뒤로 상쾌한 정원이 조성
되어 있다. 앞쪽 정원은 너른 연
못과 운하로 시원한 분위기를,
뒤쪽 정원은 조각과 관목으로 멋
을 내어 세련된 분위기를 선사한
다. 정원이 워낙 넓어 구석구석
구경하기는 힘들지만 화창한 날
적당히 산책하듯 걸으면 기분도
상쾌해질 것이다. 연못 주변에
다양한 종류의 오리나 거위가 많
이 서식하고 있다. 사람이 다가
가면 순식간에 몰려든다.

 박물관 같은 고급 전시장
벤츠 전시장 Mercedes-Benz Niederlassung | 메으씨데스벤쯔 니더라쑹

부유한 대도시에 있는 고급 자동차 전시장이다. 판매하는 자동차를 전시해 설명을 곁들여 놓았는데, 이 중 일부는 직접 타볼 수도 있다. 6층짜리 건물에 벤츠 자동차가 빼곡하게 들어차 그 규모가 엄청 나다. 메르세데스 벤츠가 뮌헨에 운영 중인 초대형 전시장은 마치 박물관을 보는 것 같다. 차를 구매 할 손님이 아니라 구경할 관광객이라고 해서 문전박대하지 않으니 천천히 자동차를 구경해도 된다. 전시장이기 때문에 당연히 입장료도 없다. 원칙적으로 자동차를 사기 위한 것이 아니면 타보는 것이 예의에 어긋나기는 하지만, 과하지 않은 범위에서 가볍게 기념촬영 정도는 해도 괜찮다.

Data 지도 193p-G 가는 법 S1~8호선 Donnersbergerbrücke역 하차 주소 Arnulfstraße 61
전화 089 12061180 운영시간 월~금 08:00~18:00, 토 09:00~16:00, 일 휴무
요금 무료 홈페이지 www.mercedes-benz-muenchen.de

 '탈 것'의 과거가 한곳에
독일 박물관 교통관
Deutsches Museum Verkehrszentrum | 도이췌스 무제움 퍼케어스쩬트룸

뒤에 소개할 과학기술의 메카 독일 박물관의 분점이다. 교통관이라는 이름에서 알 수 있듯 기차, 자동차, 자전거 등 교통수단의 과거와 그 기술에 대한 전시물이 넓은 홀을 가득 메우고 있다. 향수 를 자극하는 클래식카와 증기기관차 등의 실물을 보는 것도 물론 재미있고, 그것을 단순히 전시하 는 데에 그치지 않고 도로표지판 등 교통문화, 주유 등 여행문화까지 담론을 확대해 알차게 전시한 것이 인상적이다.

© Deutsches Museum

© Deutsches Museum

Data 지도 193p-K 가는 법 U4· U5호선 Schwanthalerhöhe역 하차 주소 Am Bavariapark 5 전화 089 2179333 운영시간 09:00~17:00 요금 성인 8유로, 학생 5유로 홈페이지 www. deutsches-museum.de

옥토버페스트가 열리는 그곳
테레지엔비제 Theresienwiese | 테레지엔비제

테레지엔비제는 42만㎡에 달하는 넓은 공터의 지명이다. 평소에
는 문자 그대로 텅 비어 있는 공터지만 시즌마다 축제가 열리면
넓은 공터에 축제 시설이 들어서고 사람들로 가득 찬다. 그 유명
한 옥토버페스트 역시 테레지엔비제에서 열린다. 옥토버페스트는
루트비히 1세의 결혼을 축하하는 스포츠제전에서 시작되었는데,
당시 왕비의 이름이 테레지아였다. 여기에 초원을 뜻하는 비제
Wiese를 합쳐 테레지엔비제라 부르지만 뮌헨 시민은 비즌Wiesn
이라는 애칭을 더 선호한다. 테레지엔비제의 명소로 꼽히는 바바
리아 여신상Die Bavaria과 명예의 전당Ruhmeshalle도 루트비히 1
세가 만든 것이다. 높은 계단 위에 세워진 18.52m 높이의 바바
리아 여신상은 바이에른의 화신을 상징하며 만든 것이고, 명예의
전당은 게르만족의 역사에서 위대한 인물로 칭송받는 자들의 흉
상을 제작해 모신 신전이다. 즉, 이러한 게르만족의 위인을 바이
에른이 앞장서 지킨다는 이데올로기를 꾀한 것이니 참으로 루트
비히 1세다운 발상이라 하겠다. 참고로 명예의 전당에 루트비히
1세의 흉상도 있다. 평소에는 일부러 찾아갈 정도는 아니지만 옥
토버페스트 등 축제를 즐기러 테레지엔비제를 찾았다면 바바리아
여신상과 명예의 전당도 빼놓지 말고 둘러보자.

Data 지도 193p-K
가는 법 U4·U5호선
Theresienwiese역 하차.
바바리아 여신상과 명예의 전당은
독일 박물관 교통관에서
도보 5분 이내

EAT

아우구스티너의 가장 큰 비어홀

아우구스티너 켈러 Augustiner Keller

뮌헨에 아우구스티너 브로이의 비어홀이 참 많지만, 그중 가장 큰 곳을 꼽으라면 5천 석의 비어가르텐을 가진 아우구스티너 켈러다. 중앙역과 버스터미널 부근에 있어 대부분의 유명 숙소에서 걸어서 갈 수 있는 거리에 있기 때문에 여행을 마치고 하루를 정리할 때 들르기 딱 좋다. 학세, 슈니첼 등 향토요리를 곁들일 수 있다. 특별히 아우구스티너 켈러에서는 아우구스티너 브로이의 여러 맥주 종류 중 쌉쌀한 맛이 강한 에델스토프Edelstoff 맥주를 추천한다.

Data 지도 193p-H 가는 법 중앙역에서 도보 7분 또는 버스터미널 옆 주소 Arnulfstraße 52 전화 089 594393 운영시간 10:00~24:00 가격 맥주 4.5유로, 학세 20유로, 오리구이 20.7유로 홈페이지 www.augustinerkeller.de

중앙역 앞 현대식 비어홀

뮌히너 슈투븐 Münchner Stubn

2015년 문을 연 뮌히너 슈투븐은 현대식 인테리어와 캐주얼한 분위기 속에서 바이에른 향토음식과 맥주를 맛볼 수 있는 레스토랑이다. 가격대는 약간 비싼 편이지만, 중앙역 맞은편에 있고 좌석도 많아 기차 시간이 넉넉하지 않을 때 찾기 좋다. 맥주는 파울라너의 여러 종류가 있다.

Data 지도 193p-C
가는 법 중앙역 옆 주소 Bayerstraße 35
전화 089 551113330 운영시간 11:00~24:00
가격 맥주 5.95유로, 학세 21.5유로, 햄버거 20.5유로, 오바츠다 12.9유로
홈페이지 www.muenchner-stubn.de

레스토랑과 비어홀이 한곳에
춤 아우구스티너 Zum Augustiner

중세의 느낌이 물씬 풍기는 시내 중심부의 커다란 건물에 아우구
스티너 브로이의 또 다른 대표 레스토랑, 춤 아우구스티너가 있
다. 춤 아우구스티너는 입구를 둘로 나누어 하나는 레스토랑, 하
나는 비어홀로 운영한다는 점이 특이하다. 양쪽 모두 아우구스
티너의 훌륭한 맥주를 판매하지만, 레스토랑에서는 맥주만 마시
는 것은 안 되고 식사를 주문해야 하며, 비어홀에서는 맥주만 마
시거나 식사까지 함께할 수 있다는 차이가 있다. 메뉴와 가격은
동일하다.

Data 지도 193p-D 가는 법 카를 광장 또는 마리아 광장에서 도보 5분 이내 주소 Neuhauser Straße 27
전화 089 23183257 운영시간 월~토 11:00~24:00, 일 11:00~22:00 가격 맥주 4.55유로,
학세 21.69유로 홈페이지 www.augustiner-restaurant.com

바와 식당 사이
파스토 Pasto München

중앙역 인근에 있는 아담한 레스토랑 파스토는 여러 종류의 피
자와 파스타를 판매하는 이탈리안 레스토랑이다. 양이 푸짐하
고 가격도 합리적이어서 인기가 높다. 바 테이블에서는 리큐어
와 칵테일을 팔고, 성인 게임기도 비치되어 있어 늦은 시각에는
자유롭게 술을 마시는 분위기도 형성된다. 바와 식당 사이, 그
어디쯤 되니 가볍게 접근할 수 있다.

Data 지도 193p-C
가는 법 중앙역에서 도보 2분
주소 Arnulfstraße 16-18 운영시간 10:00~24:00
가격 피자 9.9유로~, 파스타 10.9유로~
홈페이지 www.pasto-muenchen.de

푸짐한 이탈리아 요리
카도로 Ristorante CA`D`ORO

다양한 종류의 피자와 파스타를 판매하는 고급 레스토랑이다. 메뉴의 종류가 다양하고, 양이 푸짐해 든든한 식사가 가능하다. 가격대가 높은 편이지만 피자 가격만큼은 합리적이다. 1인 1판을 기본으로 하는 큼직한 피자를 추천한다.

Data 지도 193p-C
가는 법 중앙역 옆
주소 Bayerstraße 31
전화 089 594600
운영시간 11:00~23:00
가격 피자 11유로~
홈페이지 www.cadoro.de

현지인이 추천하는 되너 임비스
알리바바 Ali Baba

이곳을 알게 된 것은 뮌헨의 유명 호스텔에서 배포하는 안내지에서 '뮌헨 최고의 되너 임비스'라고 소개되었기 때문이다. 마침 위치가 중앙역 근처 호스텔이 밀집한 골목 안쪽이다. 원래는 '알리바바와 40개의 되너'라는 다소 난감한 이름의 레스토랑이었는데 지금은 간결하게 개명했다. 매장 내에도 식사가 가능한 테이블이 있으나 역시 되너는 테이크아웃으로 먹는 것이 진리. 바로 근처에 있는 유명 호스텔에서 숙박한다면 되너를 포장해 따끈따끈한 상태로 호스텔에서 먹을 수 있어 식비를 절약할 수 있다. 즉석에서 고기를 긁어 야채와 함께 푸짐하게 빵에 담아주어 하나만 먹어도 배가 부르다.

Data 지도 193p-C
가는 법 중앙역에서 도보 5분
주소 Schillerstraße 6
전화 089 598997
운영시간 08:00~24:00
가격 되너 6유로~

비어가르텐의 끝판왕
쾨니히리허 히르슈가르텐 Königlicher Hirschgarten

뮌헨에서 비어가르텐 문화와 친해졌다면, 그래서 시내의 어지간한 비어홀에서 그 분위기를 즐겨봤다면, 이제 당신이 마지막으로 가야 할 비어가르텐은 바로 여기, 쾨니히리허 히르슈가르텐이다. 무려 8천 석 규모로 뮌헨에서 가장 큰 것은 물론이고 세계에서도 이만한 규모를 찾기 어려운 초대형 비어가르텐이 울창한 숲 속에 고즈넉이 자리 잡고 있다. '사슴 정원'이라는 뜻의 히르슈가르텐은 옛 왕족이나 귀족의 사냥터였으며, 선제후 카를 테오도르가 시민에게 개방한 이후 뮌헨의 손꼽히는 시민 공원이 된 곳이다. 이 무렵 공원에 레스토랑이 생겼고, 넓은 공원을 함께 공유하면서 이런 초대형 비어가르텐이 탄생하였다. 레스토랑과 비어가르텐이 완전히 구분되어 있으며, 비어가르텐은 기본 가격이 더 저렴하고 셀프서비스로 팁을 내지 않아 훨씬 경제적이다. 레스토랑의 실외석과 비어가르텐을 혼동하지 않도록 주의하자. 비어가르텐에서는 아우구스티너의 1리터 맥주가 기본이다.

Data 지도 192p-F
가는 법 16·17번 트램 Kriemhildenstraße 정류장에서 도보 7분 주소 Hirschgarten 1 전화 089 17999119
운영시간 11:00~24:00 가격 레스토랑 맥주 3.7유로, 슈바이네브라텐 8.1유로, 스테이크 15.8유로,
매점 맥주(1리터) 6.9유로, 통닭 6.9유로, 학세 7유로 홈페이지 www.hirschgarten.de

© facebook.com/hirschgarten.de

SLEEP

중앙역 앞 최고급 호텔
더 찰스 호텔 The Charles Hotel

중앙역 부근의 수많은 숙박업소 중 가장 호화로운 숙박이 가능한 5성급 호텔이다. 런던, 로마 등 유럽 유명 관광지에 하나씩 지점이 있는 고급 호텔 체인 로코 포르테Rocco Forte 계열이다. 가장 저렴한 일반 객실에 해당되는 클래식룸도 매우 넓고 쾌적한 5성급 설비를 갖추고 있다. 가장 비싼 스위트룸은 하룻밤에 100만 원을 훌쩍 넘는 초고가 호텔이다. 수영장과 피트니스 센터 등 갖출 것은 다 갖추었고 전 객실 와이파이도 무료로 접속된다. 식물원 바로 옆에 있어 전망 좋은 방에서는 푸른 숲이 보인다.

Data 지도 193p-C
가는 법 중앙역에서 도보 5분
주소 Sophienstraße 28
전화 089 5445550
홈페이지 www.roccofortehotels.com

탁 트인 전망이 장점
NH 콜렉션 뮌헨 바바리아 NH Collection München Bavaria

스페인에 본사가 있는 NH호텔 프랜차이즈에 속한 NH 콜렉션 뮌헨 바바리아는 뮌헨에서 거의 최초로 생긴 고층 건물이기에 주변에 그만한 높은 건물이 없어 전망이 매우 탁월하다는 것이 가장 큰 장점이다. 고층 객실에 묵게 되면 탁 트인 전망을 경험할 수 있다. 4성급 호텔로 가격은 전반적으로 비싼 편. 그런데 호텔이 오래되었기 때문에 내부가 다소 노후하고, 가장 저렴한 객실에 해당되는 스탠더드룸은 4성급치고는 좁아서 가격 대비 만족도는 떨어질 수 있다. 여기서 숙박할 때에는 슈피리어룸 이상의 객실을 권장한다. 조식이 매우 충실하기로 이름 높으니 객실 예약 시 비용을 더 들이더라도 조식이 포함된 조건이 좋다.

Data 지도 193p-C
가는 법 중앙역 옆
주소 Arnulfstraße 2
전화 089 54530
홈페이지 www.nh-hotels.com

대중교통 티켓을 무료로 주는

인터시티 호텔 InterCityHotel München

독일의 대표적인 프랜차이즈 호텔인 인터시티 호텔의 뮌헨 지점이 중앙역과 바로 붙어 있다. 중앙역 남쪽 출구로 나가면 바로 호텔 입구가 있을 정도로 가깝다. 뮌헨의 인터시티 호텔은 4성급 호텔로 분류하지만 과하지 않은 설비를 갖춘 실용적인 비즈니스호텔에 가깝다. 호텔 자체의 경쟁력은 두말할 나위 없이 검증이 되었으나 중앙역의 대규모 공사가 끝나기 전까지 호텔 운영도 임시휴업 중이니 홈페이지에서 운영 여부를 확인하자.

Data 지도 193p-C 가는 법 중앙역 옆 주소 Bayerstraße 10 전화 089 444440
홈페이지 www.intercityhotel.com

 뮌헨 최고의 호스텔

움밧 호스텔 Wombat's City Hostel

정식 발음은 웜뱃. 그러나 국내에서 움밧이라는 표기가 이미 굳어졌기에 움밧 호스텔로 소개한다. 뮌헨에서 가장 유명한 호스텔을 꼽으라면 누구나 이곳을 언급할 만큼 전 세계 배낭여행자에게 최고의 숙소로 알려져 있다. 도미토리는 최대 8인실. 여성 전용 6인실도 있다. 8인실 숙소도 내부 공간이 매우 넓어 전혀 번잡하게 느껴지지 않는다. 전원과 개인조명이 완비된 1층 휴게실은 다리 뻗고 누워도 될 정도로 안락하며, 바에서 투숙객에게 맥주 1잔을 무료로 준다. 게스트 키친, 로커 등 편의시설도 충실히 갖추었으나 워낙 사용자가 많다 보니 일부 시설이 노후되어 조금 불편할 수 있다.

Data 지도 193p-C 가는 법 중앙역에서 도보 2분 주소 Senefelderstraße 1 전화 089 59989180
홈페이지 www.wombats-hostels.com/munich/

한국인에게는 여기가 최고
유로 유스 호텔 Euro Youth Hotel

이름은 호텔이지만 실제로는 호스텔이다. 그래서인지 호스텔 예약 사이트에서는 유로 유스호스텔이라고 나오지만 어쨌든 공식 명칭은 유로 유스 호텔이 맞다. 움밧 호스텔 옆에 있는데, 최고 명성의 호스텔과 경쟁하기에 마찬가지로 우수한 설비를 갖추어 편안한 숙박이 가능하다. 도미토리는 최대 12인실. 단, 10인실과 12인실은 만 35세까지만 투숙을 허용한다.

Data 지도 193p-C
가는 법 중앙역에서 도보 2분
주소 Senefelderstraße 5
전화 089 5990880
홈페이지 www.euro-youth-hotel.de/ko/

40인실 도미토리의 위엄
예거스 호스텔 Jaeger's Munich

움밧 호스텔, 유로 유스 호텔과 나란히 있는 또 다른 호스텔. 상대적으로 다른 두 곳이 워낙 시설이 좋기에 예거스 호스텔은 박한 평가를 받는다. 그러나 전반적으로 최저가가 다른 두 곳보다는 1~2유로 정도라도 저렴한 편. 호스텔에서 많은 시간을 보내지 않는다면 고려할 만하다. 예거스 호스텔이 저렴한 이유는 무려 40인실 도미토리가 있기 때문. 10인씩 구역을 나누어 10인실로 홍보하고는 있지만 방이 나뉘어 있지는 않다. 많은 사람이 한 공간에 있을 때 소음, 치안 등의 우려가 없을 수 없고, 공용 욕실이 넉넉하지 못해 불편을 감수해야 하는 점도 있다. 여성 전용 6인실도 별도로 있다. 도미토리 숙박은 만 35세까지만 허용된다.

Data 지도 193p-C
가는 법 중앙역에서 도보 2분
주소 Senefelderstraße 3
전화 089 555281
홈페이지 www.jaegershotel.de

© www.jaegershotel.de

© www.jaegershotel.de

 넓은 객실이 장점
레오나르도 호텔 Leonardo Hotel München City Center

독일에 기반을 두고 유럽과 중동 지역에서 크게 확장하고 있는 레오나르도 호텔이 뮌헨에 10개의 지점을 두고 있다. 그중 중앙역 앞에 있는 시티 센터 지점은 머큐어 호텔과 마찬가지로 비슷한 등급의 다른 부근 호텔보다 객실이 좀 더 넓다는 장점을 갖는다. 모던한 디자인과 깔끔한 설비를 갖추었으며, 중앙역에서 가깝다는 장점도 있다.

Data 지도 193p-C
가는 법 중앙역에서 도보 2분
주소 Senefelderstraße 4
전화 089 551540
홈페이지 www.leonardo-hotels.de

 무거운 짐이 있을 때 초이스
암바 호텔 Hotel Amba

옛 건물을 개조하여 만든 3성급 호텔. 중앙역 북측 출구 바로 맞은편에 있다. 객실과 복도가 좁은 것은 단점이지만, 청결히 관리되고 있으며 엘리베이터가 있어 무거운 짐이 있을 때 중앙역에서 가까운 저렴한 호텔로 택하기 좋다.

Data 지도 193p-C
가는 법 중앙역에서 도보 5분
주소 Arnulfstraße 20
전화 089 545140
홈페이지 www.hotel-amba.de

 아침 식사가 무료
포유 호스텔 The4You Hostel

포유 호스텔은 중앙역 부근의 호스텔 중 인기가 높은 곳이다. 특히 다른 인기 호스텔과 달리 조식 뷔페가 기본적으로 포함되어 있다는 점 때문에 경제적인 숙박을 선호하는 호스텔 이용자의 구미를 당긴다. 물론 조식뷔페는 간단한 시리얼과 빵, 살라미 정도의 서양식 기본 뷔페이기에 아주 만족스럽다 할 수는 없지만 공짜로 한 끼 해결할 수 있다는 것은 큰 장점임은 분명하다. 그런데 포유 호스텔은 유독 도난 사건이 많이 보고되는 편이다. 특별히 보안 시스템이 엉망인 것은 아닌데도 귀중품을 도난당했다는 후기가 적잖이 올라오는 편. 최대 12인의 도미토리는 실내가 다소 좁은 편이고 객실에서 와이파이가 잘 안 터지는 단점도 있으니 장단점을 감안하여 결정하자. 투숙객에게 바에서 맥주 1잔을 무료로 준다.

Data 지도 193p-C 가는 법 중앙역에서 도보 5분 주소 Hirtenstraße 18 전화 089 5521660 홈페이지 www.the4you.de

 버스터미널 앞 호스텔
마이닝어 호스텔 Meininger Hotel München City Center

중앙역에서 에스반 한 정거장 거리인 버스터미널 부근에도 숙소가 적지 않다. 그중 단연 첫 손에 꼽히는 곳은 마이닝어 호스텔. 독일의 대표적인 대형 호스텔 프랜차이즈의 뮌헨 지점이다. 이름은 호텔이지만 실제로는 호스텔이다. 그러나 싱글룸과 더블룸 또는 패밀리룸 등 개인실도 3성급 호텔에 뒤지지 않는 편안함을 갖추었다. 6인실과 12인실 도미토리로 구분되는데, 12인실은 방을 둘로 나누었으니 이 또한 6인실로 보아도 무방하다. 단, 간혹 예약이 초과되면 가족실(더블 침대와 2층 침대로 구성)에 도미토리 예약자를 배정하는데, 그러면 모르는 사람과(심지어 이성과) 더블 침대를 나누어 쓰는 민망한 상황이 연출될 수 있으니, 방문 시 참고해두는 것이 좋다.

Data 지도 193p-G 가는 법 S1~S8호선 Hackerbrücke역에서 도보 5분 주소 Landsberger Straße 20 전화 089 54998023 홈페이지 www.meininger-hotels.com

BUY

명예의 천장과 함께
슈타후스 파사주 Stachus Passagen

카를 광장(슈타후스) 지하 전철역과 연결되는 대형 쇼핑몰이다. 평소에도 대중교통을 이용하거나 큰 길을 건너기 위해 많은 사람들이 지나다니는 곳에 수십 개의 상점이 입점한 쇼핑몰을 만들었다. 입점 상점은 생활 밀착형이 대부분. 출근길에 빵이나 커피를 사는 빵집과 카페, 스타벅스나 던킨도너츠 같은 글로벌 프랜차이즈 매장, 대형 드러그스토어, 대형 슈퍼마켓 등이다. 따라서 여행자도 간단한 간식이나 음료를 살 때, 드러그스토어나 슈퍼마켓을 들를 때, 슈타후스 파사주에서 모든 것을 해결할 수 있다. 이 정도라면 평범한 지하 쇼핑 아케이드 정도에 그치겠지만, 슈타후스 파사주는 천장에 3,800여 개의 하얀 유광 재질 장식물로 단장해 특별한 건축미를 살려 사람들의 눈길을 사로잡는다. 여기에 한발 더 나아가 뮌헨 시민이 사랑하는 유명 인물 초상을 천장에 새겨 기념하는 '명예의 천장The Sky of Fame' 프로젝트를 열심히 확대하고 있다. 슈타후스 파사주에 들른다면 좌우의 상점만 구경하지 말고 머리 위 천장까지 둘러보자. 색다른 재미가 있다.

Data 지도 193p-D
가는 법 S1~8호선, U4·U5호선 Karlsplatz(Stachus)역 하차 주소 Karlsplatz 전화 089 51619664
운영시간 월~토 10:00~19:00, 일 휴무 홈페이지 www.stachuspassagen.de

© München Tourismus /
Photo: Werner Boehm

보가 드문 럭셔리 백화점
오버폴링어 백화점 Oberpollinger

독일의 백화점에 명품 매장이 들어가 있는 경우는 극히 드물다.
그런데 오버폴링어 백화점은 프라다, 구찌, 버버리 등 명품 매장
이 지층(한국식으로 1층)에 있어 입구부터 럭셔리 느낌이 가득하
다. 지층의 명품 매장을 제외하면 나머지는 일반적인 백화점과
비슷하다. 지상 6층, 지하 1층의 대형 공간에 유명 브랜드 매장
이 빼곡하고, 전시회가 열리는 문화공간도 있다. 신르네상스 양
식으로 1905년 지은 건물의 외관만 구경해도 멋진 관광지를 보
는 것 같다.

Data 지도 193p-D
가는 법 카를 광장 옆
주소 Neuhauser Straße 18
전화 089 290230
운영시간 월~토 10:00~20:00,
일 휴무
홈페이지 www.oberpollinger.de

뮌헨의 대표 쇼핑가
노이하우저 거리 Neuhauser Straße

카를 광장 너머 시내 중심부로 향하는 보행자 전용 도로. 노이하우저 거리가 카우핑어 거리
Kaufingerstraße와 연결되며 이 두 거리 양편에 각종 쇼핑 상점이 즐비하다. 오버폴링어 백화점도 노이
하우저 거리에 있고, 앞서 소개한 카우프호프 백화점의 마리아 광장 지점과 카우핑어토어 파사주는 카
우핑어 거리에 있다. 아웃도어 쇼핑센터, 가전 백화점, 의류매장, 기념품숍 등 그 종류도 매우 다양하
며, 춤 아우구스티너 등의 레스토랑, 성 미하엘 교회 등의 관광지도 여기에 있다.

Data 지도 193p-D 가는 법 카를문에서 연결

🔊 |Theme|

노이하우저 거리 주변 상세 지도

노이하우저 거리와 카우핑어 거리에 과연 어떤 상점들이 있을까?
여행자의 시선을 잡아끄는 주요 상점을 소개한다.

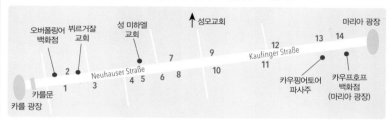

1. 자투른 Saturn
가전 백화점 - 선불유심 구입 가능
월~토 10:00~20:00, 일 휴무

2. 보다폰 Vodafone
휴대폰 대리점 - 선불유심 구입 가능
월~토 10:00~20:00
(수 ~19:00), 일 휴무

3. 자라 Zara
SPA 의류 매장
월~토 10:00~20:00, 일 휴무

4. 슈포르트세크 Sprortcheck
스포츠/아웃도어 전문 백화점
월~토 10:00~20:00, 일 휴무

5. TK맥스 TK Maxx
생활용품 및 의류 할인매장
월~토 10:00~20:00, 일 휴무

6. 바이에른 뮌헨 팬숍
FC Bayern Fan-Shop
축구 유니폼 및 기념품 팬숍
월~토 10:00~20:00, 일 휴무

7. 막스 크루그 Max Krug
맥주잔과 빠꾸기 시계 등 기념품
월~토 10:00~19:00, 일 휴무

8. 에스 올리버 s.Oliver
SPA 의류 매장
월~토 10:00~20:00, 일 휴무

9. 히르머 Hirmer
의류 브랜드 매장
월~토 10:00~19:00, 일 휴무

10. 리저브드 Reserved
의류 브랜드 매장
월~토 10:00~20:00, 일 휴무

11. 체 운트 아 C&A
SPA 의류 매장
월~토 09:30~20:00, 일 휴무

12. 에이치 앤드 엠 H&M
SPA 의류 매장
월~토 10:00~20:00, 일 휴무

13. 피스커 라운지
Fisker Lounge
전기차 브랜드 전시장
월~금 12:00~18:00, 토·일 휴무

14. 에이치 앤드 엠 홈
H&M Home
리빙용품 할인 매장
월~토 10:00~20:00, 일 휴무

슈바빙 &
뮌헨 북부
Schwabing &
München Nord

슈바빙은 뮌헨의 대학로다. 유서 깊은 뮌헨 대학교와 뮌헨 공대가 있어 젊고 활기차고 세련된 분위기가 골목마다 가득하다. 드넓은 시민 공원은 휴식과 레저를 즐기는 시민들로 붐비고, 이곳에서 축제와 공연도 종종 열린다. 가슴을 뛰게 하는 독일 명차도 가까이에서 볼 수 있다.

미리보기

유서 깊은 뮌헨 대학교와 뮌헨 공대가 있는 슈바빙은 문자 그대로 대학로다. 학생들이 즐겨 찾는 펍과 카페, 서점, 저렴한 식당, 세련된 옷가게 등이 골목 사이사이에 보인다. 두툼한 가방을 멘 학생들 사이를 걷다 보면 독일인의 '국민 동생' 숄 남매[1]의 흔적도 발견할 수 있다.

SEE

슈바빙의 큰 거리에 있는 개선문과 대형 조각상이 유명하다. 뮌헨 대학교 내의 백장미단 기념관 역시 중요한 관광 포인트. 북부 지역에는 올림픽 공원과 BMW 박물관도 있어 부지런히 다녀야 한다.

EAT

슈바빙의 뮌헨 대학교 부근에 레스토랑이 가득하다. 일부는 세련된 분위기의 고급 레스토랑이고, 일부는 학생들이 가볍게 드나들 수 있는 '가성비'가 으뜸인 곳이다. 뮌헨 중심부의 향토 레스토랑과는 다른 일면을 보게 될 것이다.

SLEEP

숙박업소가 없는 것은 아니지만 추천할 만한 곳은 없다. 중앙역 부근에서의 숙박을 권장한다.

BUY

뮌헨 대학교 부근의 소소한 옷가게에서 현지 대학생의 트렌드를 엿볼 수 있다. 올림픽 공원 인근에는 초대형 쇼핑몰과 각종 백화점이 밀집한 대형 상업지구가 있다.

어떻게 갈까?

슈바빙은 넓은 지구를 지칭하는 지명이므로 딱 잘라 이야기하기 어려운데, 대학로의 풍경을 보고 싶다면 우반 전철역 우니버지테트 Universität역에 내리면 된다. BMW 박물관과 올림픽 공원은 우반 전철역 올림피아첸트룸 Olympiazentrum역에서 내린다. 이 부근을 연결하는 우반 노선은 중심부의 오데온 광장과 편하게 연결된다.

어떻게 다닐까?

슈바빙은 꽤 넓은 구역이다. 관광 중에는 우반이나 버스로 이동하고, 식사할 곳을 찾으며 거리 분위기를 느껴보자. 영국 정원도 매우 넓어 전체 구역을 산책하기는 어려우니 중국 탑이나 서핑장 등 특정 지역을 중심으로 주변의 공원 풍경을 잠시 느껴보자. BMW 박물관과 올림픽 공원은 나란히 있어 모두 도보로 이동할 수 있다. 다리가 아프면 공원에서 충분히 쉬어가자.

싱그러운 영국 정원에서 아침 공기를 마시며 출발한다. 도심 속 서핑장과 울창한 공원을 거닐다 슈바빙으로 나와 본격적인 여행을 시작하고, 부지런히 BMW 박물관과 올림픽 공원까지 간다.

버스 7분 →

도보 2분 →

드넓은 영국 정원에서 현지인의 서핑도 구경하고, 상쾌한 숲도 산책하기

뮌헨 대학교 하차. 숄 남매의 위대한 저항을 되새겨보기

대로 중앙에 있는 개선문 관광

우반 9분

우반 3분

도보 5분

올림픽 쇼핑센터에서 현지인처럼 쇼핑하기

올림픽 공원에서 올림픽 타워에 올라 주변 전경 감상

BMW 벨트 또는 BMW 박물관에서 명차의 향기를 느껴보기

---

1) 우리의 '유관순 누나'처럼, 나치에 대항하는 반전反戰 활동으로 처형당한 한스 숄Hans Scholl과 조피 숄Sophie Scholl 남매. 이들 남매의 누이인 잉게 숄의 작품 <아무도 미워하지 않는 자의 죽음>은 독일 학교 교재로도 쓰이고 있다.

올림픽 쇼핑센터 방향

Georg-Brauchle-Ring

BMW 벨트
BMW Welt

BMW 박물관
BMW Museum

올림픽 공원
Olympiapark

올림픽 타워
Olympiaturm

Olympiasee

Lerchenauer S...

Ackermanns...

A

B

•Westfriedhof

Nymphenburg Biedersteiner Kanal

Dachauer Straße

E

F

Schleißheimer Str...

Romanstraße

Leonrodstraße

Wendl-Dietrich-Straße

김가네

카페 야스...

뢰벤브로이 켈러
R

I

J

함부르거라이
아인스
R

Augusten...

벤츠 전시장
Mercedes-Benz Niederlassung

아우구스티너 켈러
R

Königsplatz

Seidlstraße

Marsstraße

Arnulfstraße

버스터미널

포유 호스텔 H
암바호텔 H   H 파스토...

마이닝어 호스텔
H

인터시티 호텔 H

중앙역

Landsberger Straße

Bayerstraße

Nordfriedhof •

0   200m

• Luitpoldpark

Belgradstraße

Karl-Theodor-Straße

Dietlindenstraße

카르슈타트 백화점(슈바빙) Ⓢ

Feilitzschstraße

Hohenzollernstraße

Franz-Joseph-Straße

Ⓡ 바흐마이어 호프브로이

워킹 맨
Walking Man

루트비히 막시밀리안 대학교 &
백장미단 기념관
Ludwig-Maximilians-Universität München &
DenkStätte Weiße Rose

개선문
Siegestor

중국 탑
Chinescher Turm

노이에 피나코테크
Neue Pinakothek

Schellingstraße

Bayer Straße

중국 탑 비어가르텐

Theresienstraße

슈타인하일
제흐첸 Ⓡ

춤 코레아너 Ⓡ Ⓡ 아칭어

영국 정원
Englischer Garten

Gabelsbergerstraße

브란트호어스트 미술관
Museum Brandhorst

Schwabinger Bach

나치 기록관
kumentationszentrum

터키문
Türkentor

피나코테크 데어 모데르네
Pinakothek der Moderne

안티켄잠룽
Staatliche
Antikensammlungen

Brienner Straße

Ludwigstraße

오데온 광장
Odeonsplatz

서핑장

바이에른 국립박물관
Bayerisches Nationalmuseum

찰스 호텔

나치 희생자 추모비
Platz der Opfer des
Nationalsozialismus

호프가르텐
Hofgarten

이처 카이저

레지덴츠 궁전
Münchner Residenz

프린츠레겐텐 거리
Prinzregentenstraße

샤크 미술관
Sammlung Schack

뮌프 회페

국립극장
Nationaltheater München

평화의 천사상
Friedensengel

신 시청사
Neues Rathaus

피어 야레스차이텐 호텔
Ⓗ Ⓢ 막시밀리안 거리

Maximiliansanlagen

Ismaninger Straße

이자르 강(Isar)

Iffandstraße

SEE

서핑도 즐기는 도심 속 공원

영국 정원 Englischer Garten | 엥글리셔 가으텐

면적만 3.7㎢에 달하는 초대형 공원. 공원 하나가 바티칸 면적의 8배 이상이라고 하면 그 넓이가 실감날까. 도심 속 시민 공원으로는 세계 최대 규모로 꼽힌다. 1789년 선제후 카를 테오도르가 시민에게 혜택을 주고자 이자르 강변에 영국 스타일로 공원을 만든 것이 시초다. 이후에 도시가 확장되면서 공원도 확장되었다. 도시가 비대해지면 건물과 도로가 필요해 공원을 축소하기 마련인데 영국 정원은 그 반대 사례라 할 수 있다. 공원 내의 자전거도로 및 산책로의 길이만 다 더하면 78km에 달한다. 이 넓은 공원을 모두 두 발로 산책할 수는 없는 노릇. 공원 한복판에서 독특한 비주얼로 시선을 끄는 중국 탑 주변을 거닐며 현지인의 일상 속 평화로운 분위기를 느껴보자. 공원을 가로질러 흐르는 작은 하천 아이스바흐Eisbach강에서 서핑을 즐기는 현지 청년들도 보인다. 하천의 구조상 급류가 생긴 곳에서 서핑을 즐기는 사람이 늘어나면서 이제는 뮌헨의 명물이 되었다. 따로 장비를 대여하는 곳은 없으므로 여행자가 즐기기는 힘들지만 구경만으로도 즐겁다.

Data 지도 219p-L 가는 법 워낙 넓으므로 접근 루트가 많다. 관광지에서 가까운 곳은 호프가르텐에서 도보 5분, 서핑장은 100번 버스 Nationalmuseum/Haus d.Kunst 정류장 하차 운영시간 종일개장 요금 무료

영국 정원의 아이콘

중국 탑 Chinesischer Turm | 히네지셔 투음

영국 정원에서 가장 유명한 스폿은 단연 25m 높이의 중국 탑이다. 카를 테오도르가 공원을 조성할 때 함께 만들도록 했다. 당시 영국에서도 계몽주의의 영향으로 시민 공원에 이런 식으로 동양의 이색적인 풍경을 가미하는 사례가 많았으니 '영국 정원' 속 '중국 탑'은 당연한 만남인 셈. 그런데 중국 탑은 이내 비어가르텐이 되어 탑 1층과 주변에 테이블이 설치되고 뮌헨 시민이 유쾌하게 맥주를 들이켜는 장소가 되었다. 본래 계몽주의적 관점에서 정원에 탑을 세우는 목적은 멀리서 바라보며 그 본질을 느껴보라는 것인데, 풍류를 아는 바이에른 사람은 자신들의 본질이라 할 수 있는 맥주로 중국 탑을 덮어버렸으니 참으로 재미있는 모습이다. 몇 차례 화재로 소실되었지만 원래 모습 그대로 몇 번이고 되살려내었고, 겨울에 크리스마스 마켓이 열리는 장소로 사용되는 등 뮌헨 시민의 사랑을 받고 있다. 이역만리 독일 땅에 중국 탑이 있는 게 중국인들에게 신기했는지 자매결연한 중국 도시에서 공자의 동상을 보내와, 영국 정원에 세워져 있다.

Data 지도 219p-H

가는 법 U3·U6호선 Universität역에서 150번 버스 승차 후 Chinesischer Turm 정류장 하차

뮌헨 지성의 요람
루트비히 막시밀리안 대학교 Ludwig-Maximilians-Universität München
| 루트비히 막시밀리안스 우니베어지테트 뮌헨

수십 명의 노벨상 수상자를 배출한 독일 제2의 대학교. 1472년 공작 루트비히 9세가 잉골슈타트에 학교를 설립하였다. 1800년 바이에른 국왕 막시밀리안 1세가 란츠후트로 학교를 옮기면서 두 군주의 이름을 따 루트비히 막시밀리안 대학교라고 부르고, 줄여서 LMU라 적는다. 뮌헨을 아테네처럼 바꾸어놓으려는 국왕 루트비히 1세에 의해 1826년 다시 뮌헨으로 옮겼고, 캠퍼스의 활기가 느껴지는 고풍스러운 리히트호프Lichthof 홀은 관광객도 자유로이 구경할 수 있다.

Data 지도 219p-K
가는 법 U3·UU6호선 Universität역 하차
주소 Geschwister-Scholl-Platz 1
전화 089 21800
운영시간 일과 시간에 항시 개방
요금 무료
홈페이지 www.lmu.de

목숨을 건 자유의 목소리
백장미단 기념관 Denkstätte Weiße Rose | 뎅크슈테테 바이세 로제

백장미단Weiße Rose은 나치의 폭정에 저항한 뮌헨 대학교 학생운동 집단이다. 당시 루트비히 막시밀리안 대학교 학생이던 한스 숄Hans Scholl과 조피 숄Sophie Scholl 남매가 주축이 되어 나치의 불법을 고발하는 전단지를 뿌렸다. 나치에 체포된 이들은 단 한 번의 재판으로 사형 판결이 확정되어 몇 시간 만에 단두대로 보내졌다. 자유를 위해 목숨을 바친 이들을 기리고자 학교 정문 앞 광장에 전단지를 형성화한 기념비를 설치하였고, 백장미단의 활동과 배경 등을 시청각 자료로 전달하는 기념관을 만들어 공개하고 있다.

Data 지도 219p-K 가는 법 U3·U6호선 Universität역 하차 주소 Geschwister-Scholl-Platz 1
전화 089 21803053 운영시간 월~금 10:30~16:30, 토 11:30~16:00, 일 휴관 요금 무료
홈페이지 www.weisse-rose-stiftung.de

 전쟁을 기억하는 또 다른 방법

개선문 Siegestor | 지게스토어

슈바빙 지구 한복판에 하얀 개선문이 당당히 서 있다. 국왕 루트비히 1세가 바이에른의 용사들을 기리고자 제작한 것. 그 용도는 펠트헤른할레와 같고, 실제로 펠트헤른할레와 개선문은 일직선상에 있다. 바이에른의 상징인 사자 네 마리가 여신과 함께하는 사두마차로 장식되어 있다. 그러나 막상 개선문이 완공되기 전 그는 왕에서 퇴임하였다. 제2차 세계대전 중 개선문도 폭격으로 상부가 크게 파괴되었다. 그런데 뮌헨에서는 이를 복원하는 과정에서 원래의 모습으로 되돌리지 않고, 복원된 부분에는 아무런 무늬를 넣지 않은 채 "승리에 헌정, 전쟁으로 파괴, 평화를 기원Dem Sieg geweiht, vom Krieg zerstört, zum Frieden mahnend"이라는 문구만 적어두었다. 그 한 문장이 전쟁 기념비로서 개선문의 정체성을 명확히 설명해 준다.

Data 지도 219p-G 가는 법 U3·U6호선 Universität역 하차 후 도보 5분 주소 Leopoldstraße 1

 여기는 대도시 느낌

워킹 맨 Walking Man | 워킹 맨

1995년 미국의 조각가 조나단 보로프스키Jonathan Borofsky가 만든 17m 높이의 대형 조형물. 보로프스키는 서울 광화문의 〈해머링 맨(망치질하는 사람)Hammering Man〉을 만든 바로 그 사람이다. 주로 대도시의 마천루에 어울리는 그의 '맨 시리즈' 중 하나를 보고 있자니 뮌헨에서도 이곳만큼은 현대적인 대도시의 느낌이 물씬 풍긴다.

Data 지도 219p-H
가는 법 개선문에서 도보 5분 또는 U3·U6호선 Giselastraße역 하차

작가 전혜린

뮌헨을 소개할 때 작가 전혜린(1934~1965)을 빼놓을 수 없다. 한국에 처음 뮌헨을 소개한 사람이 전혜린이라고 해도 과언이 아니기 때문. 전혜린은 1955년 독일로 유학을 떠나 뮌헨 대학교에서 독문학을 배웠다. 가난한 유학생은 대학가 주변의 허름한 동네에 하숙하며 대학가 근처의 공원에서 사색하는 것을 즐겼다. 뮌헨 대학교 근처의 대학가가 바로 슈바빙이고, 대학가 근처의 공원이 바로 영국 정원이다. 지금 들으면 근사한 관광지를 누볐던 것처럼 들리겠지만 당시만 해도 슈바빙은 가난한 청년들이 자유를 외치던 해방구였다.

전혜린은 4년간의 유학을 마치고 귀국해 주로 독일문학의 번역 작업에 애썼다. 자신의 창작품은 수필 두 권뿐. 하지만 이상을 향한 끊임없는 동경을 외친 그녀의 목소리는 혼돈의 1960년대를 사는 한국의 청년들에게도 큰 울림을 주었다. 그녀가 동경했던 뮌헨, 아니 슈바빙은 반세기 전 한국의 청년들에게도 미지의 이상향이 되었다. 그리고 32세에 자살로 짧은 생을 마친 그녀의 비극적인 결말은 더더욱 '요절한 천재'의 잔상으로 남아 있다.

전혜린은 슈바빙 산책 중 우연히 들른 값싸고 푸짐한 식당을 단골로 삼았다고 한다. 그녀가 '뮌헨의 제에로제'라고 소개한 제로제Seerose(**주소** Feilitzschstraße 32)가 바로 그곳이다. 지금은 주인이 바뀌고 이탈리안 레스토랑이 되어 비싼 요리와 고급 와인을 팔고 있지만 전혜린이 드나들던 시절의 식당 모습은 그대로 남아 있다. 전혜린은 여기서 밥을 먹고 공원에서 호수를 바라보며 사색에 잠겼다. 슈바빙은 변했지만 다행히도 평화로운 영국 정원의 풍경만큼은 변하지 않았다. 전혜린을 추억하며 '순례'하고 싶은 분들이라면, 이제는 휘황찬란하게 변신한 슈바빙이나 고급스럽게 변해버린 제로제가 아니라 영국 정원의 누추한 벤치가 바로 '성지'라는 것을 기억하자.

제로제 레스토랑

영국 정원

 장식 예술에 특화된 박물관
바이에른 국립박물관

Bayerisches Nationalmuseum | 바이에리쉐스 나찌오날무제움

바이에른 국왕 막시밀리안 2세Maximilian II가 왕실 소유의 예술품을 토대로 1885년 개관한 박물관이다. 주로 공예품이나 조각 등 장식 미술에 특화되어 있으며, 이 분야의 박물관으로는 유럽에서도 손꼽힌다. 특히 중세부터 근대에 이르기까지 다양한 시대와 사조의 공예품이 있어 저마다의 특징을 비교하며 감상할 수 있는 것이 장점. 또한 님펜부르크 도자기 컬렉션도 유명하다. 개관 후에도 세계 각지에서 수집한 전시품이 계속 추가되어 제법 방대한 전시물을 아우르는 중형 박물관으로 성장했다. 흡사 궁전을 연상케 하는 박물관 건물의 건축미도 인상적이다.

Data 지도 219p-L 가는 법 100번 버스 Nationalmuseum/Haus d.Kunst 정류장 하차
주소 Prinzregentenstraße 3 전화 089 2112401 운영시간 화~일 10:00~17:00(목 ~20:00), 월 휴관
요금 성인 7유로, 학생 6유로, 매주 일요일 1유로 홈페이지 www.bayerisches-nationalmuseum.de

 독일 낭만주의 전문 미술관
샤크 미술관 Sammlung Schack | 잠룽 샤크

주로 19세기 독일의 낭만주의 예술을 전시하는 알찬 미술관이다. 시인 아돌프 폰 샤크Adolf Friedrich von Schack가 자신이 소장한 예술품을 토대로 미술관을 열고, 사후 예술품을 기증하면서 지금의 미술관이 되었다. 낭만주의 사조는 따뜻한 색감과 화풍을 특징으로 하기에 미술에 마니아적 관심이 없는 사람도 편안하게 관람할 수 있는 장점이 있다. 이름만 대면 모두가 알 만한 작품들은 아니지만 기분 좋게 예술의 세계에 빠져들기 좋은 공간이다.

Data 지도 219p-L
가는 법 100번 버스 Reitmorstraße/
Sammlung Schack 정류장 하차
주소 Prinzregentenstraße 9
전화 089 23805224
운영시간 수~일 10:00~18:00,
월·화 휴관
요금 성인 4유로, 학생 3유로,
매주 일요일 1유로
홈페이지 www.pinakothek.de

1972년 뮌헨 올림픽 현장

올림픽 공원 Olympiapark | 올림피아파크

서울의 올림픽 공원과 성격이 같다. 실제 올림픽이 열린 경기장 콤플렉스를 올림픽이 끝난 뒤 공원으로 단장하여 시민에게 개방한 공간이다. 뮌헨 하계 올림픽은 1972년에 열렸다. 뮌헨시는 올림픽 개최가 결정된 직후 시 북쪽 외곽의 황무지를 경기장 부지로 정했다. 제2차 세계대전 후 폭격의 폐허를 치워 잔해를 쌓아둔 공터였으니 전쟁의 상흔 위에서 평화를 이야기하는 올림픽 제전을 치른다는 남다른 의미가 있는 프로젝트였다. 오늘날 올림픽 공원은 완전히 시민에게 개방된 쾌적한 쉼터다. 뿐만 아니라 용도가 사라진 경기장은 전시장으로 개조되어 종종 행사가 열리고, 뮌헨 마라톤 같은 스포츠 행사 또한 이곳을 기점으로 개최된다.

Data 지도 218p-B 가는 법 U8호선 Olympiazentrum역 하차 주소 Spiridon-Louis-Ring 21 전화 089 30670 운영시간 종일개장 요금 무료 홈페이지 www.olympiapark.de

TALK

검은 9월의 뮌헨 참사

1972년은 올림픽 역사상 가장 어두운 해로 늘 언급된다. 바로 '검은 9월단 사건' 또는 '뮌헨 참사'라 불리는 비극 때문이다. 팔레스타인의 테러 단체 '검은 9월단'이 이스라엘 선수 11명을 인질로 잡고 이스라엘이 억류한 팔레스타인 포로를 석방하라고 요구했다. 서독 경찰이 이들을 무력으로 진압하는 과정에서 어처구니없는 작전으로 인질이 모두 사망하는 불상사가 발생했고, 애도의 눈물 속에 올림픽은 마무리되었다. 이후 이스라엘과 팔레스타인 간에 숱한 '피의 보복'이 반복되고, 이 사건은 스티븐 스필버그 감독의 영화 〈뮌헨Munich〉으로 다루어졌다. 올림픽 공원 한쪽에 당시 희생당한 선수들을 기리는 추모비가 놓여 있다.

알프스까지 보이는 전망대
올림픽 타워 Olympiaturm | 올림피아투음

291m 높이의 올림픽 타워는 뮌헨 올림픽에 맞춰 함께 세워진 TV 송신탑이다. 지금도 올림픽 공원 내에 위치하고 있다. 엘리베이터를 타고 190m 높이에 설치된 전망대에 오르면 360도 파노라마로 주변 풍경을 조망할 수 있다. 올림픽 공원이 뮌헨 외곽에 위치하기에 전망대에서 잘 보이는 명소는 BMW 박물관 정도지만, 대신 저 멀리 성모 교회 등 교회의 첨탑만 높이 솟은 뮌헨 시가지가 보여 '성모 교회보다 높은 건물은 지을 수 없다'는 말이 과장이 아님을 실감하게 된다. 무엇보다 날씨가 좋은 날에는 뮌헨 시가지 너머로 알프스까지도 보인다. 뮌헨시는 올림픽 공원의 유네스코 세계문화유산 등재를 준비 중인데, 이를 위해 안전시설 보강 공사를 하고 있다. 2026년까지 올림픽 타워 입장이 제한되니 여행 중 참고하자.

Data 지도 218p-B
가는 법 올림픽 공원에 위치
주소 Spiridon-Louis-Ring 7
전화 089 30672414
홈페이지 www.olympiapark.de

 너무 잘 만든 고객센터
BMW 벨트 BMW Welt | 베엠베 벨트

직역하면 'BMW 세상(월드)'이라는 뜻의 BMW 벨트는 2008년 개관한 고객센터 건물이다. 원래 용도는 신차를 구매한 고객이 자기 차를 인수하는 출고센터이자 고객 민원실인데, BMW는 흔한 고객센터에 머물지 않고 자신들의 철학을 고객에게 설파하는 홍보실로 BMW 벨트를 꾸몄다. 덕분에 BMW와 그 산하 브랜드인 롤스로이스, 미니 등의 신차도 직접 볼 수 있고, 전기차 등 회사가 역량을 집중하는 신기술에 대한 자료도 볼 수 있어 공짜 박물관을 보는 것 같다. 나선형의 건물 디자인도 매우 인상적이다. 한마디로, 너무 잘 만든 고객센터다.

Data 지도 218p-B
가는 법 U8호선 Olympiazentrum역 하차
주소 Am Olympiapark 1
운영시간 07:30~24:00
(일 09:00~)
요금 무료
홈페이지 www.bmw-welt.com

명차를 담은 샐러드 볼

BMW 박물관 BMW Museum | 베엠베 무제움

BMW 벨트 맞은편에 특이하게 생긴 높은 건물과 원통형의 낮은
건물이 나란히 보인다. '포 실린더'라는 별명이 있는 높은 건물은
BMW의 본사, 그 앞의 낮은 건물이 바로 BMW 박물관이다. 본
사와 박물관 모두 1972년 뮌헨 올림픽에 맞춰 세계 각지에서 올
손님들에게 현대적인 모습을 보여주고자 지금의 모습으로 완성
되었다. 원통형의 박물관 건물은 그 모양새 때문에 '샐러드 볼'
또는 '바이스 부어스트 도자기(바이스 부어스트가 담겨 나오는
하얀 그릇)'라는 별명으로 불린다. 내부로 들어가면 나선형 통로
로 아래까지 내려갔다가 다시 가장 위로 올라가면서 BMW의 과
거, 현재, 미래를 만나게 된다. 자동차뿐 아니라 엔진, 오토바이
등 BMW 기술력의 역사가 총망라되어 있다. 스포츠카와 레이싱
대회의 트로피 등 자사의 영예도 자랑하고 있고, 콘셉트카 등 미
래 비전까지 빼놓지 않는다. 독일 명차에 관심이 많다면 반드시
들를 만한 코스라고 단언할 수 있다. 여행자의 시선에서는 보이
지 않지만 이 원통형의 건물 옥상에 BMW 로고가 그려져 있어
항공사진으로 보면 또 다른 매력이 있다.

Data 지도 218p-B
가는 법 U8호선
Olympiazentrum역 하차
주소 Am Olympiapark 2
전화 089 125016001
운영시간 화~일 10:00~18:00,
월 휴관
요금 성인 10유로, 학생 7유로
홈페이지 www.bmw-welt.com

TIP 2시간 분량의 가이
드 투어로 BMW 본사의 공
장을 견학할 수 있다. BMW
벨트에서 투어를 시작한다.
요금은 성인 18유로, 학생
14유로. 자세한 내용은 홈
페이지 가이드투어에서 확인
할 수 있다.

EAT

대학가 알뜰 주점
아칭어 Gaststätte Atzinger

약 100년의 역사를 가진 비어홀. 뮌헨 대학교 바로 인근에 있어 젊은 학생들이 많이 찾고, 봄부터 가을까지 개방하는 건물 안뜰의 비어가르텐도 분위기가 좋다. 대학가에 위치한 덕에 가격도 합리적이고, 양은 푸짐하다. 슈니첼, 버거, 파스타 등 다양한 메뉴가 있고, 매일 점심마다 한 가지 메뉴를 저렴하게 판매하는 런치 메뉴도 인기가 높다. 맥주는 뢰벤브로이와 프란치스카너가 있다.

Data 지도 219p-K 가는 법 U3·U6호선 Universität 역 하차 후 도보 2분 주소 Schellingstraße 9 전화 089 282880 운영시간 월~목·일 11:30~23:00, 금·토 11:30~24:00 가격 맥주 4.7유로, 음식 10~20유로, 런치 메뉴 7.9유로 홈페이지 www.atzingermuenchen.de

대학가 알뜰 한인식당
춤 코레아너 Zum Koreaner

뮌헨 대학교 근처에 있는 한식 임비스. 대학생의 주머니 사정을 고려한 저렴한 한식을 판매한다는 것이 최대 장점이다. 가격이 저렴할 수 있는 것은 반찬이 없기 때문(반찬은 유료). 가령, 김치찌개를 주문하면 밥 한 공기와 찌개 한 그릇만 나온다. 후딱 먹고 후딱 자리를 비워주는 임비스 형식에 충실한 것이다. 여행 중 한식이 몹시 그리울 때 또는 얼큰한 해장 국물이 필요할 때, 그러나 큰돈을 내고 한식을 먹기 부담스러울 때 이곳을 찾으면 정답이다. 아담한 식당이기에 테이블이 많지 않고, 포장 주문도 가능하다. 카운터에 직접 주문하고 음식도 직접 수령하므로 팁은 필요 없다.

Data 지도 219p-K
가는 법 U3·U6호선
Universität역 하차 후 도보 2분
주소 Amalienstraße 51
전화 089 283115
운영시간 10:00~22:00
가격 10유로 안팎(포장비 별도)
홈페이지 www.zum-koreaner.de

© München Tourismus / Photo: Luis Gervasi

숲 속에서 즐기는 맥주
중국 탑 비어가르텐 Biergarten am Chinesischen Turm

영국 정원의 중국 탑 주변에 7천 석 규모의 테이블을 두고 레스토랑 겸 비어가르텐으로 활용하고 있다. 레스토랑은 코스 요리 위주로 판매하는 고급 식당이기에 선뜻 들어가기 부담스럽지만 비어가르텐은 경제적인 비용으로 쾌적한 숲 속에서 휴식을 즐길 수 있는 좋은 장소로 꼽히기에 관광객과 현지인 모두 즐겨 찾는다. 맥주나 안줏거리를 판매하는 매점이 줄지어 있으니 원하는 곳에서 주문하고 수령하여 테이블 빈 좌석에 앉아 먹으면 된다. 맥주는 호프브로이. 1리터짜리 큰 잔이 기본 사이즈다.

Data 지도 219p-H
가는 법 U3·U6호선 Universität 역에서 150번 버스 승차 후 Chinesischer Turm 정류장 하차
주소 Englischer Garten 3
전화 089 38387327
운영시간 11:00~22:00
가격 맥주(1리터) 11유로, 음식 10유로 안팎
홈페이지 www.chinaturm.de

부담 없이 즐길 만한 육류요리
바흐마이어 호프브로이 Bachmaier Hofbräu

고풍스러운 분위기에서 호프브로이 맥주와 함께 슈바이네브라텐, 슈니첼, 코르동블루, 스테이크 등 다양한 육류 요리를 메인으로 즐긴다. 2024년 말에 같은 자리에 같은 콘셉트로 식당 이름을 고쳐 다시 오픈할 계획이며, 그전까지 잠시 문을 닫는다.

Data 지도 219p-H
가는 법 U3·U6호선 Giselastraße역에서 도보 5분
주소 Leopoldstraße 50 전화 089 3838680
홈페이지 www.bachmaier-hofbraeu.de

BUY

뮌헨의 자유에서 쇼핑
카르슈타트 백화점(슈바빙) Galeria Karstadt München Schwabing

슈바빙 북쪽 광장은 1945년 나치에 저항한 무장봉기 사건을 기념하여 '뮌헨의 자유'라는 뜻의 뮌히너 프라이하이트München Freiheit라 부르며, 청춘을 불사르는 에너지가 넘치는 지역이다. 여기에 위치한 대형 백화점 카르슈타트는 유명 브랜드 매장이 다수 입점되어 있으며, 전철역에서 편리하게 연결되어 현지인이 많이 찾는다.

Data 지도 219p-H
가는 법 U3·U6호선 Münchner
Freiheit역 하차
주소 Leopoldstraße 82
전화 089 381060
운영시간 월~토 10:00~20:00,
일 휴무
홈페이지 www.galeria.de

올림픽에 맞춰 문을 연 쇼핑몰
올림픽 쇼핑센터 Olympia-Einkaufszentrum

머리글자로 OEZ라고도 부르며, 1972년 뮌헨 올림픽에 맞춰 문을 열었다. 지금 보아도 넓은데 당시로서는 눈이 휘둥그레졌을 것이다. 130여 개 브랜드가 입점한 초대형 쇼핑몰이며, 드러그스토어, 의류매장, 대형 슈퍼마켓, 애플스토어 등 다양한 카테고리의 상점이 모여 있어 현지인의 데이트 코스로도 유명하다.

Data 지도 218p-A 가는 법 U1·U7·U8호선 Olympia-Einkaufszentrum역 하차 주소 Hanauer Straße 68 전화 089 14332910 운영시간 월~토 09:30~20:00, 일 휴무, 매장마다 영업시간은 차이가 있을 수 있다. 홈페이지 www.olympia-einkaufszentrum.de

독일 박물관 &
뮌헨 동부

Deutsches Museum &
München Ost

평범한 여행 코스로 뮌헨을 여행하게 되면 이자르강이 평온히 흐르는 뮌헨 동쪽을 빼놓기 쉽다. 바쁜 여행자는 미처 모르고 지나갈 수도 있지만, 뮌헨을 여행하는 사람들에게 꼭 가보라고 권하고 싶은 곳이 뮌헨 동부에 자리 잡고 있다. 독일 박물관과 특색 있는 비어홀이 있는 이곳을 충분히 둘러본 사람이라면 뮌헨을 완전히 여행했다고 할 수 있다.

미리보기

마리아 광장 등 유명 관광지에서 이자르강을 건너 뮌헨 동쪽으로 가면 독일 박물관을 비롯한 몇 곳의 주목할 만한 관광지가 있다. 뿐만 아니라 이 지역은 유명 양조장의 특색 있는 비어홀, 글로벌 프랜차이즈 호텔 지점, 오케스트라 공연장 등이 산재해 있어 관광과 식사, 문화생활, 숙박까지 해결하기에 좋다.

SEE

전체를 구경하려면 하루 종일 시간을 들여도 부족할 초대형 과학기술 박물관인 독일 박물관이 단연 핵심. 그 외에도 이자르 강변을 따라 평온한 공원 속에 눈에 띄는 관광 포인트가 있다.

EAT

뮌헨 중심부에서 보았던 호프브로이, 파울라너 등 유명 양조장의 비어홀이 이 지역에도 있다. 단순히 프랜차이즈 지점 같은 개념이 아니라 저마다 개성과 특색이 있는 유명 비어홀이다.

SLEEP

뮌헨 박람회장이 동쪽에 있기 때문에 비즈니스맨을 겨냥한 준수한 글로벌 프랜차이즈 호텔 체인이 이 지역에 여럿 자리 잡고 있다. 저렴한 호스텔은 부족하지만 호텔에서 숙박할 때에는 중앙역 다음으로 숙소 구하기 편한 지역이다.

BUY

쇼핑하기에 적당한 지역은 아니다. 큰 쇼핑몰이 부근에 있지만 일부러 찾아갈 정도는 아니므로 쇼핑은 중심부에서 해결하는 것을 권한다.

어떻게 갈까?

독일 박물관은 에스반 이자르토어Isartor역에서 도보 5분 거리. 트램은 박물관 앞에 정차한다. 이 부근은 강을 따라 관광지가 산재해 있어 대중교통으로 이동하기에는 다소 무리가 있다. 호텔이 많은 곳은 에스반 로젠하이머플라츠Rosenheimer Platz역 부근이다. 이자르토어역과는 한 정거장 차이. 독일 박물관이 그 사이에 있다.

어떻게 다닐까?

16번 트램이 평화의 천사상 – 막시밀리아네움 – 독일 박물관을 연결한다. 또한 16번 트램은 중앙역과 바로 연결되고, 이자르문에도 정차하니 마리아 광장 등 시내 중심부에서 접근하기도 용이하다. 막시밀리아네움은 오데온 광장과, 평화의 천사상은 바이에른 국립박물관 또는 영국 정원과도 쉽게 연결되니 다른 지역에서의 여행과 병행하여 동선을 구성하기에도 적당하다.

📍 1일 추천 코스 📍

독일 박물관에서만도 하루 종일 시간을 보낼 수 있다. 관광의 초점을 독일 박물관에 맞추고, 평화의 천사상이나 막시밀리아네움 등 강변의 소소한 볼거리를 곁들인다.

도보 10분 →

트램 5분 →

한적한 평화의 천사상
분위기를 즐겨보기

넝쿨이 드리워진 웅장한
막시밀리아네움과
주변 관광

독일 박물관의 방대한
컬렉션에 감탄하며 과학
기술의 세계에 빠져들기

도보 10분 ↓

← 트램 3분

호프브로이 켈러 등
또 다른 비어홀에서
뮌헨 느껴보기

뮌헨 필하모닉의
세계적인
클래식 공연 관람

호프가르텐
Hofgarten

서핑장

바이에른 국립박물
Bayerisches National

Prinzregentenstraße

테아티네 교회
Theatinerkirche

오데온 광장
Odeonsplatz

레지덴츠 궁전
Münchner Residenz

펠트헤른할레
Feldherrnhalle

퓐프 회페
S

국립극장
Nationaltheater München

안넥서 암 돔

R 슈파텐하우스

R 춤 프란치스카너

피어 야레스차이텐 호텔
H
S 막시밀리안 거리

달마이어
S

R
마리아 광장
Marienplatz

신 시청사
Neues Rathaus

아잉어 비어트하우스

R 라츠켈러

R 호프브로이 하우스

R 루트비히 베크

바이세스 브로이하우스

R
루프스
버거

S

R
R 헤어샤프트차이텐

테게른제어 탈

맥주와 옥토버페스트 박물관
Bier- und Oktoberfestmuseum

성령 교회
Heiliggeistkirche

이자르문
Isartor

R
데어 프쇼르

구 시청사
Altes Rathaus

빅투알리엔 시장

성 페터 교회
Kirche St. Peter

Ludwigsbrücke

뮌헨 필하모닉
Münchner Philha

Rosenheimer Straße

독일 박물관
Deutsches Museum

홀리데이 인 호텔 H

H

Corneliusstraße

Erhardtstraße

노보텔
H

↓ 파울라너 암 노크허베르크 방면

독일 박물관 & 뮌헨 동부
Deutsches Museum & München Ost

이자르강Isar

Ismaninger Straße

C

D

0   200m

...술관
...g Schack

평화의 천사상
Friedensengel

...aximiliansanlagen

Grillparzerstraße

G

H

...아네움
...aneum

R 호프브로이 켈러

Orleansstraße

K

L

춤 브륀슈타인
R

H 모마1890 부티크 호텔

SEE

가장 독일다운 박물관
독일 박물관 Deutsches Museum | 도이췌스 무제움

박물관 이름이 독일 박물관. 그러면 독일의 역사? 독일의 민속? 독일의 통일? 무얼 전시하는지 감이 안 잡힌다. 이곳은 바로 과학기술 박물관이다. 이렇게 듣고 나면 독일 이미지에 딱 맞는다. 원래 이름은 독일 과학기술의 걸작 박물관 Deutsches Museum von Meisterwerken der Naturwissenschaft und Technik인데 줄여서 독일 박물관이 되었고, 아무도 그것을 어색하게 여기지 않는다. 1925년 독일 엔지니어 협회의 추진으로 개관한 과학기술 박물관에서 시작됐다. 제2차 세계대전 중 소장품의 20%가 파괴되었음에도 불구하고 지금 독일 박물관의 소장품은 약 28,000점에 달하며, 그 기술 분야는 50가지 카테고리로 나뉜다. 지하 1층, 지상 7층의 거대한 박물관 건물을 모두 관람하려면 하루로도 도 부족하다. 과학기술 분야의 박물관으로는 세계 최대 규모인 만큼 충분한 여유를 두고 관람하기 바란다. 게다가 전시물이 워낙 많아 이 대형 박물관에도 모두 전시하지 못한다. 항공기만 따로 전시하는 항공관, 기차나 자동차 등의 교통수단만 따로 전시하는 교통관을 별도로 운영하며, 본 Bonn과 뉘른베르크에도 분관이 있다.

Data 지도 236p-I 가는 법 16번 트램 Deutsches Museum 정류장 하차 또는 S1~8호선 Isartor역에서 도보 5분 주소 Museumsinsel 1 전화 089 21791 운영시간 09:00~17:00 요금 성인 15유로, 학생 8유로 홈페이지 www.deutsches-museum.de

© München Tourismus / Photo: L. Gervasi

© Deutsches Museum

© Deutsches Museum

© Deutsches Museum

📣 |Theme|

독일 박물관 히트 아이템

독일 박물관의 전시 통로 길이만 더해도 9km에 달한다. 이 넓은 박물관을 대체 어떻게 다 관람하라는 말인가! 적어도 당신이 절대로 놓쳐서는 안 될 몇 가지 히트 아이템을 소개한다.

최초의 컴퓨터

인류가 만든 최초의 컴퓨터와 관련 기술들의 진화를 확인할 수 있다. 위치는 2층(한국식으로는 3층).

최초의 비행체

라이트 형제의 비행기, 인류 첫 글라이더 등 비행 역사를 논할 때 '최초'의 타이틀이 붙는 역사적인 비행체가 전시되어 있다. 위치는 1층(한국식으로는 2층).

잠수함

그 유명한 U보트(제2차 세계대전 당시 독일의 잠수함)의 실물을 포함하여 독일의 잠수함 기술을 엿볼 수 있는 신기한 볼거리가 많다. 위치는 지하 1층.

아카데미 전시실

박물관의 최초 전시품은 바이에른 과학 아카데미Bayerische Akademie der Wissenschaften에서 기증한 진귀한 도구들이다. 이것을 따로 모아 1층(한국식으로는 2층)에 전시한다.

우주관

천체 망원경 등 우주를 관측하는 장비의 실물을 볼 수 있다. 최첨단 광학 기술의 결정체이기도 하다. 위치는 4~6층(한국식으로는 5~7층).

키즈 킹덤

킨더라이히Kinderreich, 즉 키즈 킹덤은 아이들(만 3~8세)을 위한 특별 체험관이다. 아이들이 직접 실험도 해보고, 과학 원리를 몸으로 깨우쳐보기도 하면서 교육과 재미를 모두 잡는 기발한 곳이다. 만약 해당 연령대의 자녀를 동반한 여행자라면 꼭 들러보기 바란다. 몸으로 깨우치고 재미를 느끼는 곳이니 언어장벽은 걸림돌이 되지 않는다.

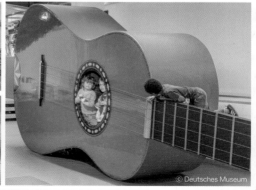

© Deutsches Museum

고풍스러운 장학재단
막시밀리아네움 Maximilianeum | 막시밀리아네움

1857년 바이에른 국왕 막시밀리안 2세가 만든 장학재단의 본부 건물. 건축가 프리드리히 뷔르클라인Friedrich Bürklein의 신고딕 양식, 대건축가 고트프리트 젬퍼Gottfried Semper의 르네상스 양식이 가미되어 흡사 궁전과 같은 웅장한 건축미를 뽐낸다. 내부 입장은 불가능하지만 건물의 앞뒤에서 그 분위기를 느낄 수 있고, 약 500m 떨어진 막시밀리안 2세의 기념비Maxminument에서 보는 풍경이 제일 멋지다.

Data 지도 236p-F 가는 법 19번 트램 Maximianeum 정류장 하차 또는 U4·U5호선 Max-Weber-Platz역에서 도보 2분 주소 Max-Planck-Straße 1 전화 089 41944411

전쟁을 자축하는 천사
평화의 천사상 Friedensengel | 프리덴스엥겔

평화의 천사상은 프로이센–프랑스 전쟁(보불전쟁) 승리 25주년을 자축하며 세운 기념물이다. 니케 여신을 형상화 한 천사상을 독일의 군주가 모시는 구도로 제작했다. 천사상이 서 있는 신전 앞까지 접근할 수 있고, 여기서 뮌헨 시가지를 바라보는 풍경이 아름답다. 특히 일몰 시각에는 운치가 그만이다.

Data 지도 237p-C
가는 법 16번 트램
Friedensengel/Villa Stuck
정류장 하차 후 도보 2분

© München Tourismus / Photo: Robert Hetz

시민을 위한 편안한 고급문화

뮌헨 필하모닉 Münchner Philharmoniker

| 뮌히너 필하모니커

가슈타이크Gasteig라는 이름의 종합 문화단지에 뮌헨 필하모니 관현악단의 상주 공연이 열린다. 뮌헨 필하모니는 1893년 창단 시절부터 시민 주도의 사설 악단이었고, 오늘날에도 화려한 기교보다는 편안한 연주로 평범한 시민이 즐겨 들을 수 있는 연주에 집중한다. 많은 인내심을 요하는 구석 자리는 10유로 초반, 가장 좋은 자리도 70~80유로 정도이니 클래식 음악의 본거지인 독일, 그것도 대도시의 필하모니 공연치고는 요즘도 저렴한 편이라 할 수 있다.

2027년까지 가슈타이크의 내부 공사로 공연장이 문을 닫음에 따라 2021년 새로 개관한 인근의 이자어필하모니Isarphilharmonie 콘서트홀에서 메인 공연을 진행 중인데, 오히려 음향이 개선되었다는 평을 받고 있다. 물론 가슈타이크 공사가 마무리되면 지금보다 더 나은 환경에서 공연을 진행하게 될 것이다. 공연 스케줄 확인 및 예매는 뮌헨 필하모닉 홈페이지에서 할 수 있다. 참고로, 가스타이크 공연장은 비어홀 폭동이 태동한 뷔르거브로이켈러가 있던 자리다. 이 자리에서 히틀러를 암살하려다 실패한 게오르크 엘저를 기리는 기념비가 공연장 주변 바닥에 남아 있다. 위치는 문화단지 중앙의 나팔 모양으로 생긴 에리히 슐체 분수Erich Schulze Brunnen 옆이다.

Data 지도 236p-J
가는 법 S1~8호선
Rosenheimer Platz역에서
도보 5분
주소 Rosenheimer Straße 5
전화 089 480985500
홈페이지 www.mphil.de

TIP 클래식 공연 관람 시 가급적 정장 착용을 권장한다. 세련된 캐주얼도 가능하지만 정장을 갖춰 입고 남성은 넥타이까지 착용하는 것이 에티켓. 민소매나 짧은 치마 등 노출이 심한 옷, 슬리퍼나 트레이닝복 등 격식에 맞지 않는 복장은 금지된다. 아울러 공연이 시작되면 중간 휴식시간 전에는 들어가거나 나갈 수 없다. 단 1분 지각 때문에 수십 분의 공연을 놓칠 수 있으니 시간은 반드시 엄수해야 한다.

EAT

파울라너의 시작
파울라너 암 노크허베르크

Paulaner am Nockherberg

1627년 노크허베르크Nockherberg라는 야트막한 언덕에 바오로 수도회의 수도원이 생겼다. 이들이 1634년부터 맥주를 양조했는데 그 맛이 아주 기가 막혔다. 바오로 수도회를 독일어로 하면 파울라너Paulaner. 수백 년 뒤 전 세계에 이름을 날릴 맥주의 걸작이 노크허베르크에서 이렇게 탄생했다. 바로 그 자리에 1861년 생긴 비어홀이 바로 파울라너 암 노크허베르크. 시내 중심부에서 조금 떨어져 있지만 일부러 찾아갈 이유가 충분하다. 커다란 양조시설을 볼 수 있는 대형 비어홀에서 독일 향토요리를 곁들인다. 여기서는 파울라너의 잘바토어Salvator 맥주를 추천한다. 알코올 도수 7.9도의 '센' 맥주인데도 순하게 넘어간다. 날씨가 좋을 때 오픈하는 뒤뜰의 비어가르텐에서는 셀프 서비스로 좀 더 저렴하게 맥주와 안주를 주문할 수 있다.

Data 지도 236p-I 가는 법 17번 트램 Ostfriedhof 정류장에서 도보 5분 이내 주소 Am Nockherberg 운영시간 12:00~24:00 가격 잘바토어 맥주 6.5유로, 뉘른베르거 부어스트 16유로, 슈바이네브라텐 16.5유로 홈페이지 www.paulaner-nockherberg.com

또 하나의 호프브로이 하우스
호프브로이 켈러 Hofbräukeller am Wiener Platz

호프브로이 하우스의 인기가 높아지자 뮌헨에서는 성벽 바깥에
도 호프브로이 하우스를 하나 더 만들기로 결정했다. 1894년 문
을 연 호프브로이 켈러는 말하자면 호프브로이 하우스의 2호점이
다. 하지만 관광객이 가득한 시내 중심부와 달리 대부분 현지인이
찾는 조용한 골목에 있기에 번잡한 분위기는 덜하다. 호프브로이
하우스의 맥주와 음식의 퀄리티는 즐겨보고 싶지만 너무 복잡하
고 시끄러운 것은 싫다면 호프브로이 켈러를 고려해보기 바란다.
위치는 막시밀리아네움 부근이다. 슈바이네브라텐 등 독일 향토
요리를 판매하고, 비어가르텐 분위기가 특히 좋다.

Data 지도 237p-G
가는 법 16번 트램 Wiener Platz
정류장 하차
주소 Innere Wiener Straße 19
전화 089 4599250
운영시간 11:00~23:00
가격 맥주 5.4유로,
슈바이네브라텐 19.9유로,
학세 21.5유로
홈페이지 www.hofbraeukeller.de

저렴한 가격과 새로운 맥주
춤 브륀슈타인 Gaststätte Zum Brünnstein

동역 앞에 있는 작은 레스토랑. 뮌헨에서 쉽게 만나기 어려운 마이어브로이Maierbräu의 맥주를 파는
곳이다. 마이어브로이 맥주는 알토뮌스터Altomünster라는 바이에른의 작은 도시에서 만든다. 요리
는 바이스부어스트, 슈바이네브라텐, 슈니첼 등 뮌헨에서 흔하게 접할 수 있는 향토요리. 그런데 가
격도 꽤 저렴하고 맛도 괜찮다. 만약 동역 부근에서 숙박한다면 방문해 보자.

Data 지도 237p-K
가는 법 S1~8호선 또는
기차 동역 하차
주소 Elsässer Straße 36
전화 089 4482429
운영시간 09:00~24:00
가격 맥주 4.2유로,
바이스부어스트 4.2유로,
슈니첼 19유로
홈페이지 www.
zum-bruennstein.de

SLEEP

문화단지 속 고급 호텔
힐튼 호텔 Hilton Munich City

가슈타이크 문화단지에 포함되는 4성급 고급 호텔이다. 전 세계적으로 균일하게 관리되는 고급 호텔인 만큼 객실의 불편사항을 염려할 필요는 없다. 마리아 광장 또는 중앙역과 바로 연결되는 에스반 전철역 앞에 있어 위치도 좋다. 게다가 중앙역 앞의 동급 호텔보다는 할인을 많이 하는 편이기에 비수기에는 좀 더 저렴하게 묵을 수 있다.

Data 지도 236p-J
가는 법 S1~8호선 RosenheimerPlatz역 하차
주소 Rosenheimer Straße 15
전화 089 48040
홈페이지 www.hilton.com

경제적인 4성급 호텔
홀리데이 인 호텔 Holiday Inn Munich - City Centre

글로벌 프랜차이즈 호텔인 홀리데이 인 호텔의 뮌헨 지점. 가슈타이크 문화단지 바로 맞은편에 있다. 힐튼 호텔과 마찬가지로 입지가 크게 불편한 것은 아니고, 동급의 중앙역 부근 호텔보다는 가격이 저렴한 편이다. 시설은 준수하게 갖춰두었으나 가장 저렴한 객실에 해당되는 스탠더드룸은 공간이 좁은 편. 대신 그만큼 할인을 더 많이 하기에 잘만 예약하면 3성급 호텔 정도의 요금으로 그 이상의 등급을 누릴 수 있다.

Data 지도 236p-J
가는 법 S1~8호선 Rosenheimer Platz역 하차 후 도보 5분
주소 Hochstraße 3
전화 089 48030
홈페이지 www.ihg.com/holidayinn/

옛날 스타일의 우수한 호텔
노보텔 Novotel München City

마찬가지로 가스타이크 문화단지 부근에 있는 호텔이다. 옛날 스타일의 4층 건물을 개조하여 호텔로 만들었기에 내부가 다소 좁은 편. 글로벌 프랜차이즈의 명성에 어울리는 우수한 4성급 설비를 갖추었으나 어쨌든 건물 구조의 한계로 객실이 좁아 실제로는 3성급 호텔로 보는 것이 적당하다. 가격도 3성급 호텔 수준으로 할인하는 날이 많으니 경제적인 숙박이 가능하고, 4성급 호텔에 어울리는 여유로운 숙박을 원하면 슈피리어룸 등급 이상을 골라야 한다.

Data 지도 236p-J
가는 법 S1~8호선 Rosenheimer Platz역 하차 후 도보 5분
주소 Hochstraße 11
전화 089 661070
홈페이지 www.accorhotels.com

로컬 디자인 호텔
모마1890 부티크 호텔 MOMA1890 Boutique Hotel Rosenheim

프랜차이즈가 아닌, 1890년부터 줄곧 시대에 맞춰 업그레이드되며 같은 자리를 지켜온 로컬 호텔이다. 지금은 디자인 호텔을 지향하면서 각 객실을 알록달록한 색상과 특이한 예술작품으로 꾸며 감각적인 숙박 환경을 제공한다. 가장 저렴한 등급인 싱글룸 전용의 어반Urban룸을 제외한 나머지 등급의 객실은 모두 넓은 공간과 우수한 가성비를 보인다. 객실이 많지 않아 성수기에 금세 매진되는 편이다.

Data 지도 237p-K
가는 법 S1~8호선 또는 기차 동역 하차
주소 Orleansplatz 6a
전화 089 4482424
홈페이지 www.hotel-stadt-rosenheim.de

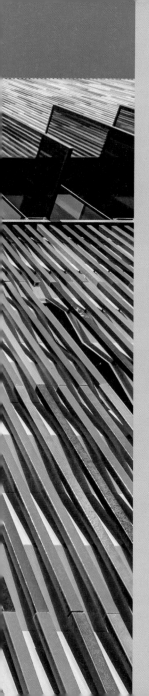

München By Area

05

쿤스트아레알

Kunstareal

여러 미술관이 한곳에 모여 있다. 저마다
특정 시대나 사조에 특화된 수준 높은 전
문 미술관들이다. 여러 미술관이 블록마
다 모습을 드러내는 쿤스트아레알을 걷
다 보면, 고대에서부터 현대까지 모든 시
대의 예술을 만나게 된다. 뮌헨의 문화와
예술 속으로 풍덩 빠져보자.

미리보기

쿤스트아레알은 '예술 지구'라는 뜻. 고대부터 현대까지 족히 수천 년의 문화와 예술이 모여 있으니 과연 '예술 지구'라는 이름을 붙일 만하다. 하나의 대형 박물관이 아니라 무려 14개의 중소형 박물관이 모여 있는 곳이므로 여행자의 취향에 맞춰 선택할 수 있다는 것이 큰 장점. 뮌헨에서 반드시 하루 정도 시간을 할애해야 할 멋진 곳이다.

SEE | 세 곳의 피나코테크와 쾨니히 광장 등 바이에른 왕실의 품격이 투영된 문화 공간들, 여기에 후손이 그 철학을 계승하며 추가한 감각적인 문화 공간들과 그 속에 새로 생긴 현대사 박물관까지 눈을 뗄 수 없는 전시품이 가득하다.

EAT | 쿤스트아레알은 뮌헨 대학교와 슈바빙 지구에서 가깝다. 게다가 문화생활을 즐기는 학생들이 많이 찾는다. 자연스럽게 학생들의 취향에 맞는 대중식당이 여럿 생겼다. 주요 박물관 내에도 레스토랑이 있다.

SLEEP | 눈에 띄는 숙박업소는 없다. 오로지 문화를 위해 조성하고 복원하고 단장한 곳이니 여기서는 철저히 문화를 향유하는 즐거움에 집중하자.

BUY | 마찬가지로 쇼핑하기 적당한 지역은 아니다. 중앙역 및 뮌헨 중심부에서도 멀지 않으니 쇼핑은 다른 지역에서 해결해도 전혀 불편하지 않다.

어떻게 갈까?

쿤스트아레알의 하이라이트인 세 곳의 피나코테크는 버스 또는 트램으로 피나코테켄 Pinakotheken 정류장에 하차한다. 단, 피나코테켄 버스 정류장은 피나코테크 데어 모데르네 뒤편, 트램 정류장은 노이에 피나코테크 옆으로 위치가 다르다는 점을 주의하자. 전철로 갈 경우 우반 전철역 쾨니히 광장Königsplatz역에서 내리면 바로 쾨니히 광장이다.

어떻게 다닐까?

모든 장소는 도보로 이동 가능한 거리 내에 있다. 특히 하이라이트인 피나코테크 세 곳은 길하나를 사이에 두고 있고, 여기서 쾨니히 광장까지 도보 5분 이내로 가깝다. 단, 박물관이나 미술관 내에서 하염없이 걸어야 할 테니 체력 관리를 위해 피나코테크 앞 넓은 공원 또는 쾨니히 광장에서 충분히 쉬어 가며 여행할 것을 권장한다.

쿤스트아레알
📍 1일 추천 코스 📍

이곳은 정해준 일정을 따르기보다는 자신의 취향에 맞는 박물관을 골라 알차게 시간을 보내는 편을 추천한다. 특히 매주 일요일마다 입장료가 1유로로 할인되는 곳이 많으니 일요일에 뮌헨에 머문다면 하루 종일 쿤스트아레알에서 시간을 보내도 경제적 부담도 없고 문화적 포만감은 매우 높을 것이다.

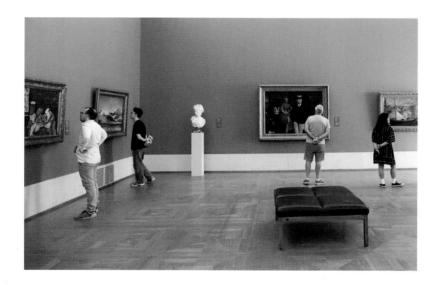

TIP '박물관 노선Museenlinien'이라는 별명을 가진 100번 버스를 기억해두자. 쾨니히 광장, 피나코테크, 그리고 오데온 광장, 바이에른 국립 박물관, 샤크 미술관 등 다른 관광지를 지나 중앙역과 동역을 연결하는 노선이다. 쿤스트아레알 여행 중 다리가 아플 때 잠시라도 걷는 시간을 줄이기에도 좋고, 일요일 입장료 1유로 행사에 동참하는 바이에른 국립박물관 등 다른 곳으로 바로 넘어가기에도 좋다. 박물관이 문을 여는 시간대에는 10분에 1대꼴로 다닌다.

쿤스트아레알
Kunstareal

0   200m

노이
N

A

B

Theresienstraße

🅡슈타인하일 제흐첸

알테 피나
Alte Pina

뢰벤브로이 켈러
🅡

Augustenstraße

Gabelsbergerstraße

렌바흐 하우스
Lenbachhaus

이집트 박물
Staatliches M
Ägyptischer M

함부르거라이 아인스

🅡

글립토테크
Glyptothek

쾨니히 광장
Königsplatz

나치 기록관
NS-Dokumentatio

E

Seidlstraße

안티켄잠룽
Staatliche Antikensammlungen

아우구스티너 켈러
🅡

Marsstraße

성 보니파츠 수도원
Benediktinerabtei St. Bonifaz

🅗더 찰스 호텔

Arnulfstraße

포유 호스텔🅗

암바호텔🅗 🅗파스토

🅗
NH 도이처 카이저 호텔

카르슈타트
백화점(중앙역)
🆂

유스티츠 궁전
Justizpalast

오버폴링어 백화진

중앙역
Hauptbahnhof

인터시티 호텔🅗

카우프호프 백화점
(카를 광장)

카를 광장
Karlsplatz

뷔르거잘 교회
Bürgersaalkirc

Bayerstraße

뮌히너 슈투브🅡🅡 움밧 호스텔
카도로🅡   🅡알리바바

레오나르도 호텔🅗
유로 유스 호텔🅗 예거스 호스텔

🆂

카를문
Karlstor

슈니첼비어트

춤 아우구스티너

🅡
노이ㅎ

개선문
Siegestor

Schellingstraße

백장미단 기념관
Denkstätte Weiße Rose

코테크
othek

Barer Straße

춤 코레아너
아칭어

영국 정원
Englischer Garten

Schwabinger Bach

브란트호어스트 미술관
Museum Brandhorst

터키문
Türkentor

피나코테크 데어 모데르네
Pinakothek der Moderne

m

ner Straße

Ludwigstraße

호프가르텐
Hofgarten

서핑장

오데온 광장
Odeonsplatz

Prinzreger

나치 희생자 추모비
z der Opfer des Nationalsozialismus

테아티네 교회
Theatinerkirche

레지덴츠 궁전
Münchner Residenz

엘 교회
kirche St. Michael

핀프 회페

펠트헤른할레
Feldherrnhalle

슈파텐하우스

국립극장
Nationaltheater München

성모 교회
Frauenkirche

안덱서 암 돔

춤 프란치스카너

피어 야레스차이텐 호텔

아우구스티너
로스터비어트

막시밀리안 거리

뉘른베르거
브라트부어스트
글뢰클 암 돔

마리아 광장
Marienplatz

달마이어

아잉어 비어트하우스

신 시청사
Neues Rathaus

호프브로이 하우스

막시밀리안 기념비
Maxmonument

리 핑어토어 파사주

라츠켈러

루트비히 베크

카페 보에르너

바이세스 브로이하우스

타트

성 페터 교회
Kirche St. Peter

SEE

독일의 아테네를 꿈꾸며

쾨니히 광장 Königsplatz | 쾨닉스플랏쯔

고대 그리스 문화에 심취했던 루트비히 1세의 야심이 가장 극적으로 표출된 곳이 바로 '왕의 광장'이라는 뜻의 쾨니히 광장이다. 그는 뮌헨에 아크로폴리스를 만들고 싶었다. 시민의 광장, 문화 공간, 종교적 중심지를 만들려는 목적이었다. 1816년 글립토테크의 착공을 시작으로 그 맞은편에 쌍둥이 건물 같은 안티켄잠룽을 만들고, 1862년 마지막 구조물인 프로피레엔Propyläen까지 완공되었다. 도리스 양식의 프로피레엔, 이오니아 양식의 글립토테크와 안티켄잠룽 등 고대 그리스 건축양식을 적극 차용하여 뮌헨 신고전주의 건축의 메카로 꼽힌다. 아테네 아크로폴리스의 입구인 프로필라이아에서 이름을 딴 프로피레엔, 그리스어로 조각관을 뜻하는 글립토테크 등 루트비히 1세는 각각의 이름까지 고대 그리스의 느낌을 노골적으로 살렸다. 하지만 루트비히 1세는 1848년 퇴임하여 그의 원대한 계획의 실현을 끝내 보지 못했다.

Data 지도 250p-F
가는 법 U2·U8호선
Königsplatz역 하차

프로피레엔

고대 그리스 조각 박물관
글립토테크 Glyptothek | 글륍토텍

1816년 쾨니히 광장 조성의 시작을 알린 글립토테크의 공사는 1830년이 되어서야 끝났다. 루트비히 1세가 사재를 털어 수집한 고대 그리스 로마 시대의 조각들을 모아놓은 박물관으로 개관하였고, 쾨니히 광장 조성을 맡은 건축가 레오 폰 클렌체Leo von Klenze가 고대 그리스 신전을 연상케 하는 건물을 완성하였다. 내부로 입장하면 다양한 조각품을 시대별로 모아둔 전시실을 한 바퀴 돌아 나오게 된다. 안타깝게도 제2차 세계대전 중 폭격으로 크게 파손되어 전시품의 상태도 좋지 못한 편. 많이 훼손된 조각들 사이로 기원전 500년경의 유적으로 추정되는 아파이아 신전의 조각들, 기원전 220년경의 유적으로 추정되는 바르베리니의 목신상Barberinischer Faun 등 눈에 띄는 작품들을 만날 수 있다. 지금보다 훨씬 화려했던 글립토테크의 개관 당시 모습, 전쟁으로 참혹하게 파괴된 모습 등도 홀에 함께 전시되어 있다.

Data 지도 250p-F 가는 법 쾨니히 광장에 위치 주소 Königsplatz 3 전화 089 286100
운영시간 화~일 10:00~17:00(목 ~20:00), 월 휴관 요금 안티켄잠룽과 통합권 성인 6유로, 학생 4유로,
매주 일요일 1유로 홈페이지 www.antike-am-koenigsplatz.mwn.de

글립토테크와 쌍둥이 건물
안티켄잠룽 Staatliche Antikensammlungen | 슈타틀리헤 안티켄잠룽엔

글립토테크 개관의 여세를 몰아 그 맞은편에 1848년 문을 연 고대 그리스 로마 유물 박물관이다. 두 건물은 마치 쌍둥이처럼 흡사하게 생겼는데, 계단 위에 입구가 있는 곳이 안티켄잠룽이다. 마찬가지로 루트비히 1세가 만들었으며, 바이에른 왕실 소유의 진귀한 고대 유물이나 골동품, 보석, 장신구 등을 전시한다. 처음에는 고대 이집트 유물도 함께 전시하였으나 지금은 별도의 이집트 박물관으로 분리되었다.

Data 지도 250p-F 가는 법 쾨니히 광장에 위치 주소 Königsplatz 1 전화 089 59988830 운영시간 화~일 10:00~17:00(수 ~20:00), 월 휴관 요금 글립토테크와 통합권 성인 6유로, 학생 4유로, 매주 일요일 1유로 홈페이지 www.antike-am-koenigsplatz.mwn.de

 옛 거장의 작품이 한곳에
알테 피나코테크 Alte Pinakothek | 알테 피나코텍

16세기경부터 바이에른의 역대 권력자들이 수집한 엄청난 양의
회화 예술을 전시하기 위한 미술관으로 루트비히 1세가 1836
년 만들었다. 그는 '미술관'을 뜻하는 독일어 게멜데갈레리
Gemäldegalerie 대신 그리스어에서 파생된 피나코테크Pinakothek
를 이름으로 붙였다. 이 또한 쾨니히 광장과 마찬가지로 그리스 문
화에 심취한 국왕의 '아크로폴리스 만들기 프로젝트'의 일환인 것
이다. 14~18세기 예술을 모아두었기에 '오래된'이라는 뜻의 알테
Alte를 붙여 다른 미술관과 구분한다. 가장 유명한 소장품은 독일
르네상스의 거장 알브레히트 뒤러Albrecht Dürer의 자화상. 그리고
레오나르도 다 빈치의 〈카네이션의 마돈나〉, 루벤스나 반 다이크
등 네덜란드 화가의 작품을 다수 소장하고 있다. 알테 피나코테크
역시 개선문과 마찬가지로 제2차 세계대전 당시 파괴되어 복원한
부분을 일부러 눈에 띄게 이질적으로 마감해 두었다. 이 또한 후손
들에게 전쟁의 경각심을 일깨워주려는 의도라고 한다.

Data 지도 250p-F
가는 법 27·28번 트램,
100·150번 버스 Pinakotheken
정류장 하차 또는 쾨니히
광장에서 도보 2분
주소 Barer Straße 27
전화 089 23805216
운영시간 화~일 10:00~18:00
(화·수 ~20:00), 월 휴관
요금 성인 9유로, 학생 6유로,
매주 일요일 1유로
홈페이지 www.pinakothek.de

정신과 가치는 계승합니다
노이에 피나코테크 Neue Pinakothek | 노이에 피나코텍

루트비히 1세는 알테 피나코테크 맞은편에 1853년 또 하나의 미술관을 만들었다. 그 시기 루트비히 1세는 이미 왕위에서 물러난 뒤였지만 자신의 소장품을 뮌헨 시민에게 돌려준다는 의지는 바꾸지 않았다. 미술관이 생긴 시기, 그러니까 19세기를 기준으로 가장 최신의 예술이라 할 수 있는 18~19세기 유럽 회화를 전시하는 미술관이며, 노이에Neue는 독일어로 '새 것'을 의미한다. 노이에 피나코테크는 제2차 세계대전 중 더 크게 파손되었다. 다행히 소장품은 미리 옮겨두어 화를 면했지만 처참히 파괴된 건물은 옛 모습으로 복원하는 대신 현대식 디자인으로 완전히 탈바꿈하여 1981년 재개관했다. 비록 외관은 완전히 바뀌었지만 세계적인 예술을 시민과 공유한다는 창립 정신과 가치는 그대로 계승하고 있다. 소장품 중 하이라이트는 단연 빈센트 반 고흐Vincent van Gogh의 〈해바라기〉. 그 외에도 모네, 마네, 고야 등 세계적 거장의 작품을 다수 소장하고 있으며, 독일의 건축가로 유명한 쉰켈Karl Friedrich Schinkel의 회화도 눈에 띈다.

Data 지도 251p-C
가는 법 27·28번 트램, 100·150번 버스 Pinakotheken 정류장 하차 또는 쾨니히 광장에서 도보 2분 주소 Barer Straße 29

TIP 노이에 피나코테크는 친환경 정책의 일환으로 2029년까지 대대적인 내부 공사를 진행한다. 이 기간 중 미술관 입장이 제한되며, 주요 소장품은 알테 피나코테크와 샤크 미술관에 나누어 전시한다.

뮌헨 최고 인기 박물관

피나코테크 데어 모데르네 Pinakothek der Moderne | 피나코텍 데어 모데으네

피나코테크 삼총사 중 막내는 독일어로 '현대'를 뜻하는 모데른Modern으로 구분하는 피나코테크 데어 모데르네다. 모데른 피나코테크라고 적기도 한다. 현대미술을 전문으로 다루는 미술관으로 2002년 개관하였으며, 현대미술 분야에 있어서는 전 세계에서도 몇 손가락에 꼽힌다. 뮌헨의 모든 박물관을 통틀어 가장 많은 방문자가 찾는 곳이기도 하다. 내부는 크게 현대미술 전시관Sammlung Moderne Kunst, 신 전시관Neue Sammlung, 건축 박물관Architekturmuseum, 그래픽 전시관Staatliche Graphische Sammlung 네 곳으로 나뉜다. 박물관 입장 후 1층 중앙의 매표소에서 입장권을 구매하고, 사방으로 나뉜 각각의 전시실을 관람하게 된다. 하나의 입장권으로 모든 전시실을 관람할 수 있으며, 몇 번이고 다시 들어갈 수 있는 방식이므로 자유롭게 자신의 취향에 맞추어 관람할 수 있다는 것이 장점. 그러나 한편으로는 각각의 전시관이 나뉘어 있는 구조가 복잡하게 느껴질 수도 있다. 네 곳 중 현대미술 전시관과 신 전시관이 가장 크고, 그중에서도 국제 디자인 박물관The International Design Museum이라는 이름으로 더 유명한 신 전시관이 단연 인기 만점이다.

Data 지도 251p-G

가는 법 27·28번 트램, 100·150번 버스Pinakotheken 정류장 하차 또는 쾨니히 광장에서 도보 2분
주소 Barer Straße 40 전화 089 23805360 운영시간 화~일 10:00~18:00(목 ~20:00), 월 휴관
요금 성인 10유로, 학생 7유로, 매주 일요일 1유로 홈페이지 www.pinakothek-der-moderne.de

© München Tourismus / B. Roemmelt

📣 |Theme|

피나코테크 데어 모데르네 완전정복

뮌헨에서 첫 손에 꼽히는 박물관인 피나코테크 데어 모데르네를 완벽하게 관람하기 위해 내부의
박물관 네 곳을 자세히 소개한다.

지하 신 전시관(국제 디자인 박물관)

산업 디자인, 즉 우리가 일상생활 중 사용하는 공산품의 디자인
중 오랜 시간이 지나도 그 가치가 쇠하지 않는 걸작을 모아둔 곳
이다. 총 7천 점의 소장품 중 하이라이트만 모아 전시하고 있다.
계단을 내려가면 거대한 벽에 갖가지 전시품이 진열된 디자인 비
전Design Vision이 방문객을 맞이한다. 이후 자동차 디자인, 컴퓨
터 디자인, 가구 디자인 등 시대별, 산업별로 분류된 기발한 전시
품을 만날 수 있다. 특히 컴퓨터 디자인 전시관에는 사진으로만
보던 애플 컴퓨터의 초창기 모델도 있어 눈길을 끈다.

지층 건축 박물관, 그래픽 전시관

지층(우리 식으로 1층)에 두 곳의 작은 박물관이 있다. 건축 박물
관은 뮌헨 공대에서 운영한다. 건축에 대한 자료들을 주기적으
로 테마를 바꾸어 전시하는데, 전문적인 내용보다 흥미로운 건
축의 사례들을 보여주는 방식이기에 일반인도 재미있게 구경할
수 있다. 그래픽 전시관은 스케치나 판화 등을 전시하는 미술관
이며, 비텔스바흐 왕가의 소장품에서부터 출발하였다.

1층 현대미술 전시관

1층(우리 식으로 2층)은 현대미술만 따로 모은 미술관이다. 크게 모더니즘과 컨템퍼러리 아트로
나누며, 모더니즘은 리오넬 파이닝어, 살바도르 달리 등 1900년대 초반의 예술품을, 컨템퍼러리
아트는 앤디 워홀, 백남준 등 1960년대 포스트모더니즘 시대의 예술품을 전시한다. 회화, 조각,
비디오아트, 사진 등 장르를 가리지 않는 충실한 전시품을 소장하고 있다.

© www.pinakothek.de

난해한 예술세계를 좋아한다면
브란트호어스트 미술관 Museum Brandhorst
| 무제움 브란트호어스트

피나코테크 데어 모데르네가 다루는 현대미술보다도 더 현대의 사조, 즉 혼란한 냉전 시대의 난해한 현대예술이 모인 곳이다. 주방세제로도 한국에 잘 알려진 헹켈Henkel 기업의 상속녀 아네테 브란트호어스트Anette Brandhorst가 사망한 뒤 방대한 소장 예술품을 바이에른주에 기부하여 탄생하였다. 표현주의 예술가 사이 톰블리Cy Twombly, 팝아트의 거장 앤디 워홀Andy Warhol 등 이름만 들어도 골치가 아픈 현대예술가의 작품을 전시하고 있다. 이런 난해한 현대예술을 좋아한다면 일부러 찾아가도 후회하지 않을 것이고, 현대예술에 특별한 관심이 없다 해도 일요일에 저렴한 입장료로 잠시 둘러보며 신세계를 경험해보는 것도 추천할 만하다. 내부관람을 하지 않더라도 23가지 색상의 36,000개 세라믹 막대로 만든 건물의 외관은 구경해보자.

Data 지도 251p-G
가는 법 100·150번 버스 Maxvorstadt/Samml. Brandhorst 정류장 하차 또는 피나코테크 데어 모데르네 옆
주소 Theresienstraße 35a
전화 089 238052286
운영시간 화~일 10:00~18:00 (목 ~20:00), 월 휴관
요금 성인 7유로, 학생 5유로, 매주 일요일 1유로
홈페이지 www.museum-brandhorst.de

커다란 빨간 공 하나
터키문 Türkentor | 튀으켄토어

19세기 존재했던 바이에른의 군대 병영 건물이 파괴되고 한쪽 면만 남았는데, 이것을 개조하여 작은 전시장을 만들었다. 건물이 있던 거리 이름이 터키 거리Türkenstraße였던 것에서 착안해 터키문이라는 이름으로 부르는 것이며, 터키와의 연관성이 있는 건물은 아니다. 미국 예술가 월터 드 마리아Walter De Maria의 작품 〈라지 레드 스피어Large Red Sphere〉가 내부에 덩그러니 놓여 있다. 브란트호어스트 미술관에서 소장한 것이라고 한다.

오른쪽 건물이 터키문

Data 지도 251p-G 가는 법 브란트호어스트 미술관 옆 주소 Türkenstraße 17 전화 089 238051320
운영시간 4~10월 화~일 11:00~17:00, 11~3월 화~일 12:00~15:00, 월 휴관 요금 무료

이집트 신전의 재해석
이집트 박물관 Staatliches Museum Ägyptischer Kunst
| 슈타틀리헤스 무제움 에큅티셔 쿤스트

바이에른 군주들의 열렬한 수집품에는 고대 이집트 유물도 있었
다. 안티켄잠룽을 채운 루트비히 1세의 이집트 유물이 대표적이
다. 이렇게 비체계적으로 모인 이집트 유물을 모두 한자리에 모아
체계적인 박물관을 만든 것이 1966년. 한때 레지덴츠 궁전 한쪽
에 공개되었던 이집트 박물관이 2013년부터 지금의 새 건물에 둥
지를 틀었다. 마치 벽 속으로 들어가는 듯한 독특한 구조는 고대
이집트 사원을 현대식으로 재해석한 것이라고 한다. 파라오의 동
상, 스핑크스, 장신구 등 크고 작은 이집트 유물이 정갈하게 전시
되어 있고, 그중 가장 유명한 전시품은 기원전 1450년 것으로 추
정되는 토트모세 3세의 유리잔이다. 이것은 현존하는 가장 오래된
유리잔으로 꼽힌다.

Data 지도 250p-F
가는 법 쾨니히 광장에서 도보 2분
주소 Gabelsbergerstraße 35
전화 089 28927630
운영시간 화~일 10:00~18:00
(화 ~20:00), 월 휴관
요금 성인 7유로, 학생 5유로,
매주 일요일 1유로
홈페이지 www.smaek.de

뮌헨의 화가들 집합
렌바흐 하우스 Lenbachhaus | 렌바흐하우스

독일의 화가 프란츠 폰 렌바흐Franz von Lenbach가 살았던 건물이
미술관으로 바뀌었다. 렌바흐가 살았던 바로크 양식의 노란 건물
과 새로 지어진 현대식 노란 건물이 조화를 이룬다. 렌바흐 하우스
는 그 이름처럼 렌바흐의 작품도 물론 소장하고 있지만 렌바흐의
비중이 큰 것은 아니다. 렌바흐와 동시대인 1900년을 전후해 뮌
헨에서 활동한 여러 화가의 작품들을 골고루 소장하고 있고, 특히
뮌헨에서 출범한 표현주의 그룹 블루라이더Der Blaue Reiter의 작
품 수십 점이 있어 마니아에게 인기가 높다.

Data 지도 250p-F 가는 법 쾨니히 광장에서 도보 2분 주소 Luisenstraße 33 전화 089 23396933 운영시간
화~일 10:00~18:00(목·금 ~20:00), 월 휴관 요금 성인 12유로, 학생 6유로 홈페이지 www.lenbachhaus.de

예술 지구에서 접하는 아픈 역사
나치 기록관 NS-Dokumentationszentrum | 엔에스 도쿠멘타찌온스쩬트룸

루트비히 1세가 조성한 쾨니히 광장은 나치 독재정권에게 딱 좋은 이데올로기 홍보의 장이 되었다. 게르만족이 이렇게 문화예술에 조예가 깊고 우수하다며 민족성을 고취하기 좋은 장소였던 것이다. 그래서 나치 집권기 중 쾨니히 광장 곳곳에 나치의 건물이 들어섰는데, 그중 나치 정당의 당사 건물이 있던 자리에 2015년 나치 기록관이 문을 열었다. 나치가 어떻게 집권하였고 어떻게 불법적인 폭력을 행사했으며, 독일인은 또 어떻게 그러한 독재를 지지했는지, 수많은 사료를 토대로 체계적인 설명을 더한다. 심지어 전시 테마의 마지막 주제는 네오나치다. 이러한 나치의 기록이 역사 속 전유물이 아니라 지금 내 삶 속에도 연장되고 있음을 강경한 어조로 경고하는 것이기에 과거사에 접근하는 독일의 올곧은 철학을 함께 느낄 수 있다.

Data 지도 250p-F
가는 법 쾨니히 광장에서 도보 2분
주소 Max-Mannheimer-Platz 1
전화 089 23367000
운영시간 화~일 10:00~19:00,
월 휴관 요금 무료
홈페이지 www.nsdoku.de

TALK

나치는 NS

그 악명 높은 나치Nazi는 히틀러의 정당이다. 그런데 나치는 한 번도 스스로를 나치라고 표현하지 않았다. 정식 정당명은 국가사회노동당Nationalsozialistische Deutsche Arbeiterpartei. 약자로 NSDAP 또는 NS라고 적는다. 그런데 당시 사람들이 첫 단어의 발음(나치오날조치알리스티슈) 중 앞의 두 음절만 따서 '나치'라고 부른 것이 별명처럼 굳어졌다. 당시 경쟁 정당인 사회민주당Sozialdemokratische Partei Deutschlands은 첫 단어 발음을 따서 '조치'라고 불렀다. 둘 다 비슷한 단어가 사용되니 혼동을 피하려고 별명처럼 '나치'와 '조치'로 부른 것이다. 참고로, '조치' 사회민주당은 여전히 독일에서 1, 2위를 다투는 유력 정당이다. 빌리 브란트, 헬무트 슈미트, 게르하르트 슈뢰더가 모두 사회민주당 소속이었다.

아테네를 꿈꾼 국왕, 여기 잠들다
성 보니파츠 수도원 Benediktinerabtei St. Bonifaz

| 베네딕티너압타이 장크트 보니파쯔

쾨니히 광장을 '뮌헨의 아크로폴리스'로 만들고자 했던 루트비히 1세는 영적인 중심지도 필요하다는 생각으로 광장 옆에 성 보니파츠 수도원을 지었다. 광장의 완공을 보지 못한 채 불명예스럽게 쫓겨난 루트비히 1세는 타국에서 숨을 거두었고, 그의 유해는 성 보니파츠 수도원에 안장되었다. 자신이 꿈 꾼 아테네의 재건을 보지 못했지만 죽어서라도 그 한복판에 영면한 셈. 오늘날에도 루트비히 1세와 왕비의 무덤이 내부에 있으나 엄숙한 종교시설인 관계로 관람이 제한될 때가 많다. 쾨니히 광장의 건축을 지휘한 레오 폰 클렌체가 설계하였고, 이후 1800년대 후반 레오 폰 클렌체가 성 보니파츠 수도원을 모델로 하여 아테네에 수도원을 지었다는 사실도 흥미롭다. 아테네를 꿈꾸며 지은 수도원이 진짜 아테네까지 진출한 것이다.

Data 지도 250p-F
가는 법 안티켄잠룽 옆 주소 Karlstraße 34 전화 089 551710
운영시간 08:00~17:00(내부 행사 시 입장 제한) 요금 무료 홈페이지 www.sankt-bonifaz.de

EAT

 분위기 근사한 비어홀
뢰벤브로이 켈러 Löwenbräukeller

뮌헨 6대 양조장 중 하나인 뢰벤브로이의 대표 비어홀이다. 중앙역에서 우반 또는 트램을 타고 가야 하는 곳에 있음에도 불구하고 일부러 찾아가는 여행자가 많을 만큼 뢰벤브로이 켈러 또한 뮌헨을 대표하는 비어홀로 손색이 없다. 동화 속에 나옴직한 앙증맞은 식당 건물의 비어홀과 넓은 비어가르텐 모두 분위기가 근사하다. 뢰벤브로이와 프란치스카너 등 신선한 여러 생맥주가 준비되어 있고, 학세와 부어스트 등 바이에른 향토요리 위주로 메뉴를 구성하였는데 음식 가격이 합리적인 편이다.

Data 지도 250p-E
가는 법 U1·U7호선 Stiglmaierplatz역 하차 또는 쾨니히 광장에서
도보 7분 주소 Nymphenburger Straße 2 전화 089 526021
운영시간 11:00~23:00(금·토 ~24:00) 가격 맥주 5.6유로, 학세 17.5유로
홈페이지 www.loewenbraeukeller.com

TIP 뢰벤브로이 켈러에서 도보 2분 거리에 뢰벤브로이 본사가 있다. 이미 지역 양조장의 범주를 넘어선 맥주 회사의 본사 건물 1층에 초대형 양조시설이 있는데, 밖에서도 들여다볼 수 있게 해두었다. 이 또한 뮌헨이기에 가능한 볼거리라 생각하며 잠깐 구경해보는 것을 추천한다.

 대형 슈니첼로 유명한
슈타인하일 제흐첸 Steinheil Sechzehn

독일어로 제흐첸이 숫자 16을 뜻하기 때문에 슈타인하일 16이라고 적는 것이 더 일반적이지만 간판에는 독일어로 적혀 있으므로 혼동을 피하기 위해 슈타인하일 제흐첸으로 소개한다. 이곳은 대학가에서 멀지 않은 곳에 자리 잡은 아담한 대중음식점이다. 현지 학생들에게 인기 폭발인 이유는 초대형 슈니첼 때문. '코끼리 귀'라는 별명을 가진 슈타인하일 제흐첸의 슈니첼은 맛과 양을 모두 만족시킨다. 그 외에도 샐러드, 파스타, 커리부어스트 등 간단한 요리와 아우구스티너 브로이의 맥주를 판매한다.

Data 지도 250p-B 가는 법 U2·U8호선Theresienstraße역 하차 후 도보 2분 주소 Steinheilstraße 16 전화 089 527488 운영시간 11:00~01:00 가격 맥주 4.5유로, 커리부어스트 10.9유로, 슈니첼 17.9유로 홈페이지 www.steinheil16.de

 한 손에 쥐기도 힘든 수제 버거
함부르거라이 아인스 Hamburgerei Eins

뮌헨에서 수제 버거 전문점으로 명성을 얻어 바이에른 전체로 지점을 확장한 함부르거라이의 1호점(아인스)이 쾨니히 광장 부근에 있다. 중앙역과 대학가에서 가까워 젊은 현지인에게 인기가 높고, 두꺼운 패티에 풍부한 재료와 이국적인 맛을 내는 수제 소스를 듬뿍 넣어 특별한 맛을 낸다. 매장 식사와 포장 주문 모두 가능하다.

Data 지도 250p-F 가는 법 쾨니히 광장에서 도보 5분 주소 Brienner Straße 49 전화 089 20092015 운영시간 11:30~22:00(금·토 ~23:00) 가격 햄버거 8.7유로~ 홈페이지 www.hamburgerei.de

뮌헨 외곽

독일인의 정신적 지주와도 같은 축구장, 깨끗하고 아름다운 자연, 뜻밖의 발견인 궁전, 재미를 보장하는 박물관, 유구한 역사의 비어홀 등 뮌헨 외곽에도 매력적인 여행지가 많다. 뮌헨 시내를 충분히 여행했다면, 뮌헨 외곽도 둘러보면서 즐거운 시간을 보내자.

SEE

 독일 축구의 심장
알리안츠 아레나 Allianz Arena | 알리안쯔 아레나

독일을 넘어 세계를 호령하는 빅 클럽 바이에른 뮌헨FC Bayern München의 홈구장. 2006년 독일 월드컵을 준비하며 2005년 개장한 초대형 축구장으로 75,000명의 관중을 수용한다. 그전까지 올림픽 공원의 축구장을 사용하던 바이에른 뮌헨이 2005년부터 알리안츠 아레나를 홈구장으로 사용 중이며, 바이에른 뮌헨 경기가 열리는 날에는 경기장 외벽의 타일이 붉은색으로 물든다. 또 국가대표 경기가 열릴 때는 하얀색으로, 그 외 경기가 열릴 때는 분위기에 맞춘 색상으로 물들어 색다른 볼거리를 제공한다. 뮌헨 시 외곽 들판에 우주선 같은 모양의 축구장만 덩그러니 있는 것도 특이하다.

경기가 열리는 날 전철역부터 경기장까지 허허벌판에 수만 명의 행렬이 끝없이 이어지는 모습도 장관이다. 경기가 없는 날에는 경기장의 프레스룸, 드레스룸, 관중석 등을 60분 분량의 가이드투어로 구경하고, 구장 내에 있는 바이에른 뮌헨 구단의 박물관까지 함께 관람할 수 있는 콤비 투어를 제공한다. 영어 투어는 하루에 한 차례이므로 미리 와서 박물관을 관람하고 투어에 참가하거나, 투어 참가 후 오후에 박물관을 관람하는 식으로 시간을 조절할 수 있다. 바이에른 뮌헨 구단의 팬이라면, 독일 축구의 팬이라면 놓칠 수 없는 볼거리가 된다.

Data 가는 법 U3·U6호선Fröttmaning역 하차 후 도보 10분 주소 Werner-Heisenberg-Allee 25 전화 089 69931222 운영시간 박물관+투어 10:00~18:00 요금 성인 25유로, 학생 22유로 홈페이지 www.allianz-arena.com

 다시는 이러한 일이 없도록
다하우 강제수용소 기념관 KZ-Gedenkstätte Dachau | 카쩻 게뎅크슈테테 다하우

나치는 집권 중 독일 전국에, 그리고 그들이 강제로 지배한 유럽 곳곳에 강제수용소를 여럿 세웠다. 처음에는 나치에 반대한 정치범을 수용하였지만 나중에는 인종을 이유로, 또는 아무 이유도 없이 무고한 사람을 수감해 강제노역을 시키고, 수감자를 대상으로 생체실험을 진행하기도 했다. 1933년 나치가 최초로 만든 강제수용소가 뮌헨 근교 다하우에 있다. 다하우 강제수용소는 이후 나치가 유럽 곳곳에 건설할 강제수용소의 모델이 되었으며, 1945년까지 약 20만 명이 수감되어 그중 3만 명 이상이 수용소에서 사망한 야만적인 장소로 기록된다. 전쟁이 끝난 뒤 뮌헨은 강제수용소를 폐쇄하는 대신 나치의 만행을 고발하는 기념관으로 활용하기로 했다.

수용소 건물을 박물관으로 활용해 나치의 집권과 독재, 전쟁, 수용소 내에서의 반인륜적인 폭력과 그 결과 등을 생생한 사진, 동영상, 수감자의 수기 등을 인용하여 가감 없이 공개한다. 또한 수용소 내의 감옥, 수감자들이 생활한 열악한 막사 등도 공개되어 있고, 탈출을 막기 위해 설치한 전기 철조망 등 '꼼꼼한' 악행을 일일이 보여주고 있다. 무엇보다 가장 먹먹하게 만드는 것은 대량학살을 목적으로 만든 가스실과 화장터. 이 모든 폭력의 현장을 여과 없이 공개함으로써 피해자에게 사죄하는 진정성을 보여주고 후손에게는 다시는 이러한 일이 없도록 엄중한 경고를 남긴다.

Data 지도 011p-B
가는 법 S2호선 또는 기차로 Dachau역 하차(21분 소요), 기차역 앞 버스 정류장에서 726번 버스 승차 후 KZ-Gedenkstätte 정류장 하차(7분 소요). 뮌헨 XXL존에서 유효한 대중교통 1일권을 사용한다.
주소 Alte Römerstraße 75, Dachau 전화 08131 669970 운영시간 09:00~17:00
요금 무료 홈페이지 www.kz-gedenkstaette-dachau.de

📢 |Theme|

다하우 강제수용소 기념관 자세히 보기

다하우 강제수용소 기념관은 매우 넓다. 효율적인 관람을 위해 중요 스폿의 설명과 동선을 제안한다.

인포메이션 센터 Besucherzentrum
버스 정류장에 내리면 바로 앞에 있는 건물은 기념관의 인포메이션 센터다. 안내 브로슈어를 얻거나 가이드투어를 신청할 수 있고, 샌드위치 등 간단한 음식을 파는 카페테리아가 있다.

주어하우스 Jourhaus
인포메이션 센터를 지나 조금 더 걸으면 정문에 해당하는 2층짜리 건물 주어하우스가 나온다. 입장하기 전부터 철문에 적힌 "노동이 자유하게 하리라Arbeit macht frei"라는 나치의 선전 문구를 볼 수 있다.

관리동 Wirtschaftsgebäude
수용소의 사무실이나 교도관의 숙소 등 관리 목적으로 지은 건물이 가장 큰 박물관이다. 주제별로 정리된 전시물은 읽다 지칠 정도로 방대하다.

 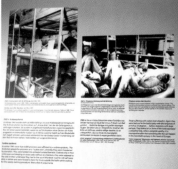

화장터 Krematoriumsbereich

대량살상 목적으로 만든 가스실, 시체를 처리하기 위한 화장터가 가장 구석진 곳에 있다. 가스실 입구에 샤워실Brausebad이라고 적고, 수감자에게는 몸을 씻으라며 옷을 벗기고 들여보내 학살하려 했던 것인데, 실제 다하우에서는 대량학살이 벌어지지 않았다고 한다. 하지만 시체가 산더미처럼 쌓인 자료사진, 사람 하나 크기의 '맞춤형' 화장시설 등 욕이 절로 나오는 전시물에 이성을 잃게 된다.

가스실

막사 Baracken

수감자가 생활한 곳. 원래 34개의 막사가 있었지만 모두 허물고 2개만 남겨두었다. 딱 보기에도 너무하다 싶은 침실과 화장실, 샤워실이 남아 있다. 원래 막사 1곳당 250명이 수용되도록 설계했는데 실제로는 1,600명 정도가 들어갔다고 한다. 지금 보기에도 심각하게 열악한 시설이지만 당시에는 이보다도 훨씬 열악한 환경에서 인간 이하의 삶을 살았다는 것을 알 수 있다.

침실

화장실

막사가 허물어진 자리

감옥 Lagergefängnis

수감 생활이 감옥과 다를 바 없지만 그중에서도 더 열악한 고문과 탄압을 받았던 감옥이 따로 있다. 수감 당시의 모습 그대로 공개한다.

그 외에도 각종 기념비가 곳곳에 보인다. 일부는 독일에서 사죄의 의미로 희생자를 기리며 만든 것이고, 일부는 피해자(유대인)가 용서의 의미로 만든 것이다.

뮌헨의 가장 화려한 궁전
슐라이스하임 궁전 Schlossanlage Schleißheim | 슐로스안라게 슐라이스하임

1598년 바이에른의 빌헬름 5세가 만든 작은 별채에서 시작되어 이후 바이에른 선제후들에 의해 계속 확장되어 아름다운 궁전과 정원을 갖게 된 곳. 특히 1701년 선제후 막스 에마누엘Max Emanuel이 만든 신 궁전Neues Schloss은 그가 신성로마제국 황제가 될 것을 대비하여 황제의 궁전을 준비해둔 것이기에 매우 화려하고 아름답다. 뮌헨의 레지덴츠 궁전이나 님펜부르크 궁전에 비해 뮌헨 근교에 있는 슐라이스하임 궁전은 덜 알려진 편이지만 궁전 건축 본연의 아름다움을 감상하려면 가장 좋은 곳이 바로 슐라이스하임 궁전, 그중에서도 신 궁전이다. 빌헬름 5세가 만든 작은 궁전은 구 궁전Altes Schloss으로 구분한다. 입장 시 두 곳의 궁전과 넓은 정원, 그리고 정원 끝의 사냥 쉼터 루스트하임 궁전Schloss Lustheim까지 관람할 수 있다.

Data 지도 011p-B 가는 법 S1호선 Oberschleißheim역 하차(21분 소요) 후 도보 10분 또는 292번 버스로 Oberschleißh., Schloss 정류장 하차. 뮌헨 XXL 존에서 유효한 대중교통 1일권을 사용한다.
주소 Max-Emanuel-Platz, Oberschleißheim 전화 089 3158720 운영시간 4~9월 화~일 09:00~18:00,
10~3월 화~일 10:00~16:00, 월 휴무 요금 통합권 성인 10유로, 학생 8유로, 신 궁전 성인 6유로,
학생 5유로 홈페이지 www.schloesser-schleissheim.de 메어타게스 티켓

비행장을 항공 박물관으로 개조하다
독일 박물관 항공관 Deutsches Museum Flugwerft | 도이췌스 무제움 플룩베으프트

슐라이스하임 궁전 바로 인근에 20세기 초 바이에른 왕실 항공대가 사용하던 비행장이 있었다.
1990년대 초 독일 박물관에서 이곳을 박물관으로 개조하여 옛 비행기를 모아놓은 항공관으로 사용하고 있다. 밀리터리 마니아의 구미를 당기는 전시품이 많다.

Data 지도 011p-B
가는 법 슐라이스하임 궁전에서 도보 5분 이내 주소 Effnerstraße 18, Oberschleißheim 전화 089 3157140
운영시간 09:00~17:00 요금 성인 8유로, 학생 5유로 홈페이지 www.deutsches-museum.de

© Deutsches Museum

© Deutsches Museum

 바다처럼 깨끗한 호수
슈타른베르크 호수 Starnberger See | 슈타른베으거 제

뮌헨 서남쪽 근교에 있는 슈타른베르크 호수는 뮌헨 시민의 대표 휴양지로 꼽힌다. 독일에서 다섯 번째로 넓은 호수이면서 평균 수심이 깊어 짙푸른 물빛이 진짜 바다를 보는 것처럼 맑고 깨끗하다. 면적은 58.36㎢. 워낙 큰 호수라서 슈타른베르크 호수에 접근할 수 있는 마을도 한두 곳이 아니다. 그중 뮌헨에서 전철 에스반으로 갈 수 있는 슈타른베르크Starnberg와 투칭Tutzing이 유람선 등 호수를 즐길 인프라가 가장 훌륭하다. 청정 호수를 벗하며 잠시 쉬고 싶은 여행자라면 투칭보다는 슈타른베르크가 뮌헨에서 더 가까워 편리할 것이다. 날씨가 좋다면 유람선도 타보자. 유람선 업체 홈페이지에서 노선이나 요금을 확인할 수 있다.

Data 지도 011p-B 가는 법 S6호선 또는 기차로 Starnberg역(32분 소요, XXL존 1일권) 또는 Tutzing역 (44분 소요, 전체존 1일권) 하차 홈페이지 www. bayregio-starnberger-see.de

 미치광이 왕의 최후
루트비히 2세 십자가 König Ludwig II. Gedenkkreuz

| 쾨니히 루드비히 쯔바이테 게뎅크크로이쯔

슈타른베르크 호수는 루트비히 2세의 최후의 장소이기도 하다. 루트비히 2세는 왕위에서 강제로 쫓겨난 뒤 슈타른베르크 호수로 유배당했고 3일 만에 호수에서 익사체로 발견된다. 사체가 발견된 바로 그 자리에 나무 십자가 하나를 세워 그를 기념한다. 찾아가는 길이 편하지 않으므로 보편적인 여행 코스로 소개하기는 어렵지만 '미치광이 왕'에 대해 남다른 관심이 있다면 방문을 고려해 볼 것. 호수가 서쪽 방향에 펼쳐지므로 적당히 흐린 날 일몰 시간에 맞춰 가면 그림 같은 풍경을 볼 수도 있다.

Data 지도 011p-B
가는 법 S6호선 Starnberg Nord 역 하차 (30분 소요), 961번 버스로 환승하여 Berg, Abzw.Leoni 정류장 하차(12분 소요), 이후 아센부허 거리Assenbucher Straße를 따라 호숫가까지 간 다음 오른편 오솔길로 계속 호숫가를 따라 걸으면 십자가가 보인다. 정류장에서 도보 10~15분 소요. 대중교통은 전체존 1일권을 구입한다.

명차의 향연 시즌2
아우디 박물관 Audi Museum Mobile | 아우디 무제움 모빌레

BMW 박물관에서 명차의 향연을 경험했다면 그다음은 아우디 박물관이다. 뮌헨 근교 잉골슈타트 Ingolstadt에 있는 아우디 본사에서 운영하는 박물관이다. 아우디의 모기업인 폴크스바겐에서 자체 운영하는 박물관도 독일에 있지만, 그와 상관없이 아우디 본사에서 야심차게 추진하여 2000년 문을 열었다. 원형의 박물관 내에는 아우디 자동차의 과거부터 현재까지 모두 담겨 있다. 오늘날에도 아우디는 디자인 분야에서 특히 인정받고 있는데, 과거에도 유려한 디자인으로 시선을 끄는 명차가 즐비했다는 것을 직접 확인할 수 있다. 아우디의 모체가 된 4개 자동차 회사의 클래식카, 특히 가장 주도적으로 아우디를 이끌었던 창업자 아우구스트 호르흐August Horch의 자동차 등 진귀한 '고전'이 많아 명차를 사랑하는 여행자에게는 BMW 박물관 못지않은 신선한 경험이 될 것이다. 전시품은 연대별로 정리되어 있고, 영어 설명도 있다.

Data 지도 011p-B 가는 법 Ingolstadt Nord 기차역 하차(1시간 4분 소요),15번 버스로 환승하여 Audi, Form 정류장 하차(7분 소요). 바이에른 티켓으로 모두 탑승할 수 있다. 기차역으로 되돌아갈 때도 똑같은 버스 정류장에서 탑승한다. 종점을 잘 확인하고 탑승하기 바란다.
주소 Auto-Union-Straße 1, Ingolstadt 전화 0800 2834444 운영시간 월~금 09:00~17:00, 토·일 10:00~16:00 요금 성인 5유로, 학생 2.5유로 홈페이지 www.audi.com

📢 |Theme|

잉골슈타트 여행

아우디 박물관을 보기 위해 잉골슈타트에 들렀다면 박물관만 보지 말고 시내 여행도 함께 즐겨보자. 잉골슈타트는 맥주순수령이 공포된 도시로 유명한데, 바이에른 역사에서도 매주 중요한 곳이어서 그 영광의 흔적이 구시가지 곳곳에 남아 있다.

구시가지의 중심은 단연 구 시청사Altes Rathaus가 있는 시청 광장Rathausplatz이다. 르네상스 양식의 구 시청사 너머로 성 모리츠 교회St. Moritzkirche의 첨탑이 겹쳐지는데, 마치 원래 구 시청사의 첨탑인 것처럼 딱 포개지는 재미있는 착시현상도 확인해 보자. 1501년 완공된 신 궁전 Neues Rathaus 등 중세의 흔적이 곳곳에 남아 있지만, 중세의 매력이 가장 잘 보존된 곳은 역시 교회.성 모리츠 교회 외에도 성모 대성당Liebefraumünster과 아잠 교회Asamkirche가 관광 명소로 꼽히는데, 특히 아잠 교회는 뮌헨의 아잠 교회를 만든 바로 그 아잠 형제의 역작이다. 뮌헨의 아잠 교회와 마찬가지로 내부의 화려한 장식이 예술적이다.

아우디 박물관은 구시가지와 거리가 멀다. 따라서 시내버스 이동이 필요하며, 바이에른 티켓이 유효하다. 잉골슈타트 빌리지에서 아웃렛 쇼핑까지 즐긴다면 잉골슈타트에서의 하루가 바쁘게 지나간다. 시내 지도가 필요하면 구 시청사 1층의 관광안내소에서 무료로 얻을 수 있다.

Data 지도 011p-B 가는 법 잉골슈타트 북역Ingolstadt Nord에서 20번 버스 승차 후 Rathausplatz 정류장에서 하차(4분 소요)하면 구시가지의 중심이다. 아우디 박물관과 잉골슈타트 빌리지 모두 북역에서 버스로 어렵지 않게 이동할 수 있다.

북역

성모 교회 내부의 보물관

구 시청사와 성 모리츠 교회

© Deutsche Zentrale für Tourismus e.V. / photo: Mark Wohlrab
아잠 교회

아이들의 파라다이스
레고랜드 Legoland Deutschland | 레고랜드 도이칄란트

레고의 초대형 테마파크인 레고랜드가 독일 바이에른 소재 귄츠부르크Günzburg에 있다. 뮌헨에서는 다소 거리가 멀지만 바이에른까지 왔다면 일부러 찾아가기에 충분한 가치가 있다. 2002년 개장 이래 매년 100만 명 이상 방문하는 인기 만점의 놀이동산에서 자녀들과 함께 시간을 보내면 아주 즐거운 추억으로 남을 것이 틀림없다. 아찔한 롤러코스터, 해적선 놀이터, 레고로 만든 미니어처 도시 등 아이들의 오감이 즐거운 다양한 시설을 넓은 부지에 가득 준비해두었다. 물론 레고숍도 있으니 자녀의 성화를 이기지 못하고 어쩔 수 없이 추가 지출이 발생할 것이다. 야외 시설이어서 겨울에는 문을 닫거나 주말에만 제한적으로 영업하니 홈페이지에서 일정을 꼭 확인하자.

Data 지도 011p-A
가는 법 Günzburg 기차역 하차 (1시간 41분 소요), 818번 버스로 환승하여 Legoland Park 정류장 하차(9분 소요). 바이에른 티켓으로 모두 탑승할 수 있다.
주소 Legoland-Allee, Günzburg
전화 0180 6 70075701
운영시간 시즌에 따라 개장시간이 다르므로 홈페이지에서 확인
요금 12세 이상 64유로, 3~11세 58유로, 홈페이지에서 얼리버드 요금 41.5유로에 구매할 수 있다.
홈페이지 www.legoland.de

TIP 아우크스부르크에서 귄츠부르크 기차역까지 시간이 절반 정도로 단축되므로 레고랜드에 가는 날은 아우크스부르크에 숙박하면 좀 더 편리하다.

초대형 맥주 공장 견학
에르딩어 맥주 공장 투어 Erdinger Brauereiführung

| 에어딩어 브라우어라이퓌룽

맥주의 '주도酒都'라고 해도 과언이 아닐 뮌헨과 주변 바이에른의 양조장은 종종 공장 투어 프로그램도 운영한다. 하지만 일부는 단체에게만 개방하기도 하고, 일부는 일정이 들쑥날쑥이기도 하여 보편적인 여행 코스로 추천하기는 어려운데, 에르딩어 맥주의 공장 투어만큼은 거의 매일 개인 여행자에게도 오픈되어 있고 영어 투어도 제공하므로 적극 추천할 수 있다. 에르딩어 맥주 본사가 있는 에르딩까지는 에스반으로 갈 수 있지만 전철역에서 본사 공장까지 거리가 꽤 멀다. 투어는 2시간 정도 소요되고 투어 후에 시음용 맥주와 식사까지 제공된다. 뮌헨에서 에르딩까지 오는 시간과 전철역에서 공장까지 오는 시간, 투어와 식사 시간을 다 합치면 5~6시간 정도 할애해야 한다. 하지만 맥주 마니아라면 세계적

인 맥주의 원료부터 생산 및 출하까지 전 과정을 충실히 보여주는 투어에 1인당 두 잔의 제한이 있지만 특별히 문제가 없다면 무제한 제공되는 시음용 맥주, 직접 조리한 바이스부어스트와 브레첼의 식사까지 생각하면 반나절을 투자할 가치는 충분할 것이다. 에르딩어 맥주는 한국에서도 유명하지만, 한국에서 구경도 해보기 힘든 다양한 종류의 맥주를 현장에서 직접 맛볼 수 있다. 투어별 참여 인원이 제한되어 있으니 홈페이지에서 사전에 날짜와 시간을 지정해 예약해야 한다.

Data 지도 011p-B
가는 법 S2·S3호선 Erding역 하차(51분 소요), 530번 버스로 환승하여 Brauerei 정류장 하차(17분 소요).
1일권(전체존)으로 모두 탑승할 수 있다. 주소 Franz-Brombach-Straße 19, Erding 전화 08122 409421
운영시간 하루 1~3차례 투어가 진행되며 영어 투어는 주 3회 정도 진행. 매일 시간이 다르니 홈페이지에서 확인
요금 성인 18.86유로, 학생 10유로 홈페이지 tickets.erdinger-besucherzentrum.de

TIP 에르딩 전철역에서 맥주 공장까지 가는 노선이 몇 개 있고 요금도 같지만 그중 530번 버스가 가장 편리하다. 단, 저녁 시간대에 투어를 신청하면 전철역으로 되돌아가는 530번 버스가 끊길 시각이다. 이때는 공장에서 도보 5분 거리에 있는 버스 정류장에서 512번 버스를 타면 전철역까지 문제없이 이동할 수 있다.

EAT

세계에서 가장 오래된 양조장
브로이슈튀베를 바이엔슈테판 Bräustüberl Weihenstephan

세계에서 가장 오래된 양조장으로 꼽히는 바이엔슈테파너 맥주의 본사와 공장이 뮌헨 근교 프라이징에 있다. 프라이징에서 본사가 있는 동네 이름이 바이엔슈테판이다. 한적한 양조장을 찾아가면 커다란 공장이 있고, 거기에 아담한 비어홀 브로이슈튀베를 바이엔슈테판이 있다. 현지인과 뮌헨 대학교의 프라이징 캠퍼스에 다니는 학생들이 일부러 찾아오는 인기 레스토랑이다. 부어스트, 슈니첼, 학세 등 전형적인 바이에른 향토요리를 판매하며, 맥주는 당연히 바이엔슈테파너의 여러 가지 신선한 생맥주를 판매한다. 가격도 뮌헨 시내보다 저렴한 편이다. 만약 여러 종류의 맥주를 마시고 싶다면 헬레스 비어, 바이스비어, 둥켈 비어 세 가지를 작은 잔(0.1리터)에 담아 샘플러로 판매하는 비어프로베Bierprobe가 큰 만족을 선사할 것이다.

Data 가는 법 S1호선 또는 기차로 Freising역 하차(23분 소요), 637·638·639·640번 버스로 환승하여 Weihenstephan, Freising 정류장 하차(8분 소요), 안쪽 골목인 바이엔슈테파너 베르크 Weihenstephaner Berg 거리로 들어가 언덕을 오르면 바이엔슈테파너 공장이 보이고, 거기에 비어홀이 있다. 뮌헨에서 전체존 1일권을 사용한다. 주소 Weihenstephaner Berg 10, Freising 전화 08161 13004 운영시간 10:00~23:00 가격 맥주 4.5유로, 비어프로베 4.8유로, 바이스부어스트 3.3유로, 학세 18.6유로 홈페이지 www.braeustueberl-weihenstephan.de

📣 |Theme|

프라이징 여행

대성당

오버 하우프트 거리

프라이징은 뮌헨이 한창 전성기일 무렵 주교좌성당이 생기면서 종교적으로 큰 비중을 가졌던 근교 도시다. 당시 형성된 구시가지는 지금 봐도 매력적인 모습을 뽐낸다. 바이엔슈테파너 맥주가 아니더라도 잠시 구경하며 소도시의 매력을 느껴볼 만한 곳이며, 뮌헨 공항도 프라이징 인근에 있기 때문에 공항에 오갈 때 가까운 베이스캠프로 활용해도 좋은 곳이다. 프라이징에서 첫 손에 꼽히는 여행지는 단연 대성당Freisinger Dom이다. 주교좌성당이 생기면서 발전한 도시이니 당연한 결과다. 겉에서 보면 단아한 로마네스크 양식, 그러나 내부에 들어가면 화려한 로코코 양식이 펼쳐진다. 독일이 배출한 교황 베네딕토 16세도 프라이징 대성당에서 신부로 봉직했다고 한다. 언덕 위의 대성당이 내려다보는 구시가지의 중심은 마리아 광장Marienplatz이다. 대성당의 별칭이 성모 마리아 대성당Mariendom이기 때문에 그 아래 중심지가 마리아 광장으로 불린다(뮌헨의 마리아 광장과는 관련이 없다). 자그마한 광장에 시청사와 시립 박물관Stadtmuseum이 있고, 시청사 너머에 성 게오르그 교회Stadtpfarrkirche St. Georg의 첨탑이 함께 눈에 들어온다. 시내 지도가 필요하면 시립 박물관 건물의 관광안내소에서 무료로 얻을 수 있다.

Data 가는 법 Freising역에서 정면의 반호프 거리Bahnhofstraße로 직진하면 구시가지의 번화가인 오버 하우프트 거리Obere Hauptstraße가 나온다. 왼편이 바이엔슈테판 방향, 오른편이 마리아 광장 방향이다. 대성당은 오버 하우프트 거리가 나오기 직전 오버 돔베르크 골목Obere Domberggasse를 따라 언덕을 오르면 나온다.

마리아 광장

TIP 뮌헨 공항으로 가는 시내 버스가 프라이징역에서 정차한다. 635번 버스로 터미널1까지 17분, 터미널2까지 21분 소요된다. 버스는 20분에 1대씩 출발하며, 일반 시내버스이므로 큰 수하물을 수납할 공간은 없지만 큰 불편은 없다. 요금은 편도 3.9유로.

뮌헨 맥주의 숨은 보석

아잉어 브로이슈튀베를 Ayinger Bräustüberl

뮌헨의 6대 양조장도 아니고, 세계에서 가장 오래된 바이엔슈테
파너도 아니고, 한국에 수입되어 인기를 끄는 유명 맥주도 아니
다. 하지만 맛은 최상급. 그렇기 때문에 뮌헨 여행 중 가장 '숨은
보석'처럼 다가오는 맥주가 아잉어다. 뮌헨 시내에도 아잉어의
비어홀이 있지만 가장 신선한 맥주의 참맛을 느낄 수 있는 곳은
아잉어의 고장인 아잉Aying의 아잉어 브로이슈튀베를이다. 아쉽
게도 아잉은 관광 도시는 아니고, 넓은 들판에 전원주택이 있는
조용한 마을이다. 하지만 일부러 찾아가도 후회하지 않을 만큼
아잉어 브로이슈튀베를의 맥주는 깊은 여운을 선사한다. 오바츠
다, 슈바이네브라텐 등 바이에른 정통 향토요리에 아잉어의 맥주
를 곁들여보자. 매일 저녁 5시에 생맥주 통을 개방해 이 시간대
의 맥주가 최고의 신선도를 자랑한다.

Data 가는 법 S7호선 Aying역 하차(41분 소요, XXL존 1일권 사용),
뮌헨에서 도착했다면 내린 플랫폼에서 반대편으로 건너가 도보 10여 분
소요된다. 지금은 사용하지 않는 전철역 옆으로 나간 뒤 암 반호프
Am Bahnhof 거리로 우회전, 곧장 반호프 거리Bahnhofstraße로
좌회전한 뒤 계속 직진하면 된다. 주소 Münchener Straße 2, Aying
전화 08095 1345 운영시간 11:00~23:00(토·일 10:00~)
가격 맥주 3.3유로, 오바츠다 9.55유로, 슈바이네브라텐 15.6유로
홈페이지 www.ayinger-braeustueberl.de

SLEEP

 색다른 비어 스테어
아잉 호텔 Brauereigasthof Hotel Aying

1385년부터 이 자리에서 숙박업을 시작했으니 600년 이상의 역사를 가진 호텔이다. 마이바움을 앞세운 앙증맞은 외관을 뽐내며, 아잉어 브로이슈튀베를 바로 맞은편에 있다. 뮌헨 여행 중 일부러 근교마을에서 숙박할 일은 없겠지만, 아잉 호텔만큼은 추천한다. 마치 '비어 스테이'라고 해도 될 독특한 여행의 체험을 할 수 있기 때문. 4성급 설비를 갖춘 고풍스러운 호텔이며, 아잉어 맥주의 본고장을 경험하려는 사람들로 평상시에도 붐빈다.

Data 가는 법 아잉어 브로이슈튀베를 옆 주소 Zornedinger Straße 2, Aying 전화 08095 90650 홈페이지 www.brauereigasthof-aying.de

Special
1 Day Tour
··························
뮌헨에서 떠나는
특별한 하루 여행

01

퓌센
Füssen

뮌헨보다 더 유명한 퓌센. 그 이유는 퓌센에 있는 노이슈반슈타인성 때문일 것이다. 신비로운 숲속에 우아하게 자리잡은 고성은 숨 막히게 아름답다는 표현으로도 부족하다. 지금도 수많은 여행자가 퓌센에 찾아와 고성의 매력에 감탄한다.

퓌센
미리보기

SEE

노이슈반슈타인성 등 알프스 자락에 아름다운 고성이 있는 슈반가우 지역과 퓌센 시가지로 나뉜다. 많은 여행자가 슈반가우만 급히 보고 떠나지만 퓌센 시가지 역시 고풍스러운 매력이 가득하다. 가급적 하루 일정을 할애해 충분히 둘러보기 바란다.

EAT

슈반가우 지역의 레스토랑은 유명 관광지여서 비싼 편이다. 퓌센 시가지에 값싸고 맛있는 레스토랑이 여럿 있다. 관광지답게 대중적인 음식이 많으므로 먹을 것을 걱정할 필요는 없다.

SLEEP

뮌헨에서 당일치기로 다녀가는 것이 일반적이지만 퓌센에서 숙박을 하면 노이슈반슈타인성을 좀 더 한산할 때 편하게 관람할 수 있는 장점이 있다. 슈반가우 지역에 비싼 호텔이 몇 곳 있고, 퓌센 시가지에는 저렴한 호스텔도 있다. 참고로 퓌센의 숙박업소는 예약 사이트 표기 요금 외에 2.2유로의 숙박세가 별도로 부과된다.

어떻게 갈까?

뮌헨에서 퓌센까지 레기오날반으로 약 2시간 소요된다. 바이에른 티켓을 이용하면 왕복 열차 모두 탑승 가능. 단, 평일에는 바이에른 티켓이 오전 9시 이후부터 유효하다는 점을 잊지 말자. 몇 해 전만 하더라도 꼭 슈반가우 매표소에서 당일 입장권을 발권하여 '오픈 런'하듯 달려가야 했으나, 지금은 온라인 예약 시스템이 완전히 자리를 잡았기 때문에 미리 발권한 시간에 맞춰 퓌센에 도착하도록 여정을 조절할 수 있다. 그렇다 해도 노이슈반슈타인성과 슈반가우, 그리고 퓌센 시내를 구경하려면 뮌헨에서 최대한 일찍 출발해야 하는 것은 어쩔 수 없다. 주말은 바이에른 티켓이 0시부터 유효하므로 시간을 벌 수 있지만 방문객이 더 붐빈다는 점은 고려하자.

어떻게 다닐까?

퓌센에서 슈반가우까지 시내버스로 이동한다. 73번 또는 78번 버스로 호엔슈반가우 노이슈반슈타인 캐슬즈Hohenschwangau Neuschwanstein Castles 정류장 하차(8분 소요). 슈반가우에서 퓌센으로 되돌아올 때도 같은 버스를 이용하는데, 정류장은 하차한 곳의 건너편이다. 바이에른 티켓으로 시내버스도 탑승할 수 있다.

퓌센
♀ 1일 추천 코스 ♀

모든 계획의 포커스를 맞출 주인공은 단연 노이슈반슈타인성이다. 온라인 예약을 강력히 추천하며, 예약 시간에 맞춰 여행 계획이 결정되니 예약을 서두르자. 일단 아래 루트는 슈반가우부터 퓌센까지 여행하는 것으로 정리하였으나, 여행 시간이 부족하면 형광색 표기 위주로 여행하면 편리하다.

기차역
뮌헨 ➔ 퓌센

버스 8분

슈반가우

시내버스로 슈반가우 이동
➔ **마리아 다리** ➔ **노이슈반슈타인성**
➔ 호엔슈반가우성 ➔ 알프 호수
➔ 바이에른 왕실 박물관

버스 8분

기차역
퓌센 ➔ 뮌헨

도보 5분

퓌센

시내버스로 퓌센 이동
➔ **라이헨 거리** ➔ 성 망 수도원
➔ 성 망 교회 ➔ 호에성

TIP 온라인 예약을 마친 방문객은 곧장 노이슈반슈타인성으로 직행하면 된다. QR코드를 스캔하여 성에 입장할 수 있다. 예약하지 않은 방문객은 일단 티켓 오피스에 들러 당일 잔여 티켓을 확인한다. 만약 입장 가능한 티켓이 남아 있으면 현장에서 발권할 수 있다. 높은 확률로 주말과 성수기는 잔여 티켓을 구하기 어려울 테니 온라인 예약은 필수라고 생각하자. 혹 현장에서 발권하더라도 몇 시간의 대기가 필요할 것이다. 온라인 예약 시에는 기본 입장권 가격 외에 2.5유로의 수수료가 추가된다. 자세한 예약 방법은 작가의 네이버 포스트를 참고하자.

슈반가우

알프 호수

바이에른 왕실 박물관

셔틀버스 정류장

셔틀버스 정류장

호엔슈반가우성

마리아 다리

티켓 오피스

알펜슈투벤 호텔

루트비히 슈튀베를

시내버스 정류장

노이슈반슈타인성

퓌센 방향

노이슈반슈타인성 이동 방법

1. 버스

티켓 오피스와 마리아 다리를 왕복하는 셔틀 버스가 있다. 요금은 상행 3유로, 하행 2유로, 왕복 3.5유로. 바이에른 티켓으로 탑승할 수 없으며, 정류장 앞 매표소에서 티켓을 구입한다. 마리아 다리에서 성까지는 도보 10분. 거리가 가깝고 내리막이므로 걷는 데에 부담이 없다.

2. 마차

관광용 마차를 타고 성 아래까지 오를 수 있다. 상행 8유로, 하행 4유로. 요금은 기사에게 지불한다. 마차 하차 지점에서 성까지 5~10분 걸어 올라가야 한다.

3. 도보

아스팔트로 잘 닦인 등산로를 이용해 걸어서 오를 수 있다. 약 30~40분 소요된다.

TIP 마리아 다리에서의 풍경을 꼭 봐야 하므로 성에 오를 때에는 버스 이용을 권장한다. 그러나 하행 버스를 타기 위해 다시 마리아 다리까지 등산을 하는 것이 비효율적이므로 내려올 때는 등산로를 따라 도보로 내려오는 것이 적당하다. 20~30분 소요된다. 만약 부담스럽다면 하행 마차를 이용하는 것도 한 방법이다. 아울러 눈이 내려 도로가 결빙되면 버스나 마차가 운행하지 않으며 도보로만 오를 수 있다. 이런 날은 마리아 다리도 폐쇄된다.

SEE

슈반가우

아름다운 백조의 성
노이슈반슈타인성 Schloss Neuschwanstein | 슐로스 노이슈반슈타인

루트비히 2세는 첫 번째 고성. 그는 자신이 어린 시절 뛰어놀던 슈반가우 지역에 새로운 성을 짓고자 했다. 마침 슈반가우에 백조가 많이 서식했고 그는 백조를 좋아했다고 한다. 이에 백조를 닮은 성을 짓겠다는 일념으로 험준한 산골짜기에 웅장한 고성의 건축을 시작했고, 특정 건축양식에 얽매이지 않고 자신의 아이디어대로 성이 완성되도록 각별히 챙겼다. 덕분에 세상 어디에도 유사한 사례가 없는, 마치 백조가 날개를 웅크리고 있는 것 같은 모양의 특이한 성이 탄생했고, '새로운Neu 백조Schwan의 돌Stein'이라는 이름을 붙여주었다. 그러나 성이 완공되기 전 루트비히 2세는 왕위에서 쫓겨나 유배지에서 사망하여 정작 그가 이곳에 머문 기간은 얼마 되지 않았다. 루트비히 2세는 자신이 죽으면 성을 파괴하라고 명령했을 만큼 노이슈반슈타인성을 독차지하여 은둔하고 싶어 했으나 그의 사후 바이에른에서는 이곳을 관광지로 개방해 수많은 사람들이 드나들고 있으며 심지어 디즈니성의 모티브로 사용되고 있으니 루트비히 2세가 저승에서 원통해 할는지도 모르겠다. 성의 아름다운 외관은 누구나 감상할 수 있고, 내부는 30분 분량의 가이드투어를 통해 왕의 침실과 집무실, 공연장 등을 관람할 수 있다. 한국어 오디오 가이드를 제공하니 가이드투어(독일어·영어)보다는 오디오 가이드를 선택해 보다 자유롭고 편하게 관람하기를 추천한다.

Data 지도 285p-A 주소 Neuschwansteinstraße 20
전화 08362 930830 운영시간 3월 23일~10월 15일 09:00~18:00, 10월 16일~3월 22일 10:00~16:00
요금 성인 18유로, 학생 17유로 홈페이지 www.neuschwanstein.de **메어타게스 티켓**

다리에서 보이는 노이슈반슈타인성

전망이 끝내주는 아찔한 다리
마리아 다리 Marienbrücke | 마리엔브뤽케

산자락에 기막히게 둥지를 튼 노이슈반슈타인성의 아름다운 자태를 한눈에 조망할 수 있는 가장 좋은 장소는 성보다 더 높은 산골짜기에 놓인 마리아 다리다. 후대의 관광객을 위해 만든 게 아니라 루트비히 2세가 자신의 성을 감상하려고 만든 작은 다리를 보수하여 오늘날까지 사용하고 있다. 다리 이름은 루트비히 2세가 자신의 어머니 이름을 따 붙인 것이다. 튼튼한 철제 다리이지만 나무 바닥은 틈이 살짝 벌어져 다리 아래 까마득한 절벽이 보인다. 안전을 위해 동시 입장 인원을 체크하여 기준 인원 초과 시 차단기가 내려와 입장이 제한되는 방식으로 운영한다. 따라서 겉보기에는 아찔하지만 실제로 안전사고 우려는 없다고 보아도 되고, 폭우 등 안전이 우려되는 날에는 다리 입장을 제한한다. 좁은 다리에서 저마다 인증샷 남기는 데에 여념이 없으니 카메라를 놓치지 않도록 스트랩은 튼튼히 하고 입장하자. 이러쿵저러쿵해도 일단 다리 위에 올라 노이슈반슈타인성을 바라보는 순간 할 말을 잊게 만드는 아름다움에 혼이 빠질 것이다.

Data 지도 285p-A
가는 법 285p 참조
운영시간 종일개장
요금 무료

성에서 보이는 마리아 다리

 루트비히 2세가 뛰어놀던
호엔슈반가우성 Schloss Hohenschwangau | 슐로스 호엔슈반가우

루트비히 2세가 어린 시절 슈반가우 지역에서 뛰어놀던 추억 때문에 노이슈반슈타인성을 짓게 되었는데, 호엔슈반가우성이 바로 그 어린 시절 뛰어놀던 곳이다. 원래 이름은 슈반슈타인성. 그래서 '새로운Neu' 슈반슈타인성이라는 뜻으로 노이슈반슈타인성이 된 것이고, 훗날 슈반슈타인성은 호엔슈반가우성으로 이름이 바뀌었다. 루트비히 2세의 아버지 막시밀리안 2세가 버려진 고성을 사들여 고딕 양식을 가미해 지금의 모습으로 개조하였다. 평소 교류가 있던 작곡가 바그너를 이곳으로 불러 함께 시간을 보내면서 루트비히 2세도 바그너와 친분을 쌓았다. 노이슈반슈타인성이 건축될 때 루트비히 2세는 호엔슈반가우성에 머물며 발코니에서 망원경으로 건축 현장을 감시하기도 했다. 노이슈반슈타인성과 마찬가지로 30분 분량의 가이드투어로 내부를 관람할 수 있고 티켓 오피스에서 한국어 오디오 가이드를 제공한다. 노이슈반슈타인성이 워낙 유명해 상대적으로 호엔슈반가우성을 방문하는 사람은 적지만, 루트비히 2세가 광적으로 집착해 만든 노이슈반슈타인성과는 다른 바이에른 왕실의 고풍스러운 품격이 느껴지는 내부를 관람할 수 있을 것이다.

Data 지도 285p-B
가는 법 티켓 오피스에서 도보 30분
주소 Alpseestraße 30
전화 08362 930830
운영시간 3월 23일~10월 15일
09:00~17:00, 10월 16일~
3월 22일 10:00~16:00
요금 성인 21유로, 학생 18유로
홈페이지
www.hohenschwangau.de
메어타게스 티켓

비텔스바흐 가문의 영광
바이에른 왕실 박물관 Museum der bayerischen Könige
| 무제움 데어 바이에리셴 쾨니게

대대로 바이에른을 통치한 비텔스바흐 가문의 과거부터 현재까지 모두 모아 2011년 문을 열었다. 퓌센 두 고성의 주인이었던 막시밀리안 2세와 루트비히 2세에 대한 자료가 특히 많고, 세련된 전시실에서 왕가 소유의 보물과 각종 진귀한 볼거리를 전시하고 있다. 전시품 중 일부는 퓌센의 두 고성에 있던 것을 옮겨놓은 것이다. 즉, 두 고성의 내부까지 관람했어도 보지 못했던 왕실의 흔적을 이 박물관에서 마저 관람해야 비로소 퓌센의 '로열 투어'가 완성된다.

Data 지도 285p-B
가는 법 티켓 오피스에서 도보 5분
주소 Alpseestraße 27
전화 08362 9264640
운영시간 09:00~17:00
요금 성인 14유로, 학생 13유로
홈페이지
www.hohenschwangau.de

백조의 호수
알프 호수 Alpsee | 알프제에

'백조의 땅'이라는 뜻의 슈반가우에는 실제로 백조가 많이 서식했다고 한다. 알프스 산자락의 청정 호수인 알프 호수에 백조들이 노닐었고, 루트비히 2세가 그 모습에 빠져 '백조의 성'을 지었다. 알프 호수는 여전히 깨끗한 모습으로 푸른 알프스를 병풍 삼은 채 백조의 놀이터가 되고 있다. 뿐만 아니라 수많은 여행자들 역시 알프 호수를 바라보며 쉬다가 슈반가우 여행을 마무리한다. 날씨가 화창할 때에는 페달보트 등 호수 위에서 즐길 거리도 발견할 수 있다.

Data 지도 285p-B
가는 법 티켓 오피스에서 도보 5분

EAT

 백조의 성 아래 레스토랑

루트비히 슈튀베를 Ludwigs Stüberl

슈반가우 버스 정류장 근처에 위치한 옛 건물에 있는 레스토랑. 노이슈반슈타인성 바로 아래 고풍스러운 목조 건물에서 슈니첼, 커리부어스트 등 대중적인 독일 음식을 판매한다. 관광 후 버스를 기다리면서 가볍게 쾨니히 루트비히 맥주 한 잔으로 목을 축이기에도 좋다.

Data 지도 285p-A
가는 법 티켓 오피스에서 도보 2분
주소 Alpseestraße 7
전화 08362 98240
운영시간 11:00~18:00
가격 맥주 4.6유로로, 버거 13.5유로로,
학세 18.8유로로
홈페이지 www.alpenstuben.de

SLEEP

 산속 별장처럼 아늑한

알펜슈투벤 호텔 Hotel Alpenstuben

알프스 지역에 주로 발견되는 앙증맞은 목조 건축의 느낌을 살린 알펜슈투벤 호텔은 외관뿐 아니라 내부까지도 마치 어느 산속 별장에 온 것처럼 고즈넉하다. 1층 레스토랑도 유명한데, 학세 등 독일 향토음식을 합리적인 가격에 판매한다. 단, 오전에는 투숙객의 조식뷔페를 제공하기 때문에 외부인은 출입할 수 없다. 날씨가 좋을 때는 호텔 뒤편의 비어가르텐이 문을 열어 파울라너 맥주와 각종 향토요리를 판매한다.

Data 지도 285p-A
가는 법 티켓 오피스 옆
주소 Alpseestraße 8
전화 08362 98240
홈페이지 www.alpenstuben.de

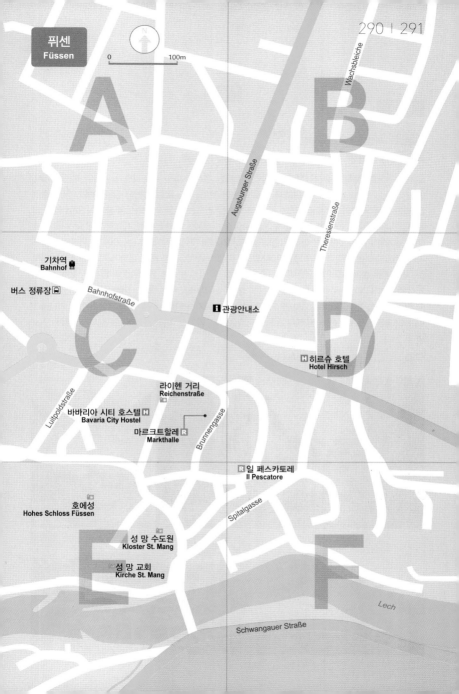

퓌센
Füssen

0   100m

기차역
Bahnhof

버스 정류장

Bahnhofstraße

관광안내소

Augsburger Straße

Theresienstraße

Wachsbleiche

히르슈 호텔
Hotel Hirsch

라이헨 거리
Reichenstraße

바바리아 시티 호스텔
Bavaria City Hostel

마르크트할레
Markthalle

Luitpoldstraße

Brunnengasse

일 페스카토레
Il Pescatore

호에성
Hohes Schloss Füssen

Spitalgasse

성 망 수도원
Kloster St. Mang

성 망 교회
Kirche St. Mang

Lech

Schwangauer Straße

SEE

퓌센

퓌센의 메인 스트리트
라이헨 거리 Reichenstraße | 라이헨슈트라쎄

도시의 규모는 작지만 관광객은 엄청나게 찾아오는 퓌센의 메인 스트리트가 기차역 부근의 라이헨 거리다. 250m 남짓 되는 보행자 도로 주변에 호텔, 레스토랑, 상점, 관광안내소 등 관광객을 위한 모든 시설이 밀집되어 있고, 중세의 모습을 간직한 건물들이 양편에 줄지어 있어 동화 같은 시가지의 매력을 느끼며 기분 좋게 여행을 즐길 수 있다. 특히 라이헨 거리의 가장 끝 시립 분수 Stadtbrunnen가 있는 광장은 이러한 동화 같은 시가지의 매력이 극대화되는 곳이다. 퓌센의 관광지가 대부분 라이헨 거리 부근에 밀집되어 있으니 여행과 휴식, 쇼핑 등을 겸하여 기분 좋게 거닐어보자. 야외 테이블에서 아이스크림이나 맥주를 먹으며 한가로이 쉬는 관광객들이 많지만, 번잡스러운 호객행위는 없기에 스트레스가 없다. 퓌센과 같은 시골의 소도시는 대개 가게들의 폐점 시간이 이르고 밤거리가 썰렁한 편이지만 라이헨 거리만큼은 늦게까지 영업하는 레스토랑이 여럿 있고 기념품이나 바이에른 전통의상 등 눈에 띄는 쇼윈도도 종종 보여 밤에도 여행하는 기분으로 시간을 알차게 보낼 수 있다.

Data 지도 291p-C 가는 법 기차역에서 도보 5분

시립 분수

기념품숍의 쇼윈도

시청+박물관+수도원

성 망 수도원 Kloster St. Mang | 클로스터 장크트 망

9세기경 성자 마그누스의 은둔 수도원이 있던 곳. 이때는 퓌센이라는 도시가 없던 시절. 도시보다 더 역사가 오래된 의미 있는 자리에 성자 마그누스를 기리며 세운 수도원이다. 성자 마그누스를 독일어로 성 망St. Mang이라고 적으므로 성 망 수도원이 되었다. 지금의 바로크 양식 수도원은 1700년대 지어진 것이다. 여러 건물이 모여 큰 단지를 이루고 있어 내부는 수도원 외에도 박물관과 시청사로 사용하고 있다. 특히 퓌센 박물관Museum der Stadt Füssen은 도시의 역사까지도 알 수 있는 일종의 민속 박물관으로 퓌센의 이해를 돕는 데 큰 도움이 된다.

Data 지도 291p-E 가는 법 라이헨거리의 끝 주소 Lechhalde 3
전화 08362 903145
운영시간 박물관 4~10월 화~일
11:00~17:00, 월 휴무, 11~3월
금~일 13:00~16:00, 월~목 휴무
요금 성인 6유로, 학생 5유로
홈페이지 www.stadt-fuessen.de

 겉과 속이 다른 교회

성 망 교회 Kirche St. Mang | 키으헤 장크트 망

겉에서 보면 단조롭기 그지없는 평범한 성 망 교회. 그러나 내부로 들어가면 순백의 바로크가 펼쳐진다. 정성스레 세공된 장식이 기둥과 천장을 수놓고, 아름다운 성화가 벽과 천장을 장식하며, 대리석을 아낌없이 사용한 화려한 제단이 곳곳에 가득하다. 일부러 채광이 잘 되도록 만들어 태양빛이 순백의 내부를 더 화사하게 만든다. 교회의 역사는 11세기까지 거슬러 올라가며, 지금의 모습은 18세기경 완성된 것이다.

Data 지도 291p-E
가는 법 라이헨 거리의 끝에서
도보 2분 주소 Magnusplatz 1
전화 08362 6190
운영시간 교회 사정에 따라
다르지만 평일 오전부터 오후까지
개장 요금 무료

퓌센의 또 다른 고성
호에성 Hohes Schloss Füssen | 호에스 슐로스 퓌센

퓌센을 여행한다면 슈반가우의 아름다운 고성만 생각하겠지만, 퓌센 시가지에도 공성전 영화에 나올 법한 견고한 고성이 또 하나 있다. 호에성은 직역하면 '높은 성'이라는 뜻으로, 언덕배기 위 높은 곳에 웅장하고 견고하게 지어진 그 육중한 모습 때문에 자연스럽게 '높은 성'이 되었다. 성에는 사방에 망루 역할을 하는 탑이 있고, 넓은 해자와 두꺼운 외벽이 있어 한눈에 봐도 군사적 목적으로 지었다는 사실을 알 수 있다. 권력자의 취미생활로 만든 슈반가우의 고성과는 느낌이 전혀 다르다. 안으로 들어가면 미술관을 거쳐 성 내부를 관람하고, 성벽과 감시탑도 볼 수 있다. 성까지 오르기 위해서는 성 망 교회 맞은편의 완만한 등산로를 따라 빙글빙글 돌아가야 하는데 체력 소모가 은근 심하다. 게다가 성을 관람하는 데도 체력이 필요하니 호에성을 들를 때는 시간 여유를 충분히 두는 것이 좋다. 미술관은 주로 19세기 예술에 집중되어 있다.

Data 지도 291p-E
가는 법 성 망 교회 맞은편
주소 Magnusplatz 10
전화 08362 903146
운영시간 박물관 4~10월 화~일 11:00~17:00, 월 휴무, 11~3월 금~일 13:00~16:00, 월~목 휴무 요금 성인 6유로, 학생 5유로
홈페이지 www.stadt-fuessen.de

TIP 호에성과 퓌센 박물관의 통합권도 있다. 요금은 9유로. 하루 동안 두 박물관의 입장이 가능한 티켓이다.

EAT

제대로 이탈리아 본토의 맛

일 페스카토레 Il Pescatore

레스토랑 이름은 이탈리아어로 '어부'라는 뜻. 실제로 이탈리아에서 생선을 잡던 어부가 독일로 이주해 이탈리안 레스토랑을 차렸다고 한다. 그리고 대를 이어 레스토랑을 운영하고 있다 하니 이탈리아 본토의 요리를 제대로 맛볼 수 있다. 새우나 홍합, 연어 등 해산물을 활용한 요리가 많고, 기본적인 파스타와 피자의 종류도 매우 다양하다. 맥주는 파울라너 생맥주, 그리고 몇 가지 특이한 병맥주를 판매한다. 딱 점심, 저녁 식사시간에만 문을 여는데 내부가 좁아 자리가 부족하다. 꼭 예약하는 것을 추천하며, 만약 예약 없이 방문하려면 문 여는 시간에 맞춰 가는 것이 좋다.

Data 지도 291p-F 가는 법 성 망 수도원에서 도보 5분 이내 주소 Franziskanergasse 13
전화 08362 924343 운영시간 월·화·목~일 11:30~14:30, 17:30~22:00, 수 휴무
가격 피자, 파스타 14유로 안팎 홈페이지 www.ilpescatore-fuessen.de

소박한 푸드코트

마르크트할레 Markthalle

마켓 홀, 즉 실내 공간에 시장이 모여 있는 곳. 판매자는 대체로 가벼운 요깃거리와 마실 것, 디저트 등을 제공한다. 원하는 판매자에게 직접 주문하고 결제한 뒤 음식이나 음료를 받아 빈자리에 앉아 먹는 방식이니 푸드코트 이용과 비슷하다고 보면 된다. 라이헨 거리 안쪽 골목에 있어 상대적으로 덜 복잡하고, 잠깐 시원한 음료나 맥주를 곁들이며 쉬어가기에 좋다.

Data 지도 291p-C
가는 법 라이헨 거리에서 도보 2분 주소 Schrannengasse 12
전화 0160 3547032 운영시간 월~토 08:00~18:30(토 ~15:00), 일 휴무
가격 맥주와 음료 3유로 안팎

SLEEP

아르누보와 멋진 전망
히르슈 호텔 Hotel Hirsch

유겐트슈틸 양식으로 지은 멋들어진 건물은 그 자체로 역사적 가치가 높다. 여기에 4대에 걸쳐 가족이 경영하면서 과거의 철학과 현대의 트렌드를 모두 담고 있다는 점이 높은 평가를 받는다. 고풍스럽게 꾸민 실내는 쾌적하지만 가장 저렴한 객실 등급인 스탠더드룸은 좁게 느껴질 수 있다. 무엇보다 옥상 테라스 바에서 호엔성이 바로 보이는데, 특별히 밤에 조명을 밝힌 성을 바라보며 쉴 수 있다는 것이 가장 큰 매력이다.

Data 지도 291p-D
가는 법 기차역에서 도보 5분
주소 Kaiser-Maximilian-Platz 7
전화 08362 93980
홈페이지 www.hotelfuessen.de

시내 한복판 저렴한 호스텔
바바리아 시티 호스텔 Bavaria City Hostel

라이헨 거리에 2013년 문을 연 호스텔. 옛 건물을 활용하여 호스텔로 꾸민 만큼 다소 좁고 시설이 노후한 감이 없지는 않지만 튼튼한 2층 침대와 감각적인 인테리어로 낡은 느낌이 전혀 들지 않는 세련된 호스텔을 만들었다. 도미토리는 최대 9인실. 조식은 포함되지 않았으나 침대 시트, 사물함 등 기본적인 편의는 다 갖추고 있어 가성비가 훌륭하다. 호스텔 정도의 설비를 갖춘 더블룸은 비용이 저렴하기 때문에 호텔 대용으로 선택해도 나쁘지 않다.

Data 지도 291p-C
가는 법 라이헨 거리 중앙에 위치
주소 Reichenstraße 15
전화 08362 9266980
홈페이지 www.hostelfuessen.com

02

로텐부르크
Rothenburg ob der Tauber

동화 속에서 튀어나온 것 같은 아름다운 시가지,
늘 크리스마스 분위기가 가득한 로텐부르크는
독일에서 가장 로맨틱한 도시라고 할 수 있다.

로텐부르크

미리보기

SEE

성곽이 그대로 보존된 구시가지는 시간이 멈춘 것 같은 환상적인 경험을 선사한다. 구시가지의 한쪽 끝에서 반대편 끝까지 도보로 30분 걸릴 정도로 작지만, 골목 구석구석 탄성을 자아내는 앙증맞은 풍경들이 가득하니 유명 관광지에 얽매이지 말고 골목골목 거닐어 보자. 더욱 인상적인 여행이 될 것이다.

EAT

유명한 관광지인 만큼 먹을 것을 염려할 필요는 없다. 독일 향토요리는 물론 대중적인 요리까지 폭넓게 판매한다. 프랑켄 지역에서 가장 유명한 관광지 중 하나이기에 프랑켄 와인도 곳곳에서 만날 수 있다.

SLEEP

도시가 작기 때문에 뮌헨에서 당일치기로 여행해도 시간은 충분하다. 하지만 중세의 사진 속에 나올 법한 고풍스러운 건물에서 숙박하는 특별한 경험을 누리고 싶거나 나이트 워치맨 투어 등 로텐부르크의 밤을 즐기고 싶다면 1박을 권장한다. 단, 숙박업소 대부분 리셉션을 24시간 운영하지 않으니 로텐부르크에 밤늦게 도착할 때에는 사전에 호텔의 규정을 확인할 필요가 있다.

BUY

로텐부르크는 관광객을 상대하는 법을 아는 게 틀림없다. 기념품숍의 센스는 대도시 뮌헨보다 내공이 깊어 관광객이 지갑을 열도록 유혹한다. 품목은 뮌헨에서 사도 되는 것들이지만 아이쇼핑만으로도 관광하는 기분을 만끽할 수 있다.

어떻게 갈까?

시골 깊숙한 곳에 있어 교통이 편하지는 않다. 뮌헨에서 로텐부르크까지 레기오날반으로 가려면 2회 환승이 필요하다(환승역은 트로이히트링엔Treuchtlingen과 슈타이나흐Steinach). 평일 바이에른 티켓이 유효한 첫 시간대는 뮌헨중앙역에서 9시 35분에 출발한다. 퓌센처럼 줄을 길게 서는 관광지가 아니므로 시간에 구애받지 말고 자유롭게 출발 시간을 정해도 된다. 환승 시간 포함 총 3시간 10분 정도 소요된다.

어떻게 다닐까?

골목의 매력을 하나하나 두 눈에 담으며 걷자. 다리가 아프면 낭만적인 분위기 속에서 잠시 쉬었다 또 걷자. 작은 도시라서 모두 도보 이동이 가능하고, 여행을 마칠 때쯤 적당히 다리가 뻐근하다. 기분 좋은 피로감을 느낄 때쯤 식사를 마치고 뮌헨으로 돌아오면 된다.

📍 1일 추천 코스 📍

마냥 걸어도 즐거운 아기자기한 소도시에서 열심히 걷고, 열심히 쉬고, 열심히 즐기자. 유명 관광 명소를 중심으로 루트를 정리하였지만 꼭 이대로 다니지 않아도 된다. 작은 시가지의 골목 구석구석 마음 내키는 대로 돌아다녀도 길을 잃을 염려도 없고 숨겨진 재미도 발견하게 될 테니까.

기차역에서
여행 시작

도보 10분 →

뢰더문을 지나면 이제
로텐부르크 구시가지에
들어선 것이다.

도보 2분 →

마르쿠스탑을 중심으로
동화 같은
시가지 풍경 감상

도보 2분 ↓

← 도보 5분

부르크문의 투박한 자태,
그리고 주변의 탁 트인
전경 감상

거대한 성 야코프 교회의
내부까지 관람

← 도보 2분

로텐부르크에서 가장
스케일 큰 마르크트 광장

도보 7분 ↓

슈미트 골목에서 예쁜
간판도 보고, 센스 만점의
쇼윈도까지 구경

도보 5분 →

독일을 대표하는 포토스폿
플뢴라인에서 기념사진
남기기

도보 20분 →

다시 마르크트 광장,
마르쿠스탑, 뢰더문을
지나 기차역으로

로텐부르크
Rothenburg ob der Tauber

0   100m

기차역
Bahnhof

로텐부르거 호프 호텔
Hotel Rothenburger Hof

가스트호프 포스트 호텔
Hotel-Gasthof Post

뢰더문
Rödertor

갈겐문
Galgentor

라이히스퀴헨마이스터 호텔
Hotel Reichsküchenmeister

틸만 리멘슈나이더 호텔
Hotel Tilman Riemenschneider

마르쿠스투름 로맨틱 호텔
Romantik Hotel Markusturm

마르쿠스투름
Markusturm

뢰르토 운트 차이트
Brot & Zeit

가스트호프 부츠
Gasthof Butz

로텐부르크 박물관
Rothenburg Museum

부르크 호텔
Burghotel

부르크문
Burgtor

부르크 정원
Burggarten

성 야코프 교회
St. Jakobskirche

테디랜드
Teddyland

중세 범죄 박물관
Mittelalterliches Kriminalmuseum

플뢴라인
Plönlein

슈피탈문
Spitaltor

유스호스텔
Jugendherberge
Rothenburg ob der Tauber

중심부 확대지도

관광안내소

베커라이 피셔
Bäcker Fischer

라츠슈투베
Ratsstube

테디스 로텐부르크
Teddys Rothenburg

바우마이스터 하우스
Baumeisterhaus

딜러 Diller

슈네발렌트로이메
Schneeballenträume

중세 범죄 박물관
Mittelalterliches
Kriminalmuseum

마르크트 광장
Marktplatz

시청사
Rathaus

케테 볼파르트
크리스마스 빌리지
Käthe Wohlfahrt –
Weihnachtsdorf

크리스마스 박물관
Deutsches
Weihnachtsmuseum

로젠 파빌리온
Rosenpavillon

추어 횔
Zur Höll

마리인 약국
Marien-Apotheke

SEE

완벽하게 보존된 성곽

도시 성곽 Stadtmauer | 슈타트마우어

로텐부르크 시가지는 아직도 원형 그대로 보존된 옛 성벽 내에 자리하고 있다. 단순히 성벽만 남은 것이 아니라 주요 성문과 성탑, 그리고 내성內城에 해당하는 탑까지 모두 원래 모습을 유지하고 있어 '성벽'보다는 '성곽'이라는 표현이 더 어울린다. 로텐부르크를 둥그렇게 감싼 성벽의 견고한 모습을 확인할 수 있을 뿐 아니라 성벽 위에 올라가는 것도 가능하다. 중세 독일의 크고 작은 도시가 성곽으로 시가지를 방어한 것은 당연한 일이지만 그 성곽이 아직까지 원형 그대로 보존된(또는 복원된) 사례는 딱 셋뿐이다. 로텐부르크가 그중 하나. 그러니 로텐부르크의 성곽은 독일에서도 쉽게 찾을 수 없는 특별한 볼거리라고 하겠다.

워낙 튼튼하게 만들어 지금도 사람이 올라가도 아무 문제가 없다. 성문의 보존 상태도 양호하다. 특히 기차역에서 로텐부르크 구시가지로 들어가는 뢰더문Rödertor과 갈겐문Galgentor, 뢰더문 반대편의 출입문에 해당되는 부르크문Burgtor은 일부러 찾아가도 좋을 만큼 중세의 느낌이 가득하다. 뿐만 아니라, 여행자에게는 덜 알려진 편이지만 슈피탈문Spitaltor 역시 이중으로 견고한 방어벽을 확인할 수 있는 장소다. 로텐부르크의 성곽은 끊어진 구간이 없어 모두 도보로 관광할 수 있다. 최소한 뢰더문 부근만큼이라도 성벽에 올라 그 모습을 꼭 확인할 만한 가치가 있다.

Data 지도 300p
운영시간 종일개장
요금 무료

TIP 뢰더문은 여름 성수기 및 주말 위주로 첨탑 입장이 개방된다(요금 2.5유로). 103개의 계단을 오르면 탁 트인 주변 풍경이 펼쳐진다.

뢰더문

부르크문

 좁은 골목들이 만나는 곳
마르크트 광장 Marktplatz | 마으크트플랏쯔

아기자기한 건물들이 양편에 늘어선 좁은 골목들 사이로 돌아다니다 보면 항상 유일하게 탁 트인 넓은 곳으로 연결되는데, 이곳이 마르크트 광장이다. 시청사Rathaus가 있는 시가지의 중심답게 눈에 띄는 건축물이 사방을 둘러싸 로텐부르크 관광의 중심 역할을 한다. 특히 광장과 연결되는 시청사의 긴 계단은 관광객이 걸터앉아 잠시 쉬었다 가는 휴게실 역할까지 한다. 로텐부르크에서는 마르크트 광장에 무료 와이파이도 설치해 여행자의 편의를 배려하고 있다. 반목조 건물이 ㄱ자 모양으로 결합된 고기와 춤의 집Fleisch- undTanzhaus, 그 앞의 게오르그 분수Georgsbrunnen도 마르크트 광장의 풍경을 만드는 데에 일조한다. 시청사 옆의 라츠트링크슈투베Ratstrinkstube(직역하면 '시청의 술집'이라는 뜻이며, '의회연회관'으로 번역하기도 한다)에 설치된 특수장치 시계는 오전 10시부터 밤 10시까지 매시 정각 작동하여 '마이스터트룽크' 사건을 주제로 하는 인형극을 보여준다. 특별히 거창할 것은 없지만 이 또한 여행지에서는 소소한 재미가 된다. 라츠트링크슈투베 1층에 관광안내소도 있어 이래저래 관광객에게 마르크트 광장은 꼭 들러야 하는 중심지가 된다.

Data 지도 300p-F 가는 법 모든 관광지에서 도보 5분 거리

30년 전쟁과 마이스터트룽크

©Romantische Straße Touristik-Arbeitsgemeinschaft GbR 마이스터트룽크 축제

종교개혁 이후 신성로마제국은 신교와 구교의 극심한 갈등이 생겨 결국 1618년 양측의 전쟁까지 일어났다. 처음에는 종교전쟁이었지만 이내 주변 열강이 개입한 영토전쟁으로 변질되어 무려 30년 동안 치열하게 싸웠다. 이 기간 중 사망한 사람이 신성로마제국 인구의 1/3이나 될 정도로 참혹한 전쟁이었고, 덕분에 전 국토는 황폐화되었다.

라츠트링크슈투베의 특수장치

신교 세력이 강했던 로텐부르크도 30년 전쟁의 희생양이 되었다. 뮌헨의 펠트헤른할레에 동상이 있는 틸리 장군이 이끄는 구교의 군대가 쳐들어와 로텐부르크를 함락시켰다. 로텐부르크의 누슈Nusch 시장은 장군을 위한 연회를 베풀었는데, 장군은 시장에게 도시의 신교도를 모두 처형하라고 명령했으니 사실상 시민이 몰살 위기에 처하게 되었다. 시장은 자비를 구했고, 술에 취한 장군은 시장이 그 자리에서 와인 한 통(3.25리터)을 '원샷'하면 청을 들어주겠다고 제안했다. 누슈 시장은 따질 것 없이 와인을 '원샷'했고, 틸리 장군은 약속을 지켜 신교도의 숙청을 면해주었다. 이 사건을 '시장 Bürgermeister의 음주Trunk'라는 뜻으로 마이스터트룽크Meistertrunk라고 부른다. 오늘날에도 마이스터트룽크는 로텐부르크의 전설로 전해지며, 매년 마이스터트룽크를 주제로 한 연극 축제가 열리는 등 도시의 히트상품으로 자리매김했다.

이 동화 같은 이야기는 국내에도 잘 알려져 많은 분들이 들어보았을 것이라 생각한다. 여기서 끝나면 재미가 없으니 동화를 '잔혹동화'로 만드는 뒷이야기를 소개한다. 틸리 장군의 군대는 약속대로 물러갔지만 도시의 물자 대부분을 약탈해갔다. 로텐부르크의 시민들은 목숨을 구한 대신 재산을 빼앗겼고, 궁핍한 상태에서 흑사병까지 돌아 결국 많은 사람이 죽었다. 당시까지 신성로마제국의 제국자유도시로 번영했던 로텐부르크는 이때부터 쇠락하고 말았다.

전망대부터 감옥까지
시청사 Rathaus | 랏하우스

노란 건물과 하얀 건물이 이중으로 결합된 특이한 양식의 로텐부르크 시청사는 마르크트 광장의 주인공이다. 르네상스 양식의 노란 건물은 1578년 완공되었다. 약간 경사진 광장에 만들다 보니 터를 높은 곳에 잡아 건물을 지었고, 그래서 광장과 연결된 계단이 건물 전체에 맞닿아 있다. 고딕 양식의 하얀 건물은 그보다 이른 14세기경부터 자리를 잡고 있었다. 두 건물은 조화롭게 연결되어 아름다운 건축미를 뽐낸다. 오늘날 내부에 박물관과 전망대가 있다. 30년 전쟁 당시 실제 감옥으로 사용된 공간을 중심으로 당시의 생활상을 전시하고 감옥을 재현한 중세 감옥 박물관Historiengewölbe mit Staatsverlies은 동화 같은 도시에서 생경한 기분을 느끼게 해준다. 하얀 건물의 탑은 빙글빙글 돌아 올라가는 전망대로 개방되어 있다. 220개의 계단을 오르는 과정은 힘들지만 일단 탑에 오르면 빨간 지붕의 건물들이 다닥다닥 붙어 있는 예쁜 전망을 얻을 수 있다.

Data 지도 300p-F 가는 법 마르크트 광장에 위치 주소 Marktplatz 1
전화 09861 4040 운영시간 박물관 동절기 11:00~16:00(1월, 2월 평일 휴관), 하절기 10:00~17:00,
전망대 1~3월 토·일 12:00~15:00, 월~금 휴관, 4~10월 09:30~12:30, 13:00~17:00
요금 박물관 성인 4유로, 학생 3유로, 전망대 2.5유로

TIP 중세 로텐부르크에서 밤마다 등불을 들고 마을을 순찰한 경비원의 복장을 입은 가이드를 따라 로텐부르크의 밤거리를 여행하는 나이트 워치맨(독일어로 나흐트베흐터 Nachtwächter) 투어가 있다. 4~10월 매일 밤 8시에 시청사 앞에 나이트 워치맨이 나타난다. 그에게 돈을 지불하고 따라다니며 설명을 들으면 된다. 요금은 성인 9유로, 학생(18세 이하) 4.5유로, 12세 이하 아동은 무료. 쉬운 영어로 느릿하게 이야기하므로 영어 실력이 짧아도 전체적인 이해에 어려움이 없을 것이다.

성혈제단의 안식처
성 야코프 교회 St. Jakobskirche | 장크트 야콥스키으헤

로텐부르크에서 가장 큰 건축물은 단연 성 야코프 교회다. 좁은
골목 사이에 서 있는 교회는 한눈에 들어오지도 않을 정도로 크
다. 내부는 화려하게 단장하지 않았으나 높은 천장과 기둥 등 고
딕양식의 전형적인 매력이 펼쳐지고, 수준 높은 스테인드글라스
는 예술작품을 보는 듯하다. 건축가 니콜라우스 에젤러Nikolaus
Eseler der Ältere가 만들고, 그 후에 더 확장되었다. 무엇보다 중
세 독일 르네상스를 대표하는 조각가 틸만 리멘슈나이더Tilman
Riemenschneider가 1505년에 만든 성혈제단Heiligblut-Retabel이
유명하다. 틸만 리멘슈나이더는 로텐부르크에서 멀지 않은 뷔르
츠부르크에서 주로 활동하면서 로텐부르크에도 여러 작품을 남
겼고 그중 가장 유명한 걸작이 성혈제단이다. 내부는 유료로 개
방되며, 성혈제단은 입구 쪽 계단으로 2층에 오르면 별도의 전시
실에서 관람할 수 있다. 교회 동쪽의 키르히 광장Kirchplatz은 로
텐부르크의 크리스마스 마켓이 열리는 메인 무대가 되고, 평상시
에도 지역 행사가 종종 열린다.

성혈제단

Data 지도 300p-A 가는 법 마르크트 광장 옆 주소 Klostergasse 15 전화 09861 700620
운영시간 하절기 10:00~18:00, 동절기 11:00~14:00 요금 성인 3.5유로, 학생 2유로
홈페이지 www.rothenburgtauber-evangelisch.de

낭만적인 시계탑
마르쿠스탑 Markusturm | 마으쿠스투음

12세기경 도시의 성벽에 딸린 출입문 겸 망루였던 곳. 이후 도시가 확장되어 지금의 성곽까지 영역이 넓어진 뒤 기존의 성벽은 허물어지고 마르쿠스탑만 남겨져 시계탑 역할을 했다. 탑만 떼어놓고 보면 투박하게 생겼지만 주변의 어여쁜 건물들과 어우러진 그 모습은 매우 낭만적이다.

Data 지도 300p-B
가는 법 뢰더문에서 도보 2분

로텐부르크의 포토스폿
플뢴라인 Plönlein | 플뢴라인

로텐부르크에서 소도시의 동화 같은 풍경이 가장 극대화된 장소가 플뢴라인이다. 두 갈래로 갈라지는 길의 양편에 모두 중세의 성탑이 남아 있다. 게다가 위아래로 갈라진 길은 경사 때문에 높이가 달라 두 성탑의 언밸런스한 풍경이 펼쳐지고, 그 사이로 예쁜 건물들이 자리 잡아 특별한 분위기를 더한다. 로텐부르크의 대표적인 포토스폿이기에 늘 사진 찍는 사람들로 가득하며, 자동차가 지나다니는 번화가이기에 더욱 분주하고 활기찬 에너지가 가득하다. 플뢴라인은 '평지'를 뜻하는 라틴어 플라눔Planum에서 유래하였다. 경사가 달라 독특한 매력을 뽐내는 이곳의 이름이 '평지'라는 것이 아이러니하다. **Data** 지도 300p-E 가는 법 마르크트 광장에서 도보 2분

도시 이름을 실감 나게 느낄 수 있는
부르크 정원 Burggarten | 부으크가으텐

로텐부르크의 서쪽 출입문인 부르크문 바깥쪽에 만든 공원이다. 로텐부르크는 높은 지대에 생긴 도시인데, 부르크문을 지나면 내리막이 펼쳐진다. 바로 이 내리막 경사지에 시민을 위한 쉼터로 만든 공원이 부르크 정원인 셈이다. 공원 자체는 상쾌하지만 특별히 대단하지는 않다. 하지만 부르크 정원이 시작되는 곳, 즉 부르크문 바로 바깥쪽에서 보이는 전망이 아주 시원하다. 낮은 곳에 타우버강Tauber이 굽이쳐 흐르는 풍경을 보고 나면 왜 도시 이름이 '타우버강 위의 로텐부르크Rothenburg ob der Tauber'인지 비로소 실감하게 된다.

Data 지도 300p-A
가는 법 마르크트 광장에서 도보 7분
운영시간 종일개장
요금 무료

공원 아래로 보이는 풍경

제국 도시를 기억하는 곳
로텐부르크 박물관 Rothenburg Museum | 로텐부으그무제움

로텐부르크에서 가장 큰 박물관. 신성로마제국 당시 자유도시로 번영했던 도시의 역사와 민속에 대한 박물관이다. 회화와 조각 등 예술작품과 무기와 장신구 같은 역사를 담은 소장품 들이 있으며, 선사시대의 유물부터 시대를 가리지 않고 역사를 총망라해 전시하고 있다. 옛 수녀원 건물에 만든 박물관이어서 수녀원의 흔적과 그 시기 수녀들의 생활양식도 함께 엿볼 수 있다.

Data 지도 300p-A
가는 법 마르크트 광장에서 도보 5분 주소 Klosterhof 5
전화 09861 939043
운영시간 4~10월 09:30~17:30, 11~3월 13:00~16:00
요금 성인 5유로, 학생 4유로
홈페이지 www.rothenburgmuseum.de

365일 메리 크리스마스

크리스마스 박물관 Deutsches Weihnachtsmuseum | 도이췌스 바이나흐츠무제움

독일을 대표하는 크리스마스 장식품 업체 케테 볼파르트Käthe Wohlfahrt의 본사가 로텐부르크에 있다. 크리스마스 박물관은 케테 볼파르트가 만든 전문 박물관으로 현재와 과거의 크리스마스트리, 장식품, 캐럴, 산타클로스까지 그야말로 '크리스마스의 모든 것'을 전시한다. 내부는 반짝이는 조명으로 늘 크리스마스 분위기가 펼쳐져 가슴을 설레게 한다. 한여름에도 이곳에서만큼은 "메리 크리스마스"라고 인사를 해야 할 것 같다.

Data 지도 300p-F 가는 법 마르크트 광장에서 도보 7분
주소 Herrngasse 1 전화 09861 409365 운영시간 4월 1일~
12월 23일 11:00~16:00, 나머지 기간은 비규칙적으로 운영하니
홈페이지에서 개장 여부 확인 요금 성인 5유로, 학생 4유로,
아동(11세까지) 2유로 홈페이지 www.weihnachtsmuseum.de

잔인한 재미

중세 범죄 박물관 Mittelalterliches Kriminalmuseum |

미텔알털리헤스 크리미날무제움

중세 범죄 박물관은 이름 그대로 중세 시대 어떤 범죄가 발생하고 어떻게 처벌했는지 생생하게 보여주는 특이한 박물관이다. 범죄의 유형을 알기 위해서는 법을 알아야 하므로 결혼, 교회, 국경심사 등 각종 상황에 대한 중세의 법과 위반 사례를 전시품을 통해 알 수 있다. 고문기구나 형틀, 단두대 같은 처벌 도구도 전시한다. 어떻게 보면 잔인한 박물관이지만 마치 역사극을 보는 듯한 재미를 느낄 수 있다. 직접 형틀에 들어가 기념사진을 남길 수도 있다.

Data 지도 300p-B
가는 법 마르크트 광장에서
도보 2분 주소 Burggasse 3-5
전화 09861 5359
운영시간 4~10월 10:00~18:00,
11~3월 13:00~16:00
요금 9.5유로, 학생 6.5유로
홈페이지
www.kriminalmuseum.eu

EAT

가장 오래된 건물, 가장 유명한 레스토랑

추어 휠 Zur Höll

중세의 건물이 잔뜩 있는 로텐부르크에서도 가장 오래된 건물이
지금 로텐부르크에서 가장 사랑받는 레스토랑 추어 휠이다. 직역
하면 '지옥으로To hell'라는 뜻인데, 가게 내부를 귀여운 악마인형
으로 장식하는 등 그 이름을 살리려는 노력이 보인다. 이름은 무시
무시하지만 분위기는 소박하고 정겹다. 부어스트, 오바츠다 등 바
이에른이나 프랑켄 지역의 향토요리 또는 스테이크나 립 등 대중적
인 육류요리를 판매하고, 음식의 종류보다 와인의 종류가 훨씬 많
다. 와인은 대부분 프랑켄 와인. 뷔르츠부르크 등 프랑켄 와인의
대표산지에서 생산된 유명 와인을 여러 종류 구비해놓고 잔이나 병
으로 판매하고 있다. 여기에 립이나 부어스트 등 간단한 육류요리
를 곁들이면 된다. 문제는 레스토랑이 매우 좁다는 것. 좌석이 많지
않은데 인기는 많다 보니 예약 없이는 아예 입장 자체가 불가능하
다. 개점(17:00)과 동시에 들어가도 이미 모두 예약석이라 앉을 수
도 없는 상황이 생긴다. 따라서 추어 휠을 즐기려면 예약은 필수인
데, 홈페이지에도 별도의 예약 시스템은 없어 이메일(info@hoell.
rothenburg.de)을 보내거나 또는 개점과 동시에 예약을 하고 밤
에 다시 찾는 식으로 이용하는 것이 현실적인 방법이다. 이런 불편
을 감수하고서라도 가볼 만한 가치가 있냐고 묻는다면, "그렇다!"
라고 말할 수 있다.

Data 지도 300p-F 가는 법 마르크트 광장에서 도보 5분
주소 Burggasse 8 전화 09861 4229 운영시간 월~토 17:00~23:00,
일 휴무 가격 부어스트 9.8유로, 립 14.5유로, 와인(작은 병) 6유로 안팎
홈페이지 www.hoell-rothenburg.de

건물부터 예술적인
바우마이스터 하우스 Baumeisterhaus

이름은 '건축 장인의 집'이라는 뜻. 중세 로텐부르크에서 건축가로 활동한 레오나르트 바이트만 Leonard Weidmann의 집이었다. 그는 로텐부르크 시청사의 르네상스 건물을 만든 사람이기도 하다. 바우마이스터 하우스 역시 아름다운 르네상스 양식의 건물만으로도 시선을 사로잡는다. 건물 외벽을 각 일곱 개의 동상이 두 줄로 장식했는데, 친절·모성·온유·중용·용기·정직·현명 일곱 가지 선한 정신과 폭음·반역·불신·탐욕·음란·태만·허영 일곱 가지 악한 정신을 묘사한 것이라고 한다. 조각의 원본은 제국 도시 박물관에 전시 중이고, 현재 건물에 달린 것은 사본이다. 레스토랑 내부도 사슴뿔이나 동물의 박제 등 남성미 넘치는 매력으로 가득하다. 학세나 부어스트, 슈니첼 등 독일 향토요리를 판매한다.

Data 지도 300p-F 가는 법 마르크트 광장 옆 주소 Obere Schmiedgasse 3 전화 09861 94700
운영시간 11:00~18:00 가격 메인 메뉴 15~22유로 홈페이지 www.baumeisterhaus-rothenburg.de

광장에서 커피 한잔
라츠슈투베 Ratsstube

마르크트 광장에 있는 카페 겸 레스토랑이다. 기본적인 독일 향토요리를 적당한 가격에 판매하고, 맥주나 와인도 곁들일 수 있다. 뿐만 아니라 커피를 비롯해 카페 음료도 판매하므로 여행 중 잠시 광장의 야외 테이블에 앉아 사람들을 구경하며 쉬어 가는 것도 가능하다. 유명 관광지 한복판이라 소위 '자릿세'가 있을 법한데 그런 게 없어 기분 좋은 휴식이 가능하다.

Data 지도 300p-F
가는 법 마르크트 광장에 위치
주소 Marktplatz 6
전화 09861 5511
운영시간 월·화·목~일 11:00~21:30,
수 휴무
가격 슈바이네브라텐 15.8유로,
학세 17유로, 커피 2유로
홈페이지 www.
ratsstuberothenburg.de

 조용하고 분위기 있는 레스토랑
가스트호프 부츠 Gasthof Butz

골목 안쪽에 자리한 가스트호프 부츠 호텔의 레스토랑이다. 소박하지만 깔끔한 실내는 밤이 되면 촛불을 밝혀 더욱 분위기 있게 바뀐다. 부어스트, 슈니첼 등 독일 향토요리나 통닭 등 육류요리를 주로 판매하며, 여기에 투허 맥주를 곁들인다. 레스토랑이 위치한 광장은 번화가 안쪽 골목이라 인적이 뜸한 편. 그래서 야외에서 시원한 공기를 마시며 비교적 조용히 식사할 수 있다는 장점도 있다.

Data 지도 300p-B 가는 법 마르크트 광장에서 도보 2분 주소 Kapellenplatz 4 전화 09861 2201 운영시간 화·수·금~일 11:30~14:00, 18:00~21:00, 월·목 휴무 가격 부어스트 11.8유로, 슈니첼 16.2유로로 홈페이지 www.gasthof-butz.de

 빵을 먹을 시간
브로트 운트 차이트 Brot & Zeit

'빵과 시간'이라는 뜻의 브로트 운트 차이트는 로텐부르크에서 알아주는 대형 베이커리 카페 매장이다. 역사가 무려 1616년으로 거슬러 올라가는 프랑켄 지역의 베이커리 프랜차이즈 브로트하우스Brothaus의 지점이다. 여러 종류의 빵과 케이크가 있고, 그중 프랑켄 지역의 명물인 홀츠오펜 빵 Holzofenbrot(나무 장작으로 불을 지펴 빵을 굽는 것)은 구경하는 것만으로도 신기하다. 안쪽에는 많지 않지만 테이블도 있어 커피나 빵을 시켜놓고 잠시 쉬었다 가기에도 좋다.

Data 지도 300p-B 가는 법 마르쿠스탑 옆 주소 Hafengasse 24 전화 09861 9368701 운영시간 06:00~18:30 가격 커피와 케이크 2~4유로 홈페이지 www.brot-haus.de

슈네발 만드는 과정을 보여주는
딜러 Diller Schneeballenträume

딜러는 로텐부르크의 명물 슈네발 전문점 중 관광객이 가장 많이 찾는 곳이다. 이유는 이곳에서 슈네발 만드는 과정을 직접 볼 수 있기 때문. 반죽을 만들어 뭉쳐 튀기는 모습을 직접 보기 위해 들어가 보게 되고, 들어가 본 김에 사 먹게 되는 것이다. 사람들이 몰리면 입구로 들어갈 수조차 없을 정도가 된다. 여러 종류의 슈네발을 판매하며, 가게 안에도 약간의 좌석이 있다. 특이하게도 루트비히 2세의 조형물이 가게 내부에 서 있다.

Data 지도 300p-F
가는 법 마르크트 광장 옆
주소 Obere Schmiedgasse 7
전화 09861 938563
운영시간 11:00~17:00
가격 슈네발 1.8유로~
홈페이지 www.schneeballen.eu

TIP 딜러 내부가 붐벼 슈네발을 구경조차 하기 힘들 때에는 마르크트 광장에 있는 다른 지점으로 가도 된다. 내부에 좌석은 없지만, 슈네발만 판매하는 작은 매장이 있다.
Data 주소 Hofbronnengasse 16

슈네발 선물세트를 구입하기 좋은 곳
베커라이 피셔 Bäcker Fischer

딜러 맞은편에 있어 역시 관광객으로 붐비는 로텐부르크의 대표적인 슈네발 전문점이다. 한때는 이곳이 슈네발의 원조라는 말도 있었지만 이는 사실이 아니다. 하지만 원조가 어디인지 공식 기록이 없는 상태에서 베커라이 피셔 또한 슈네발로 높은 명성을 얻고 있음은 부인할 수 없다. 직접 슈네발 만드는 모습을 보여주는 딜러와 달리 여기서는 동영상으로 보여준다. 슈네발 가격도 딜러보다 좀 더 저렴하고, 무엇보다 예쁜 통에 담은 다양한 선물세트를 판매한다는 것이 장점이다. 브로트 운트 차이트와 마찬가지로 브로트하우스의 체인에 속한다.

Data 지도 300p-F
가는 법 마르크트 광장 옆
주소 Obere Schmiedgasse 10
전화 09861 934112
운영시간 10:00~16:00
가격 슈네발 1.8유로~
홈페이지 www.brot-haus.de

SLEEP

낭만적인 반목조 건물

라이히스퀴헨마이스터 호텔 Hotel Reichsküchenmeister

투숙하지 않더라도 건물을 구경하기 위해 찾아가야 하는 호텔. 마르크트 광장 근처에 눈에 확 띄는 반목조 건물이 화려한 자태를 뽐내고 있다. 낡은 건물이지만 내부는 3등급 설비로 깔끔하게 재단장하여 편안한 숙박을 제공한다. 이코노미룸은 가격이 부담스럽지 않은 편이지만 많이 좁아 불편하고, 스탠더드룸 이상 등급의 객실을 택하는 것이 적당하다. 체크인 시간이 밤 11시까지라는 점에 유의할 것. 호텔에 딸린 레스토랑에서 성 야코프 교회가 바로 보여 고풍스러운 분위기에서 식사가 가능하고, 서양식 뷔페로 차린 조식도 제공한다. 발음도 어려운 호텔의 이름은 '제국의 마스터 셰프'라는 뜻인데, 신성로마제국 시절과의 연관은 없다.

Data 지도 300p-B
가는 법 성 야코프 교회 옆
주소 Kirchplatz 8
전화 09861 9700
홈페이지 www.
reichskuechenmeister.com

수백 년 역사를 가진 고급 호텔

틸만 리멘슈나이더 호텔 Hotel Tilman Riemenschneider

성혈제단의 조각가 틸만 리멘슈나이더의 이름을 딴 호텔. 무려 1559년부터 지금 자리에서 숙박업을 했으니 수백 년의 역사를 가진 호텔이다. 지금은 4등급 호텔로 로텐부르크에서 손꼽히는 고급호텔이다. 옛 성벽의 일부인 바이스 탑Weißer Turm과 나란히 있어 건물만으로도 매우 운치 있다. 침대나 가구도 모두 옛날 스타일이라 문자 그대로 옛날 건물에서 잠자는 기분이 든다. 낡은 건물이기에 다소 불편한 점이 없지는 않지만 분위기로 모든 단점을 상쇄한다. 조식 뷔페도 포함되어 있다.

Data 지도 300p-B
가는 법 성 야코프 교회에서
도보 2분
주소 Georgengasse 11
전화 09861 9790
홈페이지 www.tilman-
riemenschneider.de

성벽 아래 환상적인 전망
부르크 호텔 Burghotel

넝쿨이 감싸고 있는 중세풍의 낭만적인 호텔 건물도 물론 아름답
지만, 성벽 위에 건물을 지어 성벽 너머 타우버강이 한눈에 내려
다보이는 전망이 더욱 아름답다. 그래서 강이 보이는 객실은 가격
도 크게 오른다. 아담한 건물이라 객실이 많지 않아 3성급 호텔치
고는 비싼 편이다. 조식 뷔페는 기본 포함되고, 체크인 데스크는
밤 10시까지 운영한다.

Data 지도 300p-A
가는 법 부르크문에서 도보 2분
주소 Klostergasse 1
전화 09861 94890
홈페이지 www.burghotel.eu

관광지에서 하룻밤
마르쿠스탑 로맨틱 호텔 Romantik Hotel Markusturm

로텐부르크의 유명 관광지인 마르쿠스탑에 붙어 있는 건물이 호
텔로 사용되고 있다. 1200년대부터 존재했던 옛 건물을 계속 보
수하거나 복원하고 있으니 문화재와 다름없는 유서 깊은 건물에
서의 하룻밤을 경험할 수 있다. 3성급 호텔이지만 객실은 적당히
널찍하고, 부티크 호텔처럼 꾸며진 내부의 분위기도 훌륭하다.
체크인은 밤 11시까지 가능하다.

Data 지도 300p-B
가는 법 마르크트 광장에서 도보 5분
주소 Rödergasse 1
전화 09861 94280
홈페이지 www.markusturm.de

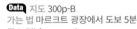

 저렴한 숙박은 여기서 해결
유스호스텔 Jugendherberge Rothenburg ob der Tauber

분위기 있는 호텔은 많지만 호스텔은 적은 로텐부르크에서 저렴한 숙박을 원한다면 유스호스텔로 가면 된다. 바로크 양식이 가미된 옛 건물을 호스텔로 개조했다. 공식 유스호스텔답게 준수한 설비와 풍성한 조식을 제공하며, 한국어 안내문을 비치하는 등 한국인 투숙객을 위한 배려도 돋보인다. 넓은 식당은 쭉 개방해두어 휴게실을 대신하며, 물과 음료를 무료로 마실 수 있다는 장점이 있다. 공식 유스호스텔 회원증이 없으면 게스트카드 비용(3.5유로)이 추가된다.

유일한 단점은 기차역에서 멀다는 것. 관광지에서는 그리 멀지 않지만 기차역에서 바로 유스호스텔에 가려면 30분은 걸어야 한다. 기차역 앞에서 851번 버스를 타면 호스텔 앞에 정차하지만, 이 버스 노선은 굉장히 복잡해서 잘못 타면 버스로도 30분 소요되기에 선뜻 권하기 어렵다. 참고로 마르크트 광장에서 유스호스텔 방향으로 계속 내리막길이다. 만약 유스호스텔에서 기차역으로 되돌아갈 때 걸어서 간다면 완만한 경사를 계속 올라가야 하니 무거운 짐이 있다면 꽤 고달플 수 있음을 덧붙인다. 체크인은 밤 10시까지 가능하다. 옛 성벽 바로 옆에 위치하고 있으니 아침에 잠시 호스텔 밖으로 나가 성벽 바깥 풍경을 구경해보는 것도 아주 상쾌한 기억으로 남을 것이다.

Data 지도 300p-E 가는 법 플뢴라인에서 도보 5분 또는 851번 버스로 Spitalgasse 정류장 하차 주소 Mühlacker 1 전화 09861 94160 홈페이지 rothenburg.jugendherberge.de

기차역과 마트가 가까운
로텐부르거 호프 호텔 Hotel Rothenburger Hof

호스텔이 적은 로텐부르크에서 저렴한 숙박을 원하면 구시가지
바깥에 있는 저렴한 버짓 호텔을 찾아볼 수 있다. 로텐부르거 호
프 호텔이 대표적인 곳. 객실은 좁고 기본적인 시설만 갖춘 2성급
호텔이므로 편안한 숙박을 할 수 있다는 말은 하기 어렵지만, 깨
끗하고 친절하며 와이파이 등 기본적인 편의는 제공하니 큰 불편
은 없다. 기차역 바로 맞은편에 있어 편리하고, 길 건너편에 대형
마트 카우프란트Kaufland와 드러그스토어 데엠 매장도 있다. 체
크인은 저녁 8시까지 가능하니 도착 시간이 늦을 경우 미리 연락
을 해두어야 한다.

Data 지도 300p-C
가는 법 기차역 앞
주소 Bahnhofstraße 11-13
전화 09861 9730
홈페이지
www.rothenburgerhof.com

저렴한 버짓 호텔
가스트호프 포스트 호텔 Hotel-Gasthof Post

로텐부르거 호프 호텔과 마찬가지로 구시가지 바깥에 있는 2성급
수준의 저렴한 버짓 호텔이다. 넝쿨이 감싼 아담한 건물을 소박하
게 호텔로 꾸몄다. 가스트호프 포스트 호텔 또한 객실은 좁고 기본
적인 설비만 갖추고 있지만 가족이 경영하면서 포근한 분위기로 친
절하게 맞이해주고 와이파이 등 기본적인 편의도 빼놓지 않았다.
굳이 비교하자면 로텐부르거 호프 호텔보다 욕실이 좁아서 좀 더
불편하게 느껴지는 것은 사실인데, 대신 가격은 더 저렴하다. 비수
기에는 표시된 요금보다 더 할인해 주어 호스텔의 싱글룸이나 더블
룸보다 더 저렴할 때도 있다. 체크인은 저녁 8시까지만 가능하다.

Data 지도 300p-C
가는 법 기차역에서 도보 5분
주소 Ansbacher Straße 27
전화 09861 938880
홈페이지 www.post-
rothenburg.com

BUY

눈까지 즐거워지는 번화가
슈미트 골목 Schmiedgasse

슈미트 골목은 마르크트 광장과 플뢴라인 사이를 연결하는 길이다. 공식적으로는 오버 슈미트 골목Obere Schmiedgasse과 운터 슈미트 골목Untere Schmiedgasse으로 나뉘지만 여행자에게 그 구분은 무의미하다. 두 유명 관광지 사이의 번화가 양편에 줄지어 있는 갖가지 상점의 쇼윈도를 구경하고, 마음에 드는 곳은 들어가 쇼핑도 해보자. 앞서 소개했던 레스토랑 바우마이스터 하우스, 딜러, 배커라이 피셔도 여기에 있고, 그 외에도 많은 레스토랑이나 카페, 호텔이 함께 슈미트 골목을 채운다. 이들이 내건 간판이 저마다 센스를 자랑하는 것 또한 슈미트 골목의 재미. 밤이 되면 거리는 한산해지고 어두워지지만 기념품숍 등 일부 상점의 쇼윈도는 여전히 밝게 빛난다. 얼마나 정성스럽게 꾸며두었는지 낮보다 밤에 더 선명하게 느낄 수 있고, 구경하는 것만으로도 눈이 즐겁다. 기념품숍마다 가격의 차이는 크지 않지만 꾸며둔 센스는 차이가 크다. 눈에 확 들어오는 매장은 늘 구경하는 사람이 가득하다.

Data 지도 300p-F 가는 법 마르크트 광장에서 연결

© Käthe Wohlfahrt

 크리스마스를 쇼핑하세요
케테 볼파르트 크리스마스 빌리지
Käthe Wohlfahrt - Weihnachtsdorf

앞서 크리스마스 박물관에서 소개한 케테 볼파르트의 크리스마스 장식품 매장이 로텐부르크에 세 곳 있다. 저마다 다른 콘셉트로 화려하고 앙증맞게 꾸민 세 곳 중 가장 깊은 인상을 남기는 매장은 크리스마스 빌리지 매장이다. '집'처럼 꾸민 매대에 반짝이는 크리스마스 장식품이 한가득, 문자 그대로 작은 '마을'을 만들었다. 케테 볼파르트의 제품은 가격이 약간 비싼 편이지만 일부 품목은 적잖이 세일을 한다. 전통적인 디자인부터 현대적인 디자인까지, 노인이 선호할 장식부터 아이들이 좋아할 장식까지 굉장히 다양한 종류가 있으니 꼭 구경해보기 바란다.

Data 지도 300p-F 가는 법 마르크트 광장 옆 주소 Herrngasse 1 전화 0800 4090150 운영시간 월~토 11:00~16:30, 일 휴무 홈페이지 www.wohlfahrt.com

TIP 크리스마스 빌리지 매장을 보고 나서 케테 볼파르트 스타일에 반했다면 다른 매장도 구경해보자. 크리스마스 마켓Christkindlmarkt 콘셉트 매장은 크리스마스 박물관 바로 옆에 있다. 마찬가지로 케테 볼파르트에서 만든 화려하고 귀여운 크리스마스 장식이 주를 이루며, 호두까기 인형, 뮤직 박스, 나무 장식품, 테이블 장식 등 선물용으로 좋은 품목이 많아 눈이 즐겁다. 크리스마스 빌리지와 크리스마스 마켓에서 판매하는 제품군에 큰 차이는 없으며, 같은 아이템은 가격도 같다.

테디 베어의 세상
테디스 Teddys Rothenburg

1999년부터 로텐부르크 마르크트 광장에 둥지를 튼 테디 베어 백화점이다. 굉장히 다양한 종류의 테디 베어와 봉제인형이 매장을 가득 채우고 있다. 건물 2층 창틀에 앉아 비눗방울을 불고 있는 테디 베어는 이제 로텐부르크의 정겨운 얼굴로 통한다. 쇼윈도는 주기적으로 전시품이 교체되어 마치 장난감 박물관을 보는 듯 흥미로운 테디 베어의 향연이 펼쳐진다. 여러 테디 베어 브랜드 중 단연 독일 최고는 슈타이프의 봉제인형이다.

Data 지도 300p-F
가는 법 마르크트 광장에 위치
주소 Obere Schmiedgasse 1
전화 09861 933444
운영시간월~금 09:00~19:00,
토·일 휴무
홈페이지 www.teddys-rothenburg.de

가장 큰 테디 베어 백화점
테디랜드 Teddyland

또 하나의 테디 베어 백화점인 테디랜드는 스스로를 '독일에서 가장 큰 테디 베어 상점'이라고 홍보한다. 실제로 매우 큰 매장에 센스 있게 진열된 테디 베어는 저마다 개성을 뽐낸다. 봉제인형뿐 아니라 나무로 만든 장식품, 도자기, 책, 보석 등 온갖 종류의 테디 베어 관련 제품을 판매하고 있어 아이쇼핑만 해도 신기하다.

Data 지도 300p-A
가는 법 마르크트 광장에서
도보 2분
주소 Herrngasse 10
전화 09861 8904
운영시간 월~토 09:00~18:00,
일 10:00~18:00
홈페이지 www.teddyland.de

© Käthe Wohlfahrt

'Made in Germany'의 하이라이트
로제 파빌리온 Rosenpavillon

케테 볼파르트에서 운영하는 선물 백화점인데, 한마디로 말해 관광객이 선호하는 'Made in Germany'의 하이라이트만 모은 상점이다. 주방용품, 도자기, 그릇, 필기구, 잡화 등 전 분야에 걸쳐 가장 사랑받는 브랜드만 모아두었다. 특히 로텐부르크는 일본인 관광객이 많이 찾기로 유명해서 일본인이 선호하는 품목 위주로 판매하는데, 일본의 유행이 한국에 전달되는 만큼 지금 한국인이 많이 찾는 품목들이라고 해도 과언이 아니다. 만약 독일에서 뭔가를 쇼핑하고 싶은데 딱히 결정하지 못했다면 로제 파빌리온에 꼭 가보시길. 뭘 사야 될지 모르겠는 백화점보다 쇼핑이 훨씬 쉬울 것이다. 뮌헨의 백화점보다 가격이 저렴하다고 할 수는 없지만 일부 품목은 세일도 진행한다.

Data 지도 300p-F
가는 법 마르크트 광장에 위치
주소 Obere Schmiedgasse 2
전화 09861 4090
운영시간 월~토 11:00~16:00,
금·토 11:00~17:00, 일 휴무
홈페이지 www.wohlfahrt.com

약국 쇼핑의 하이라이트
마리아 약국 Marien-Apotheke

약국 쇼핑에서 로제 파빌리온 같은 역할을 하는 곳이 마르크트 광장에 있는 마리아 약국이다. 여기는 관광객이 많이 찾는 기능성 화장품이나 건강보조제 등을 집중적으로 판매한다. 마찬가지로 일본인이 선호하는 품목이 많기에 한국인 여행자의 취향에도 잘 맞는다. 약국에서 뭘 사야 될지 감이 잡히지 않는다면 마리아 약국을 한 바퀴 둘러보자. 바로 감을 잡게 될 테니까.

Data 지도 300p-F 가는 법 마르크트 광장에 위치 주소 Marktplatz 10
전화 09861 94430 운영시간 월~금 08:00~18:00, 토 08:30~13:00,
일 휴무 홈페이지 www.marien-apotheke-rothenburg.de

03

아우크스부르크
Augsburg

르네상스 시대 무역과 상업으로 번영했던 아우크스부르크.
그 부유했던 과거의 흔적이 여전히 남아 품격 있는 르네상스의
옷을 입고 손짓한다. 현지 발음으로는 아욱스부르크에 가깝다.

아우크스부르크
미 리 보 기

SEE

가장 대표적인 관광지는 시청사가 있는 시청 광장, 그리고 종교화합의 상징인 성 울리히와 아프라 교회, 세계 최초의 복지시설 푸거라이다. 여기에 오랜 역사를 가진 대성당, 종교개혁에 기여한 성 안나 교회 등 장엄한 교회가 곳곳에 있으며, 개성적인 박물관과 궁전도 있다.

EAT

시청 광장 주변이 아우크스부르크의 번화가다. 여기에 레스토랑과 카페가 여럿 있어 잠시 쉬었다 가거나 끼니를 해결하기에 괜찮다.

SLEEP

도시의 규모나 유명세에 비해 숙박업소가 많지는 않은 편. 분데스리가 축구 관람이 아니라면 아우크스부르크에서 숙박할 만한 일은 없다. 뮌헨에 숙소를 두고 당일치기 여행으로 왕복하는 것을 권장한다.

BUY

나름 작지 않은 도시인 만큼 쇼핑할 곳도 많다. 성 안나 교회 바로 옆에 카르슈타트 백화점이 있고, 푸거라이에서 도보 5분 거리에 시티 백화점City·Galerie Augsburg이라는 대형 쇼핑몰도 있다.

어떻게 갈까?

아우크스부르크는 교통의 요지. 많은 기차 노선이 오간다. 뮌헨에서 레기오날반을 탑승하면 바이에른 티켓으로 왕복할 수 있으며, 시간은 43~48분 소요된다. RE와 RB가 1시간에 1대 꼴로 번갈아 운행하는데 소요시간이나 열차에 큰 차이는 없으니 시간대가 맞는 것으로 탑승하면 된다.

어떻게 다닐까?

아우크스부르크 구시가지는 미로처럼 복잡하다. 게다가 시청 광장을 중심으로 각 관광지가 산재해 있기 때문에 적당한 도보 여행 코스를 정하기 어렵다. 따라서 시청 광장에서 도보 또는 대중교통으로 각 관광지를 다녀오는 것이 최선의 방법. 대중교통은 트램과 버스가 다니는데, 여행 중에는 트램만 이용하면 되며 바이에른 티켓으로 탑승할 수 있다.

일단 시청 광장부터 여행을 시작한다. 여기서 각 관광지까지 도보 또는 트램으로 이동하고 다시 시청 광장으로 돌아와 다음 장소로 이동한다. 시청 광장에서 찾아갈 만한 곳은 크게 네 곳이 있으니 자신의 취향과 여행 시간을 고려해 선택하자.

중앙역에서 여행 시작,
그리고 마무리

도보 10분

시청사와 페를라흐탑이
있는 시청 광장

도보 2분

성 안나 교회와
막시밀리안 박물관

도보 10분

트램 2분

트램 3분

막시밀리안 거리와
성 울리히와 아프라 교회

대성당. 시간이 허락되면
푸거와 벨저 박물관까지.

푸거라이 관광

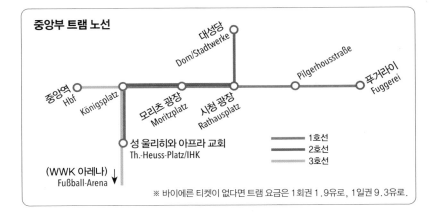

중앙부 트램 노선

대성당
Dom/Stadtwerke

Pilgerhousstraße

푸거라이
Fuggerei

중앙역
Hbf

Königsplatz

모리츠 광장
Moritzplatz

시청 광장
Rathausplatz

성 울리히와 아프라 교회
Th.-Heuss-Platz/IHK

(WWK 아레나)
Fußball-Arena

1호선
2호선
3호선

※ 바이에른 티켓이 없다면 트램 요금은 1회권 1.9유로, 1일권 9.3유로.

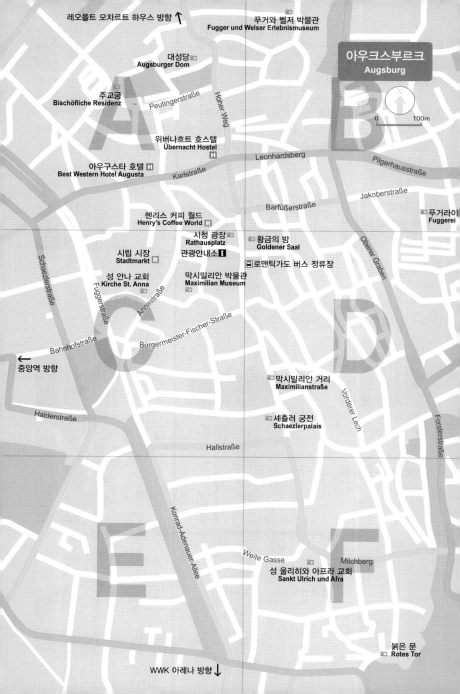

레오폴트 모차르트 하우스 방향 ↑

푸거와 벨저 박물관
Fugger und Welser Erlebnismuseum

아우크스부르크
Augsburg

N

0   100m

대성당
Augsburger Dom

주교궁
Bischöfliche Residenz

Peutingerstraße

Hoher Weg

위버나흐트 호스텔
Übernacht Hostel

아우구스타 호텔 H
Best Western Hotel Augusta

Leonhardsberg

Pilgerhausstraße

Karlstraße

Jakoberstraße

Barfüßerstraße

헨리스 커피 월드
Henry's Coffee World

푸거라이
Fuggerei

시청 광장
Rathausplatz

황금의 방
Goldener Saal

시립 시장
Stadtmarkt

관광안내소 i

로맨틱가도 버스 정류장

Oberer Graben

성 안나 교회
Kirche St. Anna

막시밀리안 박물관
Maximilian Museum

Annastraße

Fuggerstraße

Schaezlerstraße

Bürgermeister-Fischer-Straße

Bahnhofstraße

← 중앙역 방향

막시밀리안 거리
Maximilianstraße

Vorderer Lech

Halderstraße

셰츨러 궁전
Schaezlerpalais

Forsterstraße

Hallstraße

Konrad-Adenauer-Allee

Weite Gasse

Milchberg

성 울리히와 아프라 교회
Sankt Ulrich und Afra

붉은 문
Rotes Tor

WWK 아레나 방향 ↓

SEE

아우크스부르크의 중심

시청 광장 Rathausplatz | 랏하우스플랏쯔

시청 광장은 문자 그대로 시청 앞 광장이다. 좁은 골목이 미로처럼 연결되는 아우크스부르크 구시가지에서 유일하게 널찍하게 탁 트인 장소가 여기다. 그래서 커다란 시청사와 높은 페를라흐탑 Perlachturm이 한눈에 들어와 기념사진을 남기기에도 좋다. 시청사와 페를라흐탑 모두 1600년대 초반 건축가 엘리아스 홀Elias Holl이 만들었다. 같은 사람이 같은 시기에 만들어 원래 같은 짝인 것처럼 조화롭게 보인다. 시청사는 황금의 방을 공개하고 있고, 페를라흐탑은 좁은 계단을 올라가 주변 전경을 바라보는 전망대로 사용된다.

이 중 페를라흐탑은 매년 '탑 빨리 오르기' 행사가 열릴 정도로 지역 주민의 사랑을 듬뿍 받고 있으나 전망이 빼어나지는 않으므로 많은 체력을 들여 오르는 것을 권장하고 싶지는 않다. 그러나 황금의 방은 매우 화려하고 품격이 넘쳐 관람의 이유가 충분하다. 광장 중앙의 큰 분수는 로마제국의 첫 황제 아우구스투스Augustus가 주인공이다. 아우크스부르크는 기원전 로마 제국의 수비대 주둔지로 개발된 도시. 당시에는 아우구스타 빈델리코룸Augusta Vindelicorum이라 불리었으며, 아우크스부르크라는 도시 이름이 여기서 유래하였다. 시청사와 페를라흐탑이 동시에 지어질 때 광장을 꾸미기 위해 도시의 이름과 밀접한 관련이 있는 아우구스투스 황제의 동상을 분수로 만들어 세운 것이다.

Data 지도 324p-C
가는 법 중앙역에서 도보 10~15분 또는 1·2번 트램 Rathausplatz 정류장 하차

황금으로 만든 방
황금의 방 Goldener Saal | 골데너 잘

Data 지도 324p-D
가는 법 시청 광장의 시청사에 위치
주소 Rathausplatz 1
전화 0821 502070
운영시간 10:00~18:00
요금 성인 2.5유로, 학생 1유로
홈페이지 www.augsburg.de

중세 시대 아우크스부르크가 얼마나 부유했는지 증명하는 곳이 시청사 3층에 있는 황금의 방이다. 552㎡의 넓은 홀을 모두 황금으로 꾸몄다. 왕의 권력을 과시하는 궁전이 아닌, 평범한 시청사에서도 이렇게 사치를 부릴 만큼 아우크스부르크는 부강한 도시였다. 하지만 제2차 세계대전 중 폭격으로 시청사가 완전히 파괴되었고, 이후 복원되는 과정에서 황금의 방은 초라한 모습으로 남았다가 도시 설립 2,000주년인 1985년 다시 황금빛을 되찾았다. 아름다운 무늬로 벽과 천장을 만들고 그 위에 순금을 입혔으며, 화사한 프레스코화로 군데군데 채색하여 매우 아름답고 품위가 넘친다.

푸거와 루터의 교집합
성 안나 교회 Kirche St. Anna
| 키으헤 장크트 안나

1321년 수도원으로 설립되었다가 1500년대 초반 크게 확장되어 오늘날의 모습을 갖추었다. 당시 아우크스부르크를 주름 잡던 푸거 가문의 장지葬地가 성 안나 교회였기 때문에 푸거 가문의 자금으로 크게 확장된 것이다. 그리고 1518년 마르틴 루터가 아우크스부르크의 청문회에 출석했다가 자신을 체포하려는 군사를 피해 성 안나 교회에 은신하면서 종교개혁과 인연을 맺게 된다. 오늘날 루터의 계단Luthersteige이라는 박물관을 만들어 교회의 2층(그리고 올라가는 계단까지)에 루터와 종교개혁에 대한 자료를 알차게 전시하며 무료로 개방하고 있다.

Data 지도 324p-C
가는 법 시청 광장에서 도보 5분
주소 Im Annahof 2 전화 0821 4501751000
운영시간 월 12:00~17:00, 화~일 10:00~17:00(일 12:30~15:00 휴관),
11~4월은 17:00까지 요금 무료 홈페이지 www.st-anna-augsburg.de

아우크스부르크와 종교개혁

첫 번째 사건. 마르틴 루터Martin Luther가 1517년 종교개혁을 시작하자 교황청은 난리가 났다. 1518년 아우크스부르크의 제국의회에 루터를 소환하여 청문회를 열고 주장을 철회할 것을 요구했지만 루터는 이를 거부했다. 루터는 유럽의 최고 권력자인 교황에게 반역한 죄로 자신을 체포하려는 군인들을 피해 성 안나 교회에 은신하다가 밤을 틈타 아우크스부르크를 빠져나가 목숨을 구했다.

두 번째 사건. 1530년 아우크스부르크에서 열린 제국의회에 루터의 동료인 종교개혁가 필리프 멜란히톤이 출석해 개신교 교리를 낭독하였다. 개신교가 기존의 가톨릭을 부정하지 않는다는 것을 보여준 아우크스부르크 신앙고백Augsburger Konfession 사건이다. 가톨릭(구교)과 개신교(신교)의 갈등이 극심하여 국가의 존립이 위태로워진 것을 해결하고자 신성로마제국 황제가 주선한 자리였지만, 결국 양 세력은 화해하지 못하고 서로의 견해 차이만 재확인했다. 당시 제국의회가 열린 주교궁은 오늘날까지 남아 있다.

세 번째 사건. 루터가 별세한 뒤에도 신교와 구교의 갈등은 극심했다. 이를 봉합하기 위해 1555년 아우크스부르크에서 열린 제국의회에서 두 세력의 화해를 주선하였으니 이를 아우크스부르크 화의 Augsburger Religionsfrieden라 부른다. 비로소 루터의 주장이 교황청으로부터 이단이 아닌 정식 교리로 인정받은 순간이며, 신성로마제국에서 구교와 신교가 처음 화해를 결정한 순간이기도 하다. 물론 이것은 임시적인 봉합에 불과했으며, 양 세력은 결국 30년 전쟁의 공멸로 이르게 된다.

종교개혁은 특정 종교의 사건이기도 하지만 인류 역사의 패러다임이 바뀐 상징적인 사건이기도 하다. 아우크스부르크는 수십 년에 걸쳐 그 격동의 무대가 되었다. 또한 제국의회가 번번이 열렸으며 이는 아우크스부르크가 당시 신성로마제국에서 잘 나가는 도시였다는 방증이기도 하다.

마르틴 루터

필리프 멜란히톤

중세의 시간 속으로
막시밀리안 박물관 Maximilian Museum | 막시밀리안 무제움

막시밀리안 박물관은 중세의 회화와 조각, 장식품, 보석, 과학기구 등 과거의 예술과 생활을 전시한 박물관으로 인기를 얻고 있다. 1854년 개관하면서 당시 바이에른의 국왕 막시밀리안 2세의 이름을 따 막시밀리안 박물관이라 불렀다. 이후에도 계속 컬렉션이 확장되어 오늘날에 이르고 있다. 특히 후원자의 이름을 딴 피어메츠호프Viermetzhof라는 안뜰에 아우크스부르크의 역사적인 분수 세 곳의 오리지널 동상이 전시되어 있다. 시청 광장의 아우구스투스 분수, 모리츠 광장의 헤르메스 분수, 막시밀리안 거리의 헤라클레스 분수가 바로 그 주인공이다(현재 광장과 거리에 있는 것은 사본이다). 박물관 앞에는 요한 야코프 푸거Johann Jakob Fugger의 동상이 있다(푸거 가문의 거상 야코프 푸거와는 다른 사람이다).

© Regio Augsburg Tourismus GmbH

Data 지도 324p-C
가는 법 시청 광장에서 도보 2분
주소 Fuggerplatz 1
전화 0821 3244102
운영시간 화~일 10:00~17:00,
월 휴관 요금 성인 7유로,
학생 5.5유로 홈페이지 www.
maximilianmuseum.
augsburg.de

종교 화합의 상징
성 울리히와 아프라 교회 Sankt Ulrich und Afra | 장크트 울리히 운트 아프라

아우크스부르크의 스카이라인을 만드는 대표적인 곳이 성 울리히와 아프라 교회다. 성 울리히와 아프라 성당Basilika St. Ulrich und Afra, 그리고 성 울리히 교회St. Ulichskirche가 합쳐진 곳이다. 자세히 보면 흰색 건물과 회색 건물이 겹쳐 보이는데, 흰색이 성당, 회색이 교회이다. 성당과 교회는 입구도 따로 있고 건물도 분리되어 있지만 같은 건축양식으로 마치 하나의 건물처럼 조화를 이룬다. 이것은 아우크스부르크 화의로 개신교와 가톨릭이 화해를 이루었던 도시의 역사를 계승한 것으로 이해할 수 있다. 한때 전쟁으로 서로를 죽였던 두 종교가 한 지붕 아래 화합하는 상징적 장소가 된다.

Data 지도 324p-F
가는 법 시청 광장에서 도보
10~15분 또는 2·3번 트램
Th.-Heuss-Platz/IHK 정류장에서
도보 5분 주소 Ulrichsplatz 19
운영시간 교회 사정에 따라 불규칙
요금 무료
홈페이지
www.ulrichsbasilika.de,
www.evangelisch-stulrich.de

헤라클레스 분수

구불구불 번화가
막시밀리안 거리 Maximilianstraße | 막시밀리안슈트라쎄

시청 광장부터 성 울리히와 아프라 교회까지 연결하는 큰길. 양편
에 주차된 차량과 그 사이를 오가는 버스, 트램 등으로 매우 복잡
하고 분주하며, 길이 직선으로 뻗지 않고 구불구불하며 높낮이도
약간 있어 더욱 정겹게 느껴진다. 거리 양편의 고급스러운 건물 중
푸거 궁전Fuggerscher Stadtpalast과 셰츨러 궁전 등 역사적인 유적
도 포함된다. 거리 중앙에는 헤라클레스 분수가 있다. 그리고 시
청 광장에서 가까운 교차로인 모리츠 광장Moritzplatz 역시 막시밀
리안 거리의 활기찬 분위기를 그대로 보여주는 매력적인 장소다.

Data 지도 324p-D
가는 법 시청 광장에서 도보 2분

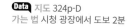

모리츠 광장

화려한 귀족의 저택
셰츨러 궁전 Schaezlerpalais | 셰쯜러팔레

막시밀리안 거리에 있는 바로크 양식의 큰 건물. 귀족의 저택으로
만든 곳이다. 아우크스부르크에서 은행업으로 막대한 돈을 모은
베네딕트 리버트Benedict Adam Liebert가 지었고, 그의 딸에게 상
속한 건물은 딸의 남편인 은행가 요한 셰츨러Johann Schaezler의
소유가 되어 오늘날까지 셰츨러 가문이 소유하고 있다. 화려함의
극치를 달리는 연회장이나 거울의 방, 르네상스 시대와 바로크 시
대의 회화를 전시한 미술관 등을 구경할 수 있다.

Data 지도 324p-D
가는 법 막시밀리안 거리에 위치
주소 Maximilianstraße 46
전화 0821 3244102
운영시간 화~일 10:00~17:00,
월 휴관 요금 성인 7유로,
학생 5.5유로 홈페이지 www.
kunstsammlungen-museen.
augsburg.de

시청과 세트를 이루는 급수탑
붉은 문 Rotes Tor | 로테스 토어

시청사의 건축가 엘리아스 홀의 또 다른 작품. 구시가지의 동쪽 관문에 해당하는 붉은 문은 시청사 또는 페를라흐탑과 세트를 이루는 디자인이 눈에 띄는 곳이다. 엘리아스 홀은 급수탑 용도로 붉은 문을 만들었다. 즉, 하천의 물을 끌어와 도시에 공급하려는 기술력이 가미되었다는 뜻. 이를 통해 아우크스부르크는 공방의 수력 발전 동력으로 사용하거나 정육점의 냉장 보관소를 운영하는 등 일상을 업그레이드 하는 재간을 발휘하였다.

Data 지도 324p-F
가는 법 성 울리히와 아프라
교회에서 도보 5분
주소 Am Roten Tor

TALK

아우크스부르크 르네상스

급수탑 용도로 만든 붉은 문의 가치는 중앙유럽에 현존하는 물 관련 건축물로는 가장 오래되었다는 것이다. 무려 463년간 그 역할을 담당했다. 아우크스부르크는 이탈리아와 교류가 많았고, 영향을 많이 받아 일찌감치 르네상스를 받아들였다. 과학기술에서 진보적인 발전의 단서를 찾는 르네상스답게, 아우크스부르크는 '치수治水'에서 도  시가 나아갈 길을 찾았다. 하천에서 물을 끌어와 도시에 공급하는 급수 시스템을 만들고, 이를 토대로 공방이 발전해 상공업이 융성하는 결과를 얻었으며, 식수 문제도 원만히 해결했다. 오늘날에도 하천변에 수준 높은 공방이 밀집된 레흐 지구Lechviertel가 그 증거로 남아있다.

오랜 역사를 가진
대성당 Augsburger Dom | 아욱스부으거 돔

정식 명칭은 성모 마리아의 엘리사벳 방문 기념 대성당Dom Mariä
Heimsuchung이다. 822년부터 존재했으니 매우 오래된 전통을 가
지고 있으며, 역사가들은 이미 4세기경부터 교회가 존재했을 것으
로 추정하고 있다. 11세기 초 로마네스크 양식으로 증축된 뒤 15
세기 다시 한 번 고딕 양식이 추가된 것이 오늘날 대성당 모습의 시
작이다. 내부의 스테인드글라스는 대단히 가치가 높은 역사적인
예술품으로 평가받는다. 또한 대성당과 연결된 건물에 박물관을
만들어 성화나 조각 등 종교예술품, 옛 교회의 청동문, 황금빛으
로 빛나는 제구祭具 등을 전시하고 있다. 박물관만 유료로 개방된
다.

Data 지도 324p-A
가는 법 시청 광장에서 도보 10분 또는 2번 트램 Dom/Stadtwerke
정류장 하차 주소 Frauentorstraße 2 전화 0821 31660
운영시간 교회 07:00~18:00, 박물관 화~토 10:00~17:00,
일 12:00~18:00, 월 휴관 요금 교회 무료, 박물관 성인 8유로,
학생 6유로 홈페이지 www.bistum-augsburg.de

역사의 무대
주교궁 Bischöfliche Residenz | 비쇠플리헤 레지덴쯔

아우크스부르크 대성당의 주교가 머물던 관저인 주교궁은 1817년부터 행정관청으로 용도가 변경되
었다. 강력한 권력을 가진 주교의 궁전답게 내부는 굉장히 화려하다. 아우크스부르크 신앙고백의 무
대인 로코코잘Rokokosaal도 남아 있지만 아쉽게도 일반인에게 개방하지는 않는다. 그러나 행정관청
의 조용한 분위기가 퍼지는 앞뜰과 뒤뜰은 시민 공원으로 개방해 한적한 쉼터 역할을 한다. 특히 주교
가 머물 때부터 궁전의 정원 역할을 했던 호프가르텐Hofgarten은 아담하지만 정갈하다.

Data 지도 324p-A 가는 법 대성당 옆 주소 Fronhof 10

호프가르텐

도시 안의 도시
푸거라이 Fuggerei | 푸거라이

1516년 푸거 가문의 거상 야코프 푸거Jakob Fugger가 설립한 사회 복지 시설이다. 오늘날까지 현존하는 세계에서 가장 오래된 사회 복지 시설로 꼽힌다. 아우크스부르크의 가난한 시민들이 입주해 생활할 수 있었다. 임대료는 1년에 1라인굴덴(당시 상인의 1주일 평균 수입). 1주일 급여로 1년의 주거를 해결했으니 사실상 공짜나 다름없었다. 52채의 건물을 지어 '사람답게 살 수 있도록' 정원이 딸린 독립된 집을 내어주고, 공동 우물과 예배당도 만들어 그야말로 '도시 안의 도시'를 만들었다. 입주자는 한 가지 조건만 지키면 된다. 푸거 가문을 위해 기도하고 매일 주기도문을 암송할 것. 이후 푸거라이는 독립된 재단에서 운영했기에 푸거 가문이 쇠락한 뒤에도 유지될 수 있었고, 설립 철학을 지키고자 임대료를 한 푼도 올리지 않았다. 화폐단위가 바뀐 뒤에도 같은 가치를 그대로 유지해 지금 임대료는 연간 0.88유로로. 우리 돈으로 1년에 1천 원이면 정원 딸린 집에서 살 수 있다(물론 신문물인 전기나 수도비용은 입주자가 따로 부담한다). 시설은 좀 더 확장되어 지금은 67채의 건물에 147동의 집이 있다. 여전히 사람이 거주하는 곳이므로 아무 데나 들어갈 수는 없지만 일반적인 푸거라이에서의 생활상을 보여주는 쇼룸Schauenwohnung(주소 Ochsengasse 51)을 따로 공개한다. 또한 푸거라이 설립 당시의 일반적인 생활상은 박물관(주소 Mittlere Gasse 14)으로 만들어 공개하며, 제2차 세계대전 당시 폭격을 피해 지하에 만든 벙커도 공개되어 있다. 입구에서 입장권을 구매하면 모든 공개된 구역을 자유롭게 관람할 수 있다.

Data 지도 324p-B
가는 법 시청 광장에서 도보 10분 또는 1번 트램 Fuggerei 정류장 하차 주소 Fuggerei 56
전화 0821 31988114
운영시간 4~9월 09:00~20:00, 10~3월 09:00~18:00
요금 성인 8유로, 학생 7유로
홈페이지 www.fugger.de

도시의 전성기를 기록한
푸거와 벨저 박물관 Fugger und Welser Erlebnismuseum
| 푸거 운트 벨저 에얼렙니스무제움

아우크스부르크의 전성기는 상업과 무역, 그리고 은행업으로 벌어들인 막대한 부에 힘입었다. 푸거 가문과 벨저 가문이 바로 이 전성기를 만든 상인 집단이다. 유럽의 여러 왕실, 그리고 심지어 교황까지도 이들에게 돈을 빌렸다. 푸거 가문이 범접할 수 없는 압도적인 1인자였지만 벨저 가문도 남아메리카에 개인 식민지를 개척할 정도로 위세가 대단했다. 푸거와 벨저 박물관은 바로 이 역사를 멀티미디어로 전시한다. 대항해시대 바로 이전의 유럽과 세계의 '돈의 질서'와 밀접한 관련이 있는 만큼 역사나 경제에 관심이 깊다면 일부러 찾아갈 만한 곳이다.

Data 지도 324p-B
가는 법 대성당에서 도보 5분
주소 Äußeres Pfaffengässchen 23
전화 0821 45097821
운영시간 화~일 10:00~17:00, 월 휴관
요금 성인 7유로, 학생 6유로
홈페이지 www.fugger-und-welser-museum.de

T A L K

세계 최대 부자, 야코프 푸거

푸거 가문의 전성기를 만든 야코프 푸거. 그는 인류 역사상 최대 부자로 거론된다. 독일 일간지 《디 벨트Die Welt》의 보도에 따르면, 활동하던 시기의 구매력을 지금의 시세로 환산했을 때 역대 최대 부자인 야코프 푸거의 재산은 오늘날 4천억 달러, 우리 돈으로 460조에 달한다고 한다. 그 대단하다는 로스차일드 가문과 록펠러가 2, 3위로 집계되었다. 푸거는 상업, 무역업, 광업 등 닥치는 대로 사업을 확장해 돈을 쓸어 모았고, 황제나 교황에게도 돈을 빌려주고 이자수익까지 얻었다. 그러나 야코프 푸거는 후사가 없어 그가 사망한 뒤 그의 조카 안톤 푸거Anton Fugger 가 사업을 물려받았다. 안톤 푸거 또한 닥치는 대로 사업을 확장하고 돈을 빌려줬는데, 아프리카의 흑인을 아메리카에 노예로 파는 인신 매매업까지 손을 댔고, 재산 절반을 에스파냐 국왕에게 빌려줬다가 돌려받지 못해 충격으로 사망한다. 세계를 호령했던 푸거 가문은 야코프 푸거 사후 반세기를 버티지 못하고 안톤 푸거에 의해 몰락하고 말았다.

그의 아버지의 집
레오폴트 모차르트 하우스
Leopold Mozart Haus | 레오폴트모짜으트하우스

위대한 작곡가 모차르트Wolfgang Amadeus Mozart는 아우크스
부르크와 인연이 깊다. 그의 아버지 레오폴트 모차르트Leopold
Mozart의 고향이 바로 아우크스부르크. 아버지의 생가가 모차르
트 하우스라는 이름의 기념관으로 공개되어 있다. 음악가이면서
아들의 스승이었던 레오폴트의 일생에 대한 자료는 물론 볼프강
모차르트와 아우크스부르크의 인연에 대해서도 함께 전시하고 있
다. 모차르트는 다섯 번 아우크스부르크를 찾았으며 '아버지의 도
시'라고 불렀다고 한다. 그의 첫 키스 장소도 아우크스부르크로 알
려져 있다. 바로 셰츨러 궁전이다.

© Regio Augsburg Tourismus GmbH

Data 지도 324p-A 가는 법 대성당에서 도보 5분
주소 Frauentorstraße 30 전화 0821 4507945
운영시간 화~일 10:00~17:00, 월 휴관 요금 성인 6유로, 학생 5유로
홈페이지 www.kunstsammlungen-museen.augsburg.de

© Regio Augsburg Tourismus GmbH

한국인에게 유명한 곳
WWK 아레나 WWK Arena | 베베카 아레나

분데스리가 FC 아우크스부르크 구단의 홈구장. 임풀스 아레나Impuls Arena가 정식 명칭이지만 보험
사 WWK가 명명권을 구입해 2015년부터 WWK 아레나로 부르고 있다. 약 3만 명을 수용할 수 있으
니 독일에서 큰 편은 아니고 분데스리가 역사에 큰 이정표를 남기지도 않았지만, FC 아우크스부르크
구단에 오랫동안 한국인 선수가 활동했다는 이유로 한국 축구팬이 '아욱국'이라는 별칭으로 부르며 친
근하게 여긴다. 어쩌면 아우크스부르크라는 도시의 존재를 축구 때문에 알게 된 사람도 많을 것이다.
시 남쪽 외곽에 위치하고 있다.

경기장 홈페이지

Data 지도 324p-E
가는 법 3번 트램 Siemens II
정류장 하차 후 도보 5분 또는
경기가 열리는 날만 운행하는
8번 트램이 중앙역 앞에서 출발
주소 Bürgermeister-Ulrich-
Straße 90
전화 0821 4554770
홈페이지 www.wwkarena.com

EAT

세련된 커피 전문점

헨리스 커피 월드 Henry's Coffee World

다양한 커피와 베이커리를 파는 커피 전문점. 편안한 실내와 탁 트인 야외 테이블에서 기분 좋게 쉬어 갈 수 있는, 딱 우리가 생각하는 커피 전문점의 분위기다. 시청 광장에 위치한 덕분에 야외 테이블에서 시청사와 페를라흐탑이 한눈에 들어온다. 날씨가 좋을 때 야외에서 커피 한잔 마시며 쉬면 딱 좋다. 햄버거 등 식사가 되는 메뉴도 판매한다.

Data 지도 324p-A 가는 법 시청 광장에 위치 주소 Philippine-Welser- Straße 4 전화 0821 31988280 운영시간 09:00~24:00(금·토 ~01:00, 일 ~20:00) 가격 커피 3.5유로~
홈페이지 www.henrys-coffee.de

© www.henrys-coffee.de

감추어진 시티 마켓

시립 시장 Stadtmarkt

도시 한복판에 위치한 전통시장. 여러 건물 사이 안뜰에 위치하고 있어 밖에서는 보이지 않는다. 마치 숨겨진 보석을 발굴하듯 미로 같은 건물 틈을 지나 시장에 들어서면, 신선식품과 빵, 소시지, 꽃 등 다양한 상품을 판매하는 활기찬 시장이 나타난다. 가벼운 요깃거리도 있으니 여행 중 허기를 달래기에도 좋다.

Data 지도 324p-C 가는 법 성 안나 교회 옆 주소 Fuggerstraße 12A 전화 0821 3243901 운영시간 월~토 07:00~18:00(토 ~14:00), 일 휴무 가격 매장마다 상이하나 전체적으로 저렴하다.
홈페이지 www.augsburg-city.de/stadtmarkt/

SLEEP

여행이 편한 비즈니스 호텔
아우구스타 호텔 Best Western Hotel Augusta

아우크스부르크는 호텔이 많은 편은 아닌데, 시청 광장 주변으로 평균적인 퀄리티를 갖춘 호텔이 몇 있다. 3성급인 아우구스타 호텔은 베스트 웨스턴 체인에 속하며, 클래시컬한 인테리어를 갖추어 깔끔하게 관리되고 있다. 객실이 넓지 않지만 필요한 만큼의 편의시설은 갖추어 둔 전형적인 비즈니스 호텔이다. 시청 광장과 대성당 등 관광지가 주변에 있어 여행이 편리하다.

Data 지도 324p-A
가는 법 시청 광장에서 도보 5분
주소 Ludwigstraße 2
전화 0821 50140
홈페이지 www.bestwestern.de

사실상 유일한 호스텔
위버나흐트 호스텔 Übernacht Hostel

시내 중심부에 있는 사실상 유일한 호스텔. 다행히 가격이 저렴하고 시설도 준수해 큰 불편은 없다. 도미토리는 최대 6인실. 객실은 넓지 않지만 깔끔하고, 주방을 사용할 수 있어 간단히 조리해 먹을 수도 있다. 가까운 슈퍼마켓으로 시청 바로 옆에 레베가 있다. 싱글룸과 더블룸도 있어 저렴한 호텔 대용으로 적합하다. 옥상 테라스에서는 시청사와 페를라흐탑의 상층부가 보여 밤에 조명을 밝힌 시청 광장을 조금이라도 볼 수 있다는 게 장점이다. 체크인은 밤 9시까지 가능.

Data 지도 324p-A
가는 법 시청 광장에서 도보 5분
주소 Karlstraße 4
전화 0821 45542828
홈페이지 www.uebernacht-hostel.de

Special 1 Day Tour

04

추크슈피체
Zugspitze

독일에도 알프스가 있다. 그것도 뮌헨 가까이!
독일 알프스 최고봉 추크슈피체는
대자연의 위대함을 보여준다.

미리보기

SEE

독일 최고봉 추크슈피체가 핵심. 그리고 봉우리 아래에 넓게 펼쳐진 아이브 호수의 깨끗한 모습도 빼놓으면 섭섭하다. 산 위에서, 아래에서, 대자연의 위엄에 빠지다 보면 시간은 훌쩍 간다. 시간이 된다면 알프스가 만든 또 다른 절경 가르미슈클래식의 알프스픽스까지 올라가 보면 더 큰 감동이 기다리고 있다. 단, 높은 고도차를 오가는 곳인 만큼 고산병으로 고생하지 않도록 충분한 휴식과 여유롭게 이동할 것을 강력하게 권한다.

EAT

추크슈피체, 알프스픽스, 아이브 호수 등 각 스폿마다 레스토랑이 있다. 산꼭대기에서 먹으니 가격이 비싸지 않을까? 시중보다 조금 비싼 정도라 부담이 덜하다.

어떻게 갈까?

가르미슈파르텐키르헨Garmisch-Partenkirchen 기차역에서 추크슈피체 등반열차가 출발한다. 뮌헨에서 가르미슈파르텐키르헨까지는 RB 열차로 1시간 23분 소요되어 가깝다. 바이에른 티켓이 유효한 평일 첫 열차는 9시 32분에 출발하며, 이후 1시간에 1대꼴로 운행한다.

어떻게 다닐까?

가르미슈파르텐키르헨 기차역에서 등반열차로 빙하고원까지 이동한 뒤 케이블카를 타고 추크슈피체에 오른다. 내려올 때는 케이블카로 아이브 호수까지 내려와 등반열차를 타고 기차역으로 되돌아간다.

TIP 추크슈피체에 오를 때 가장 중요한 변수는 날씨라는 것을 잊지 말자. 흐린 날씨까지는 어쩔 수 없지만 안개가 많이 끼면 아무것도 보이지 않아 알프스에 오른 보람이 없다. 만약 가르미슈파르텐키르헨 기차역에 도착했을 때 눈이나 비가 내리고 있다면 추크슈피체는 안개에 가렸을 확률이 높다. 오전일수록 안개가 심하니 일단 아이브 호수 등 다른 곳에서 시간을 보내다 오후에 올라가는 것이 나을 수 있다. 추크슈피체 홈페이지에서 24시간 보여주는 현장 웹캠 영상을 확인하고 올라가는 것도 좋은 방법이다. 홈페이지 가장 하단의 [Webcams] 메뉴 클릭.

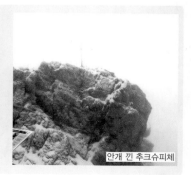

안개 낀 추크슈피체

추크슈피체
♀ 1일 추천 코스 ♀

추크슈피체와 아이브 호수는 꼭 가볼 가치가 충분하다. 만년설이 녹지 않는 산봉우리는 한여름에도 서늘하니 외투를 든든히 입는 것은 필수. 또한 바닥이 얼어 있을 수 있으니 슬리퍼나 굽 있는 신발은 금물이다. 편안한 운동화를 신도록 하자.

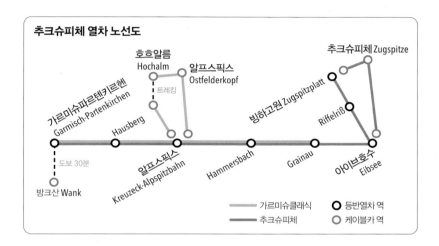

추크슈피체 열차 노선도

호흐알름
Hochalm

알프스픽스
Ostfelderkopf

추크슈피체 Zugspitze

가르미슈파르텐키르헨
Garmisch-Partenkirchen

트레킹

빙하고원 Zugspitzplatt

Riffelriß

Hausberg

알프스픽스
Kreuzeck-Alpspitzbahn

Hammersbach

Grainau

아이브호수
Eibsee

도보 30분

방크산 Wank

━━━ 가르미슈클래식
━━━ 추크슈피체

⭕ 등반열차 역
◎ 케이블카 역

이용시간

등반열차 운행시간

- 가르미슈파르텐키르헨 출발
  08:15~14:15(1시간에 1대)
- 빙하고원 출발
  09:30~16:30(1시간에 1대)

케이블카 운행시간

시즌에 따라 첫차와 막차 시간은 차이가 있으나 등반열차 운행시간 내에는 케이블카 이용에 문제없다. 정확한 시간표는 홈페이지를 통해 확인하자.

📢 |Theme|
나에게 맞는 티켓 고르기

추크슈피체 입장료는 산에 오르는 입장료가 아니라 등반열차나 케이블카를 타는 교통비인 셈이다. 계획에 따라, 그리고 시즌에 따라 요금에 차이가 있으니 나에게 맞는 티켓을 고르는 것부터 여행 준비가 시작된다. 티켓 가격이 비싸지만, 스위스 등 다른 유명 알프스 산악열차와 비교하면 오히려 파격적으로 저렴한 편이다.

여름 (5~10월)

여름 티켓은 왕복 1회권으로, 쉽게 말해서 등반열차와 케이블카의 구분을 두지 않고 봉우리에 한 번 올라갔다 내려오는 과정이 포함된다. 따라서 왕복 중 한 번은 빙하고원까지 등반열차를 타고 케이블카로 봉우리에 오르고, 한 번은 케이블카로 아이브호수까지 바로 이동하는 식으로 번갈아 이용하면 추크슈피체를 알차게 볼 수 있다. 갑자기 높은 고도에 오를 때 고산병 증상이 발현될 수 있으니, 올라가는 길에 빙하고원에서 잠시 쉬고 체력을 비축한 뒤 케이블카로 추크슈피체에 오르고, 내려올 때 아이브호수까지 케이블카를 타는 일정을 추천한다. 내려온 뒤 다시 올라갈 수 없다는 사실을 유의하고, 각 시설마다 레스토랑과 화장실 등 휴게시설이 구비되어 있으니 충분히 쉬어가며 여유 있게 추크슈피체의 절경을 즐기도록 하자. 추크슈피체 왕복 1회, 알프스 픽스가 있는 가르미슈클래식 왕복 1회가 포함된 투피크 패스2 peak pass도 판매한다.

겨울 (11~4월)

겨울 티켓은 스키 패스와 보행자 티켓Pedestrian tickets을 구분하여 판매하지만, 1일 여행 기준으로 요금 및 정책은 똑같다. 여름 티켓과 마찬가지로 한 번 올라갔다 내려오는 왕복 1회권 개념이며, 등반열차와 케이블카의 구분을 두지 않는 점도 여름 티켓과 같다. 가르미슈클래식까지 묶어 투 피크 패스를 판매하는 것도 마찬가지. 아무래도 겨울에는 춥고 흐린 날이 많아 풍경을 감상하기에는 제약이 따르기 때문에 관광 목적일 때에는 여름 시즌을 공략하는 게 좋다.

* 추크슈피체 관련 자세한 일정과 웹캠 이용은 홈페이지를 참고하자(홈페이지 큐알 이용).

매표소

티켓 종류와 가격

봉우리	여름(5~10월)	겨울(11~4월)
추크슈피체	성인(19세 이상) 72유로 청소년(16~18세) 57.5유로 아동(6~15세) 36유로	성인(19세 이상) 62유로 청소년(16~18세) 49.5유로 아동(6~15세) 31유로
알프스픽스 (가르미슈클래식)	성인(19세 이상) 35.5유로 청소년(16~18세) 28.5유로 아동(6~15세) 18유로	성인(19세 이상) 35유로 청소년(16~18세) 28.5유로 아동(6~15세) 18.5유로
방크산	성인(19세 이상) 27.5유로 청소년(16~18세) 22유로 아동(6~15세) 14유로	

• 여름과 겨울 시즌의 구분은 기후에 따라 정확한 일정에 변화가 있으니 추크슈피체 홈페이지에서 확인하기 바란다.
• 여름 티켓은 올라가거나 내려가는 것 한 번만 가능한 티켓도 있다. 가령, 케이블카로 올라간 뒤 걸어서 내려오는 식인데, 현지인이 트레킹할 때 사용하는 방식이므로 여기서는 소개하지 않는다.
• 방크산은 스키장이 아니기에 여름과 겨울 모두 왕복 1회권 방식의 티켓이다. 방크산 케이블카 승강장은 가르미슈파르텐키르헨 기차역에서 멀어 당일치기 여행 중 들르기에는 현실적으로 무리가 있어 이 책에서는 소개하지 않는다.

투 피크 패스 (추크슈피체+가르미슈클래식) – 여름 기준

성인(19세 이상) 86유로, 청소년(16~18세) 69유로, 아동(6~15세) 43유로

그 밖의 이용 안내

• 투 피크 패스는 추크슈피체+가르미슈클래식 대신 추크슈피체+방크산 1일권으로 사용할 수 있다.
• 스키장으로 더 명성 높은 가르미슈클래식은 겨울 시즌에 1일권, 1.5일권, 오후권 등 다양한 요금제를 운영하며, 추크슈피체 홈페이지에서 확인할 수 있다.
• 추크슈피체 온라인숍에서 모바일 티켓 방식의 예약 발권도 가능하다. 줄 서서 기다리는 시간을 단축할 수 있어 편리하지만, 날짜를 지정하여 발권하기 때문에 날씨가 나빠도 날짜 변경 또는 환불이 불가능하여 추천하지 않는다.

SEE

독일에서 가장 높은 곳
추크슈피체 Zugspitze | 쭉슈핏쩨

해발 2,962m. 독일에서 가장 높은 곳이 바로 추크슈피체다. 알프스 산맥의 험준한 바위 절벽 위에 놓인 황금 십자가가 바로 독일에서 가장 높은 자리를 표시하고 있다. 케이블카로 파노라마 라운지 건물까지 오를 수 있으니 남녀노소 누구나 쉽게 절경을 만끽할 수 있다. 파노라마 라운지 건물에서 360도 모든 방향의 절경이 예술인데, 날씨가 맑을 때 250km 밖까지 보이며, 독일 외에 오스트리아, 스위스, 이탈리아까지 눈에 들어온다고 한다. 만년설이 뒤덮인 험준한 대자연의 위엄에 빠져들다 보면 시간 가는 줄 모르고 한없이 바라보게 된다. 최고봉의 황금 십자가까지 직접 가볼 수도 있지만 날씨가 나쁘면 통로가 폐쇄된다. 또한 허리 높이 정도의 안전 로프가 전부이므로 평소 '바위 타본' 경험이 없다면 '등반'은 어렵다. 현지인은 헬멧과 자일 고리 등 안전장비를 착용하고서 올라간다. 여행 중 그러한 장비를 갖추기는 어려우니 가급적 황금 십자가는 눈으로만 감상하는 것을 권하고 싶다.

Data 가는 법 등반열차로 Zugspizplatt까지 와서 케이블카 Gletscherbahn을 타거나 등반열차로 Eibsee까지 이동하여 케이블카 Eibsee-Seilbahn을 타면 추크슈피체 라운지 건물까지 도착한다.

최고봉으로 가는 관문
빙하고원 Zugspitzplatt | 쭉슈핏쯔플라트

등반열차의 종착역이 빙하고원이다. 여기서 케이블카를 타고 추크슈피체로 오르게 된다. 이름은 추크슈피체의 평평한 곳Platt이라는 의미인데, 여기에 빙하Gletscher가 있어서 한국어로 빙하고원으로 표기한다. 기차와 케이블카가 정차하는 라운지 건물에 레스토랑 등 편의시설이 갖추어져 있고, 건물 밖으로 나가면 탁 트인 알프스의 만년설이 반겨준다. 추크슈피체에 오르기 전 맛보기로 그 절경을 확인할 수 있는 곳이니 구석구석 돌아다니며 부지런히 구경하자. 약간 높은 곳에 아담한 예배당 Kapelle auf dem Zugspitzplatt도 있어 신기한 볼거리 추가!

Data 가는 법 등반열차Zugspizplatt역 하차

예배당

TALK

걸어서 오스트리아 가기

추크슈피체는 독일과 오스트리아의 국경에 해당된다. 파노라마 라운지 건물도 독일과 오스트리아에서 함께 만들어 2개국에 걸쳐 있다. 덕분에 걸어서 오스트리아에 가는 경험을 해볼 수 있다. 티롤Tirol(오스트리아의 한 지역명)로 가는 표지판을 따라가면 독일을 떠나 오스트리아를 밟게 된다. 출입국심사가 없어 실감은 덜하겠지만 두 발로 국경을 넘는 경험을 해보시기를.

아찔한 X자 전망대
알프스픽스 AlpspiX | 알프스픽스

추크슈피체가 독일 최고봉으로 여행자를 유혹한다면, 가르미슈클래식은 아찔한 전망대로 여행자를 유혹한다. 이름은 알프스픽스. 해발 2,050m의 오스터펠더콥프Osterfeldkopf 절벽 위에 약 25m 길이의 철제 전망대가 X자 모양으로 놓여 있다. 무려 1,000m 아래 절벽까지 보이는 전망대 위에 서면, 어지간한 강심장이 아니고서는 똑바로 서 있기도 힘들다. 당연히 안전에는 전혀 지장이 없지만 그것을 알고 있어도 손발이 마음대로 움직이지 않는다. 이런 아찔한 상황 속에 숨 막히게 아름다운 알프스의 풍경이 눈에 들어오니 어디서도 경험해 보기 힘든 특별한 추억을 만들 수 있다.

Data 가는 법 등반열차로 Kreuzeck-Alpspitzbahn역 하차 후 케이블카 Alpspitzbahn을 타고 라운지 건물까지 올라간 뒤 도보로 2~3분만 더 올라가면 된다. Kreuzeck-Alpspitzbahn역은 하차하려면 미리 벨을 눌러야 된다.

알프스 트레킹
호흐알름 Hochalm | 호흐알름

가르미슈클래식 티켓으로 알프스픽스까지 왔다면, 내친 김에 트레킹도 즐겨보자. 추크슈피체 지역은 전체가 천혜의 트레킹 코스지만 여행 중 쉽게 도전하기는 어려운데, 알프스픽스 부근에 짧은 트레킹 코스가 있어 여행 중에도 체험할 수 있다. 오스터펠더콥프에서 호흐알름반Hochalmbahn을 타면 호흐알름에 도착한다. 여기서부터 약 30분의 트레킹 코스를 걸어 내려가면 해발 1,651m 크로이츠에크Kreuzeck에서 다른 케이블카를 타고 내려갈 수 있다. 내리막 코스라서 체력 부담도 덜하다.

호흐알름반

Data 가는 법 케이블카 Hochalmbahn은 오스터펠더콥프의 Alpspitzbahn과 같은 건물에서 탑승한다. 크로이츠에크에서 지상으로 내려올 때 케이블카 Kreuzeckbahn을 이용하며, 등반열차 Kreuzeck-Alpspitzbahn역 바로 옆에 도착한다.

📢 |Theme|
추크슈피체에서 스키 타기

겨울 시즌의 추크슈피체는 만년설 스키장으로 변신하여 자연설을 헤치며 내려오는 짜릿한 기분을 경험할 수 있다. 앞서 소개한 케이블카 외에도 리프트가 곳곳에 설치되어 있으며, 티켓은 1일권이기 때문에 케이블카와 리프트 모두 자유롭게 탑승할 수 있다.

가르미슈클래식

스키장으로 더 유명한 곳은 추크슈피체보다 가르미슈클래식이다. 오스터펠더콥프, 크로이츠에크 등 여러 봉우리를 거미줄처럼 연결해 자유롭게 활강할 수 있다. 계속 내려오다 보면 등반열차가 다니는 지상(해발 약 700m)까지 도달한다. 무려 1300m의 표고 차를 스키나 보드를 타고 내려올 수 있는 것이다.

추크슈피체

빙하고원이 스키장의 출발점이다. 마찬가지로 곳곳에 리프트가 있어 편리하게 슬로프를 오를 수 있다. 가르미슈클래식보다 더 높은 곳인 만큼 기상의 영향을 많이 받고, 지상까지 내려올 수 있는 것은 아니기 때문에 스키장으로서는 가르미슈클래식보다 핸디캡이 있다.

장비

티켓에 장비 요금은 포함되지 않는다. 현지인은 장비를 가지고 방문하는 경우가 많아 렌털숍은 생각보다 많지 않다. 가르미슈클래식에서는 크로이츠에크반 정류장 바로 옆에, 추크슈피체에서는 빙하고원의 라운지 건물 내에 렌털숍이 하나씩 있다. 1일 렌털비는 평균 30~40유로(스키는 폴대, 보드는 부츠 포함). 옷과 장갑은 직접 지참하는 것을 권한다.

주의사항

산사태 우려 등 기상 조건에 따라 슬로프가 폐쇄될 때가 있다. 추크슈피체 홈페이지에서 슬로프 개방 여부를 실시간으로 공지하고 있으니 방문 전 꼭 확인하자.

© Bayerische Zugspitzbahn Bergbahn AG

© Bayerische Zugspitzbahn Bergbahn AG

코발트 빛 청정 호수
아이브 호수 Eibsee | 아입제에

아이브 호수는 추크슈피체 봉우리 아래 알프스가 만든 청정 호수다. 면적은 1.7㎢. 어찌나 맑고 깨끗한지 날씨가 맑을 때 수면이 코발트 빛으로 물든다. 하얀 설산과 녹색 숲을 배경으로 코발트 빛 호수가 잔잔히 흔들리는 모습은 매우 아름답다. 호수를 한 바퀴 돌아 산책할 수 있는 오솔길이 정비되어 있고, 일부 구역은 작은 모래사장도 있어 사람들이 돗자리를 펴고 드러누워 일광욕을 즐기기도 한다. 호숫가는 수심이 얕아 아이들이 뛰어놀기도 하고, 페달보트를 빌려 깊은 곳까지 진출할 수도 있다(1시간에 12유로). 워낙 큰 호수인 만큼 한 바퀴 도는 것도 보통 일이 아니다. 일단 등반열차나 케이블카 정류장에서 호수까지 와 왼쪽 방향으로 슬슬 산책하다가 모래사장에서 잠시 쉬고 되돌아오는 것이 일반적인 여행자의 루트라고 할 수 있다. 그 사이에 페달보트 빌리는 곳도 있고, 호수가 바라보이는 분위기 좋은 레스토랑도 있다.

Data 가는 법 등반열차 또는 케이블카 Eibsee-Seilbahn 승차 후 Eibsee역 하차
홈페이지 www.eibsee.de

EAT

빙하 고원의 레스토랑
존알핀 Sonnalpin

빙하 고원의 라운지 건물은 대부분 존알핀 레스토랑이 점유하고
있다. 마치 산장에 들어온 것 같은 내부 인테리어로 분위기를 돋
우고, 바이스부어스트, 슈니첼, 레버캐제 등 간단한 독일 요리를
판매한다. 뢰벤브로이와 프란치스카너 맥주도 있다.

Data 가는 법 등반열차로
Zugspizplatt역 하차
운영시간 케이블카, 등반열차
운행 시간과 동일 가격 맥주
4.2유로, 음식 10유로 안팎

역사적인 대피소
뮌히너 하우스 Münchner Haus

케이블카 같은 것이 없던 시절에도 사람들은 산에 올랐다. 당연히 먹고 자고 씻을 곳이 필요했을 터.
그래서 산 곳곳에 대피소를 겸하는 오두막이 있었는데, 1897년 지어진 뮌히너 하우스는 추크슈피체
옆 해발 2,959m에 자리 잡은 독일에서 가장 높은 대피소였다. 당시 바위 절벽 위에 오직 오두막 한
채만 있었는데 지금은 그 주변이 모두 현대식 라운지 건물로 바뀌었으나 뮌히너 하우스만큼은 건드리
지 않고 그 모습 그대로 남겨 여전히 레스토랑으로 운영하고 있으며, 여름 시즌에는 숙박도 가능하다.

Data 가는 법 추크슈피체 라운지
건물에 위치 전화 08821 2901
운영시간 케이블카, 등반열차
운행 시간과 동일
가격 바이스부어스트 6.9유로

알프스픽스의 레스토랑
오스터펠더 2000 Osterfelder 2000

알프스픽스의 케이블카 라운지 건물에 있는 레스토랑. 이곳은 라운지도 규모가 크지 않기에 레스토랑도 아담하다. 쌀쌀할 때 몸을 녹일 수 있는 몇 가지 수프와 바이스부어스트 등 여러 종류의 부어스트를 판매한다. 음료나 아이스크림을 살 수 있는 매점도 함께 운영하니 간단히 구매하고 알프스픽스에 올랐다가 호흐알름으로 빠지는 것도 무난한 전략이다.

Data 가는 법 등반열차 Kreuzeck-Alpspitzbahn역 하차 후 케이블카 Alpspitzbahn을 타고 라운지 건물 하차 운영시간 케이블카, 등반열차 운행 시간과 동일 가격 스프 3.9유로, 바이스 부어스트 7.9유로

호수 전망이 탁월한
아이브 호수 파빌리온 Eibsee-Pavillon

아이브 호숫가에 있는 레스토랑이다. 호수 방향으로 널찍한 야외 테이블이 있어 호수를 바라보며 식사할 수 있는 최적의 장소라고 할 수 있다. 바이스부어스트나 샐러드 등 간단한 음식 위주로 판매하며, 하커프쇼르의 맥주를 곁들일 수 있다. 화창한 날에는 비어가르텐도 문을 열어 통닭구이, 폼메스 등을 보다 저렴하게 판매한다. 비어가르텐에서는 그 자리에서 생선을 구워 판매하는 것이 별미로 꼽히지만 한국인 입맛에는 조금 안 맞을 수도 있다. 비어가르텐 역시 호수가 보이는 테이블에서 식사가 가능하다.

Data 가는 법 등반열차 또는 케이블카 Eibsee-Seilbahn을 타고 Eibsee역 하차 주소 Seeweg 2
전화 08821 8913 운영시간 09:00~20:00
가격 맥주 4.8유로, 바이스부어스트 7.9유로

05

란츠후트
Landshut

뮌헨 동부에 위치한 유서 깊은 도시. 바이에른에서 손꼽히는
부유한 도시이며, 지금도 계속 발전하고 있으나 구시가지는
소도시 분위기를 간직하고 있어 무척 운치 있다.

미 리 보 기

바이에른 공국의 영광 속에 번영한 시가지는 소도시의 매력을 가지고 있으면서도 스케일이 크고 고급스러워 특별한 느낌을 준다. 시청, 교회, 궁전, 고성 등 중세 건축이 보여줄 수 있는 모든 카테고리의 건축미가 조화를 이루어 구경하는 재미가 있다.

EAT

도시가 활기차고 상점도 많다. 전통 주점, 현대식 카페 등 다양한 선택지가 구시가지 골목마다 눈에 띄니 마음에 드는 분위기를 찾아 도전해 보자.

SLEEP

란츠후트는 뮌헨 공항으로의 접근성도 좋은 편이어서 중소형 호텔이 발달했다. 중앙역 주변에 비즈니스 호텔이 많고, 그 외에도 옛 건물을 개조한 다양한 등급의 호텔이 있다. 다만, 관광으로 유명한 도시는 아니다 보니 개인이 운영하는 소규모 호텔은 체크인 카운터를 24시간 운영하지 않는 등 소소한 불편이 따를 수 있다.

어떻게 갈까?

뮌헨에서 란츠후트 중앙역까지 레기오날반으로 약 45분 소요되며, 당일치기로 왕복 시 전 구간 바이에른 티켓이 유효하다. 독일철도청에서는 Landshut(Bay)라고 표기하는데, 이는 스위스나 체코에 독일어 지명이 같은 도시가 있어 구분하기 위해서다. 란츠후트에서 뮌헨 공항까지 바로 가는 레기오날반도 있으니 뮌헨에서 숙박하기 어려울 때 대안으로 좋은 도시다. 바이에른 주요 도시 중 레겐스부르크 Regensburg도 40분 거리에 있다.

어떻게 다닐까?

볼거리는 구시가지에 모여 있으며, 걸어서 이동 가능한 거리 내에 분포되어 있다. 또한, 이름 없는 골목까지도 옛 건물이 운치 있는 풍경을 만들기 때문에 체력이 허락하는 한 구석구석 걸어 다녀보는 것도 좋다. 다만, 중앙역과 구시가지까지의 거리가 멀어 시내버스 이용(바이에른 티켓 유효)이 필요하며, 하이라이트 명소인 트라우스니츠성까지 약간의 등산이 필요하므로, 충분히 시간을 할애해 가면서 여유 있게 다닐 필요가 있다.

란츠후트
📍 1일 추천 코스 📍

사이즈는 소도시이지만 볼거리 스케일은 소도시 이상이다. 넓은 도로 양쪽에 빼곡히 줄지어 있는 옛 건물들, 산등성이의 거대한 고성, 하늘을 찌르는 교회 첨탑과 육중한 성문 등 멋진 풍경을 바라보며 부지런히 다니다 보면 반나절이 훌쩍 지나간다.

중앙역에서
여행 시작

→ 버스 6분 →

붉은 벽돌의 육중한
렌트문을 지나
구시가지로 입장

→ 도보 2분 →

시청사와 성 마르틴 교회 등
구시가지의 랜드마크
관광하기

↓ 도보 20분

다시 산을 내려와
구시가지의 다른 골목
정취 즐기기

← 버스 10분

중앙역으로 돌아가
뮌헨으로 출발

← 도보 20분 ←

트라우스니츠성까지
산을 올라 도시 풍경
감상하기

TIP 중앙역 앞에서 1·2·4번 등 몇 개의 버스 노선을 이용하여 Ländtorplatz 정류장에서 하차한다. 그 외 Altstadt, Zweibrückenstraße 정류장이 구시가지에서 가깝다. 버스 노선이 다소 복잡하므로 탑승 전 기사에게 물어보거나 bahnland-bayern.de bahnland-bayern.de 홈페이지나 MoBY 어플리케이션을 이용해 조회하면 편리하다.(홈페이지는 QR 참고)

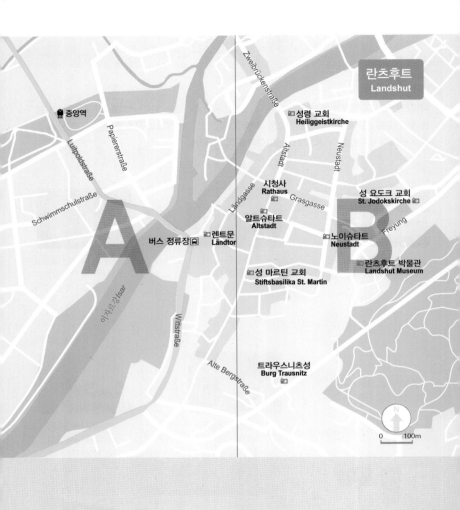

란츠후트
Landshut

중앙역

Zweibrückenstraße

Papiererstraße

Luitpoldstraße

Schwimmschulstraße

성령 교회
Heiliggeistkirche

Altstadt

Neustadt

A

Landgasse

시청사
Rathaus

Grasgrasse

성 요도크 교회
St. Jodokskirche

버스 정류장

렌트문
Ländtor

알트슈타트
Altstadt

노이슈타트
Neustadt

B

Freyung

란츠후트 박물관
Landshut Museum

성 마르틴 교회
Stiftsbasilika St. Martin

이자르강 Isar

Wittstraße

Alte Bergstraße

트라우스니츠성
Burg Trausnitz

N

0   100m

SEE

동화 속으로 들어가는 입구

렌트문 Ländtor | 렌트토어

동화 같은 풍경이 펼쳐지는 란츠후트 구시가지로 들어가는 성문이다. 원래 란츠후트 성벽에 총 8 개의 출입문이 있었으나 19세기 도시가 확장되는 과정에서 철거되었고, 붉은 벽돌로 지은 견고한 외관의 렌트문 하나만 원래의 모습으로 보존하고 있다. 이름은 이자르강에서 배가 도착해 상륙하는(란트Land) 곳의 성문이라는 뜻이다.

Data 지도 352p-A 가는 법 Ländtorplatz/Stadttheater 정류장 하차 주소 Theaterstraße

강 따라 산책

이자르강 Isar | 이자어

뮌헨을 관통하여 흐르는 이자르강이 란츠후트까지 흘러온다. 큰 물줄기는 아니지만, 강변의 공원 과 산책로가 잘 갖추어져 구시가지의 운치를 느끼며 여유 있는 휴식과 산책이 가능하다. 근처 슈 퍼마켓에서 맥주 한 병을 사서 강변에 앉아 마시면 바이에른 스타일의 '신선놀음'이라고도 할 수 있 겠다. 이자르강은 란츠후트를 지나 더 흘러 '아름답고 푸른 도나우강'에 합류한다.

Data 지도 352p-A 가는 법 Ländtorplatz/Stadttheater 정류장 하차

구시가지 번화가

알트슈타트 Altstadt | 알트슈탓트

란츠후트에서는 구시가지의 중심가를 알트슈타트라 부른다.
독일어로 구시가지라는 뜻이다. 이름은 구시가지이지만 널찍
한 도로 양편에 옛 건축물이 줄지어 있는 스케일 큰 번화가
가 펼쳐진다. 도로가 굽어있어 양편의 건축물이 하나의 지점
에서 만나는 듯 착시 현상도 있기 때문에 그 풍경이 매우 인상적이다. 바이에른 국왕 루트비히 1세
가 란츠후트에서 공부하며 머문 레지덴츠 궁전Stadtresidenz을 포함해 눈에 띄는 건축물이 많다.

Data 지도 352p-B 가는 법 렌트문에서 도보 2분

180만 개의 벽돌이 만든 유산

성 마르틴 교회 Stiftsbasilika St. Martin | 슈티프츠바질리카 장크트 마르틴

알트슈타트뿐 아니라 란츠후트 구시가지 어디서나 잘 보이는 높
은 첨탑을 가진 성 마르틴 교회. 15세기의 건축물인데 그 높이
는 무려 130.6m에 이르고, 이는 바이에른 전체에서 가장 높은
교회에 해당한다. 그뿐만 아니라, 철제 지지대 없이 오직 벽돌로
만 쌓아 올린 탑으로는 유럽에서 첫손에 꼽힌다고 하며 180만
개 이상의 벽돌이 사용되었다 하니 그 규모는 실로 대단하다. 내
부도 전형적인 고딕 양식이며, 매우 엄숙하다.

Data 지도 352p-B 가는 법 알트슈타트에 위치 주소 Kirchgasse 232
전화 0871 923040 운영시간 07:30~18:30(동절기 ~17:00)
요금 무료 홈페이지 www.martin-landshut.de

© MatthiasAmmerFotografie

결혼식 그림이 유명합니다

시청사 Rathaus | 랏하우스

비슷한 박공 외관을 가진 세 채의 건물이 나란히 연결된 란츠후트 시청사는 흡사 독일 프랑크푸르트의 시청사 뢰머 Römer를 떠올리게 한다. 실제로 프랑크푸르트 뢰머를 모델로 1860년 지금의 틀을 갖춘 것. 이후 뮌헨 신 시청사의 건축가 게오르그 폰 하우버리서에 의해 더욱 품격 있는 모습으로 업그레이드되었다. 결혼식 행렬 벽화로 장식한 고풍스러운 연회장 Prunksaal은 평일에 1시간씩 일반에 개방되어 인기가 높다.

Data 지도 352p-B 가는 법 알트슈타트에 위치 주소 Altstadt 315 전화 0871 881618 운영시간 월~금 14:00~15:00, 토·일 휴관 요금 무료 홈페이지 www.landshut.de

---

TALK

란츠후트 결혼식

시청사 연회장에 그려진 란츠후트 결혼식 행렬은 뮌헨의 화가 4명에 의해 1882년 완성되었다. 이 작품은 란츠후트가 가장 번영하였던 시기인 1475년, 바이에른 대공 루트비히 9세의 아들과 폴란드 왕의 딸이 란츠후트에서 올린 실제 결혼식을 묘사했다. 여기에서 착안한 축제도 열린다. 대공과 왕자의 분장을 한 주인공의 등장, 거리 연주, 퍼레이드 등이 펼쳐지는데 모두 란츠후트 시민의 손으로 완성하는 흥거운 민속축제이며, 란츠후트 결혼식 Landshuter Hochzeit이라 부른다. 4년마다 열리는데, 다음 축제는 2027년으로 계획되어 있다.

도시 이름의 기원
트라우스니츠성 Burg Trausnitz | 부으그 트라우스닛쯔

구시가지에서 고개를 들면 높은 산등성이에 성채를 드러내는 트라우스니츠성. 그 역사는 란츠후트가 생기기 이전으로 거슬러 올라간다. 1100년대 성의 망루를 보며 사람들은 '땅을 지키는 모자'라는 뜻으로 란데스후아타Landeshuata라고 불렀는데, 여기에서 란츠후트라는 도시 이름이 파생되었다. 이후 트라우스니츠성은 17세기까지 바이에른의 찬란한 역사와 늘 함께하며 점점 확장되고 발전했다. 1500년대 초중반 성에서 양조한 맥주의 맛이 왕실에 알려져 뮌헨으로 진출해 세워진 왕립 양조장이 그 유명한 호프브로이 하우스라는 점에서도 재미있는 연결고리를 발견할 수 있다. 성의 안뜰까지 무료로 접근할 수 있으며, 유료 입장 시 잘 보존된 성의 내부와 도시 전망이 좋은 테라스를 방문할 수 있다. 또한, 바이에른 국립박물관의 분관으로 '예술과 호기심의 방Kunst- und Wunderkammer'이라는 이름의 전시홀이 별도로 열려 있다. 성까지 오르는 길은 경사가 급한 지름길과 상대적으로 완만한(그러나 힘들기는 마찬가지인) 일반 진입로가 있으며, 곳곳에 이정표가 보인다.

Data 지도 352p-B 가는 법 성 마르틴 교회에서 도보 20분 주소 Burg Trausnitz 168
전화 0871 924110 운영시간 3월 29일~10월 3일 09:00~18:00, 10월 4일~3월 28일 10:00~16:00
요금 성인 5.5유로, 학생 4.5유로 홈페이지 www.burg-trausnitz.de

신시가지라 불리는 구시가지

노이슈타트 Neustadt | 노이슈탓트

란츠후트에서는 구시가지의 중심 번화가를 '구시가지'라는 사전적 의미의 알트슈타트로 부르고, 그한 블록 너머 또 다른 번화가는 '신시가지'라는 뜻의 노이슈타트라 부른다. 신시가지라는 뜻이지만현대식 건물이 있는 건 아니고, 상대적으로 나중에 형성된 시가지이기 때문에 노이슈타트라는 이름이 붙었다. 알트슈타트와 마찬가지로 거리의 양편에 늘어선 고풍스러운 건축물이 인상적인 활기찬거리이며, 제1차 세계대전 시 장병을 기리는 전쟁 기념비Kriegerdenkmal 등의 볼거리도 있다.

Data 지도 352p-B 가는 법 알트슈타트에서 도보 5분

란츠후트 제2의 교회

성 요도크 교회 St.Jodokskirche | 장크트 요독스키으헤

성 마르틴 교회와 비슷한 시기에 지어진 붉은 벽돌의 높은 탑이 인상적인 교회이며, 80m 높이의탑은 성 마르틴 교회에 이어 란츠후트에서 두 번째로 큰 규모에 해당한다. 1800년대까지 교회 앞에 널찍한 공동묘지가 있었으나 지금은 울타리를 걷어내고 걷기 좋은 공원으로 바뀌었으며, 겨울철 크리스마스마켓이 열리는 무대가 된다.

Data 지도 352p-B
가는 법 노이슈타트에서 도보 5분
주소 Freyung 629
전화 0871 923040
운영시간 대체로 평일 오전부터
오후까지
요금 무료
홈페이지 www.jodok-
landshut.de

소소한 박물관 콤플렉스
란츠후트 박물관 Landshut Museum | 란츠훗 무제움

옛 수도원 터에 만든 아담한 란츠후트 박물관은 도시에서 역사와 예술 등 다양한 주제를 시민이 향유할 수 있도록 수시로 전시 주제를 바꾸어 개방하는 박물관이다. 조각 박물관, 어린이 박물관 등세 곳의 작은 전시관이 한데 모여 있으며, 실외 조각 정원까지 소소하게 즐길 수 있다. 전시회에따라 다를 수 있으나 대체로 무료 전시 위주로 진행한다.

Data 지도 352p-B
가는 법 성 요도크 교회에서
도보 2분
주소 Alter Franziskanerplatz 483
전화 0871 9223890
운영시간 화~일 10:00~17:00,
월 휴관
요금 무료(전시회마다 다를 수 있음)
홈페이지 www.museen-
landshut.de

지금은 잠시 쉬어가는 미술관
성령 교회 Heiliggeistkirche | 하일리히가이스트키으헤

성 마르틴 교회, 성 요도크 교회와 함께 란츠후트 구시가지의 3대 고딕 교회 건축물이지만 현재는미술관으로 사용된다. 란츠후트 박물관의 분관으로 시즌에 맞춰 주제를 바꾸어 가며 주로 회화 위주로 전시회를 진행하며, 피카소 등 유명 화가의 작품 기획전이 열리기도 했다. 지금은 내부 보수공사로 당분간 전시를 휴관한다.

Data 지도 352p-B
가는 법 알트슈타트에서 도보 5분
주소 Heilig-Geist-Gasse 394
전화 0871 9223890
홈페이지 www.
heiliggeistkirche-landshut.de

06

린더호프성
Schloss Linderhof

미치광이 왕 루트비히 2세의 또 하나의 성.
첩첩산중에 숨어 있는 아담한 고성의 매력에
먼 길을 마다하지 않고 찾아가게 만든다.

미리보기

SEE

린더호프성 자체는 자그마하다. 그러나 성이 자리 잡은 린더호프 공원Park Linderhof은 광활하다. 산을 통째로 공원으로 만들어버린 루트비히 2세의 아이디어가 보통이 아니다. 덕분에 이 아름다운 공원의 관람을 위해서는 등산이 필요하다. 잘 닦인 길을 오르내리다 보면 공원 곳곳에 숨겨진 또 다른 매력 포인트를 발견하게 된다.

EAT

린더호프성 주변에는 레스토랑이 거의 없다. 뮌헨에서 빵이나 음료를 미리 준비해서 방문하거나 오버아머가우 기차역 바로 옆 대형 슈퍼마켓 네토Netto에서 구매할 수 있다. 도시락 싸서 소풍 가는 기분이 들지도 모른다.

PLAN

린더호프성은 에탈Ettal이라는 도시에 있는데, 기차가 여기까지 들어가지 않는다. 인근의 오버아머가우Oberammergau 기차역에서 시내버스를 타고 린더호프성을 찾아간다. 뮌헨에서 린더호프성까지 총 2시간 20분 정도 소요된다. 성과 공원의 관광에 짧게는 3~4시간, 길게는 5~6시간 정도 소요되므로 뮌헨에서 당일치기 여행으로 딱 적당하다. 뮌헨으로 돌아올 때 시간이 남으면 오버아머가우를 한 바퀴 둘러보아도 좋다.

어떻게 갈까?

뮌헨에서 오버아머가우까지 1회 환승이 필요하며, 방법은 크게 두 가지가 있다. 첫째, 무르나우Murnau에서 기차를 환승하는 방법. 둘째, 오버라우Oberau에서 9606번 버스로 갈아타는 방법. 둘 다 바이에른 티켓으로 해결되고, 평일 9시 이후 첫 스케줄은 9시 31분에 출발한다(오버라우에서 버스로 갈아탄다). 오버아머가우에서 린더호프성까지는 9622번 버스를 탄다. 역시 바이에른 티켓이 유효하고, 버스는 기차역 바로 앞에 정차한다. 만약 9606번 버스를 탔다면 오버아머가우를 지나쳐 에탈 수도원Klostergasthof, Ettal 정류장에 내려 9622번 버스를 타도 되고, 이 경우 에탈 수도원에서 30여 분 시간이 남기 때문에 수도원 내부를 잠시 구경할 수 있는 장점이 있다.

오버아머가우 기차역 버스 정류장

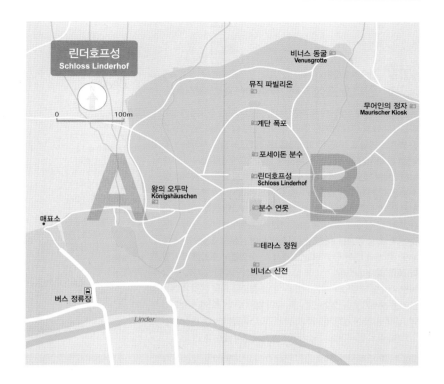

어떻게 다닐까?

9622번 버스는 1시간에 1대꼴로 뜸하게 다닌다. 일단 오버아머가우 기차역(또는 에탈 수도원)에 내리면 정류장에 게시되어 있는 버스 시간표부터 확인한다. 오버아머가우 기차역에서 린더호프성까지 25~33분 소요된다. 버스가 정차하는 곳은 린더호프성의 주차장. 바로 들어가지 말고 버스 정류장의 시간표를 확인하여 돌아가는 버스 시간을 미리 체크해 둘 것. 안쪽으로 들어가면 매표소가 먼저 나온다. 공원만 구경하는 것은 무료지만 성에 입장하려면 티켓이 필요하니 매표소에서 미리 구매해 두어야 한다. 티켓 구매 시 입장(가이드투어) 시간을 지정하여 발권한다. 매표소에서 성까지 빠른 걸음으로 5~7분 소요되니 넉넉하게 20~30분 뒤의 입장 시각으로 발권하고, 남는 시간에는 성 주변의 정원을 구경하며 기다리자. 주변 공원은 모두 도보로 이동하며 다른 교통수단은 없다. 공원에 벤치가 많지 않은 편이지만 푸른 잔디밭 아무 곳이나 앉거나 누워도 되니 충분히 쉬면서 여유롭게 관람할 수 있다.

SEE

산속의 은둔처
린더호프성 Schloss Linderhof | 슐로스 린더호프

루트비히 2세가 만든 성 중 유일하게 완공된 곳이 린더호프성이다. 사실 그의 원래 계획은 중앙의 작은 본관을 중심으로 양편에 긴 별관을 만들고, 비잔틴 양식으로 이국적인 느낌을 가미하는 것이었다. 하지만 중앙의 작은 본관만 심플하게 완성되었으니 루트비히 2세의 의도에 견주어 평가하면 린더호프성 또한 완공이라 볼 수는 없지만, 아무튼 왕이 거주할 수 있도록 내부와 외부가 완성된 것은 여기가 유일하다. 왕이 어린 시절 뛰어놀았던 땅에 지은 노이슈반슈타인성처럼 린더호프성도 어린 시절 뛰어놀았던 땅에 지은 것이다. 최종 완공은 1886년. 산속에 숨어 은둔하고 싶었기에 내부도 몇 개의 방이 전부인데, 그래서 더 아낌없이 호화롭게 꾸몄다. 이탈리아에서 공수한 대리석, 마이센에서 공수한 도자기 등 값비싼 재료를 아낌없이 사용하였고, 침실 창문을 열면 음악 소리가 들리는 분수가 바로 앞에 있는 등 왕의 별난 아이디어가 반영되었다. 내부는 25분 분량의 가이드투어(영어, 독일어)로만 관람할 수 있으며, 따로 한국어 오디오 가이드는 제공되지 않는다.

Data 지도 361p-B
가는 법 9622번 버스 Schloss Linderhof 정류장 하차
주소 Linderhof 12
전화 08822 92030
운영시간 매표소 3월 23일~10월 15일 08:30~17:30, 10월 16일~3월 22일 09:30~16:00
요금 하절기(성과 공원의 건물 입장) 성인 10유로, 학생 9유로, 동절기(성만 입장) 성인 9유로, 학생 8유로
홈페이지
www.schlosslinderhof.de

📢 |Theme|
린더호프성 정원

루트비히 2세의 고성 중 린더호프성이 크기는 가장 작지만 그 주변의 정원은 가장 아름답다. 산 전체를 공원으로 만든 것은 기본, 성 주변은 궁전의 품격에 어울리는 호화로운 정원을 따로 가꾸어두었다.

분수 연못

높게 솟구치는 분수가 있는 연못. 주변은 화단으로 깔끔하게 꾸며두었다. 하절기에 시간에 맞춰 주기적으로 물을 뿜다가 멈추기를 반복한다.

테라스 정원

성이 정면에서 보이는 높은 곳에 테라스를 만들고 그 위에 기하학적 무늬로 정원을 꾸몄다. 성의 전망이 일품이라 반드시 올라가 보아야 한다.

뮤직 파빌리온

계단 폭포 위에 설치한 파빌리온. 여기서 악사가 바이올린을 연주하면 자연스럽게 선율이 물소리와 함께 왕의 침실에 당도하도록 만들었다.

포세이돈 분수

바다의 신 포세이돈을 조각한 분수. 왕의 침실 창문 바로 바깥쪽에 관상용으로 만들었다.

계단 폭포

물줄기가 계단을 타고 내려가도록 설계한 곳. 여기서 내려간 물줄기가 포세이돈 분수에서 모이도록 설계되었다.

비너스 신전

테라스 정원보다 더 높은 곳에 파빌리온을 세우고 비너스 동상을 설치했다.

조명을 작동했을 때의 모습

천재와 광인의 경계
비너스 동굴 Venusgrotte | 베누스그로테

산속 깊은 곳에 동굴이 있다. 컴컴한 내부로 들어가면 이내 몽환적인 조명이 켜지고, 배 한 척 띄운 연못이 나온다. 그 앞에 딱 봐도 공연이 열릴 법한 무대가 있다. 비너스 동굴은 공연장이다. 그것도 루트히비 2세가 오직 바그너의 〈탄호이저Tannhäuser〉를 감상하려고 만든 인공 동굴이다. 소리가 울리는 동굴이야말로 최적의 공연장이라 생각하였고, 물에 배를 띄워 술을 마시며 나 혼자 공연을 감상하겠다며 연못을 만들었으니 절대 제정신이라 생각할 수 없는 집착의 결과물이다. 그 와중에 다양한 색상의 조명까지 설치해 무대장치를 극대화하였으니 건축에 대한 집착, 바그너에 대한 집착, 은둔에 대한 집착이 낳은 그의 천재성에 감탄하지 않을 수 없다. 노이슈반슈타인성 등 그가 남긴 유산은 모두 번뜩이는 아이디어와 남다른 예술성을 자랑하는데, 비너스 동굴이야말로 규모는 작지만 그 천재성과 광기가 응축되어 양면의 경계를 오가는 특이한 느낌을 가장 명확히 전달해 준다. 동굴 입장권은 린더호프성 입장권에 포함되어 따로 구매할 필요는 없고, 입구 앞에서 가이드가 인솔하여 내부로 들어가 조명까지 작동하면서 설명해 준다. 단, 현재 내부 보수공사로 인해 입장이 통제되어 있으며, 아직 공사일정은 미정이다. 린더호프성 방문 시 홈페이지에서 비너스 동굴 개장 여부를 꼭 확인하기 바란다.

Data 지도 361p-B
가는 법 린더호프성에서 도보 20~30분. 린더호프성 위의 뮤직 파빌리온에서 도보 10분

유럽과 이슬람의 조화
무어인의 정자 Maurischer Kiosk | 마우리셔 키오스크

베를린에서 활동하던 건축가 카를 폰 디비치Carl von Diebitsch가 1867년 파리 만국박람회에 출품하려고 만든 작은 건축물이다. 그 이름대로 무어 양식으로 만들어 유럽의 건축과 이슬람의 스타일이 눈부시게 조화를 이룬다. 루트비히 2세가 통째로 구입해 린더호프 공원에 비치해 두었다. 공작의 왕좌Pfauenthron 등으로 아름답게 장식된 내부는 하절기에만 개방한다. 린더호프성 하절기 티켓에 무어인의 정자 입장까지 포함되어 있다.

Data 지도 361p-B 가는 법 비너스 동굴에서 도보 5분 운영시간 하절기 09:00~18:00, 동절기 휴관

궁전 옆 오두막
왕의 오두막 Königshäuschen | 쾨닉스호이셴

직역하면 '왕의 작은 집'이라는 뜻. 린더호프성은 루트비히 2세가 어린 시절 뛰어놀던 산장이 있던 곳에 지은 궁전이다. 그의 아버지 막시밀리안 2세의 사냥 쉼터였던 낡은 오두막을 허물고 새 궁전을 지으면서 궁전 옆에 오두막을 다시 만들었다. 그리고는 궁전을 짓는 동안 이곳에 거주하며 공사를 감시했다고 한다. 오늘날에는 전시관으로 사용되며, 입장권은 별도로 발권한다.

Data 지도 361p-A
가는 법 매표소와 린더호프성 사이
주소 Linderhof 18a
운영시간 4월 1일~10월 15일
11:00~18:00, 10월 16일~3월 31일
일 12:00~16:30, 월~토 휴무
요금 성인 2유로, 학생 1유로

TIP 지금까지 소개한 곳들 이외에도 훈딩의 오두막 Hundinghütte을 공원 가장 구석에 만들었는데, 너무 멀어서 1시간 이상 걸어가야 하므로 따로 소개하지는 않는다.

© Andrew Cowin

맥주 박물관도 있는 수도원

에탈 수도원 Kloster Ettal | 클로스터 에탈

린더호프성만큼이나 에탈에서 유명한 곳이다. 바이에른의 대공이자 신성로마제국 황제였던 루트비히 4세Ludwig IV의 명령으로 1370년 베네딕토회 수도원으로 건립되었다. 루트비히 4세는 이탈리아를 다녀오던 중 이 자리를 지날 때 자신의 말이 세 차례나 무릎을 꿇는 것을 보고 수도원의 건설을 명했다고 한다. 원래는 고딕 양식이었지만 18세기 바로크 양식으로 바뀌어 오늘날의 거대한 건물이 완성되었다. 무료로 개방된 내부에 들어서면 그 화려함에 압도된다. 벽과 천장을 장식하는 아름다운 성화, 대리석으로 만든 제단 등 무엇 하나 빠지지 않고 화려함을 뽐낸다. 수도원에서 양조하는 맥주도 유명하고 자그마한 맥주 박물관도 있다. 일부러 찾아가기에는 무리가 있지만 오버아머가우 기차역이나 린더호프성과 연결되는 버스가 수도원 바로 앞에서 정차하기 때문에 중간에 잠시 들를 수 있다. 특히 수도원 앞에서 버스 환승할 때 잠깐 시간이 남으면 서둘러 구경해도 좋다. 물론 버스 정류장에 게시된 시간표는 반드시 확인하고 움직이기 바란다.

Data 가는 법 9606·9622번 버스 Klostergasthof 정류장 하차 주소 Kaiser-Ludwig-Platz 1 전화 08822 740 운영시간 08:30~18:30 요금 무료 홈페이지 www.abtei.kloster-ettal.de

📢 |Theme|
오버아머가우 여행

린더호프성에 가기 위해 오버아머가우는 반드시 지나쳐야 하는 코스. 그런데 단순히 버스만 타려고 오버아머가우를 스쳐 지나가기는 참으로 아깝다. 오버아머가우 역시 독일에서 손꼽히는 관광지이며, 알프스를 배경으로 하는 목가적인 풍경이 인상적이기 때문이다.

오버아머가우의 구시가지는 모든 건물이 화려한 벽화로 옷을 입고 있다. 일찍이 수공업이 발달하여 '시골의 장인匠人'들이 모여 살던 부강한 마을이었기에 시가지를 꾸민 센스가 여간 아니다. 특히 오버아머가우의 수난극Passionspiele(예수그리스도의 마지막 수난을 주제로 하는 연극)은 전 세계적으로 명성이 드높다. 10년마다 대대적으로 공연하는 수난극 시즌에 수십만 명이 오버아머가우를 찾을 정도(다음 수난극은 2030년 공연된다). 시가지에 그려진 벽화는 대개 수난극의 내용, 즉 예수그리스도의 수난을 주제로 하는 성화가 많다. 또한 시가지에서 약간 떨어져 조금 한적한 에탈 거리Ettaler Straße의 건물에는 〈브레멘 음악대〉, 〈빨간 모자〉, 〈헨젤과 그레텔〉 등 유명한 동화를 소재로 하는 벽화도 있어 훨씬 친근하게 다가온다. 그림의 내용을 떠나 거리의 풍경이 너무 평화로운 동화 속 풍경 같아 깊은 인상을 남긴다. 시가지 중심에 있는 옛 법원Ehemaliges Amtsrichterhaus은 그중에서도 가장 화려하고 아름다운 벽화를 자랑한다. 그런가 하면 시가지 중심의 성 페터와 파울 교회Kirche St. Peter und Paul는 화려한 바로크 양식으로 내부를 장식해 장엄한 아름다움을 선사한다. 시내지도가 필요하면 관광안내소에서 무료로 얻을 수 있다.

© Passion Play Oberammergau 2020 수난극

Data 가는 법 Oberammergau역에서 반호프 거리Bahnhofstraße를 따라 왼편으로 쭉 가면 시가지가 바로 나온다.

관광안내소
주소 Eugen-Papst-Straße 9a
운영시간 월~금 09:00~18:00,
토 09:00~13:00, 일 휴무

시가지

빨간 모자 벽화

성 페터와 파울 교회

07

킴 호수
Chiemsee

'바이에른의 바다' 킴 호수.
킴제라는 이름으로 더 친근한 아름다운 호수,
그 속에 숨겨진 아름다운 고성 헤렌킴제성도 만나보자.

킴 호수
미리보기

SEE

킴 호수는 바이에른은 물론 독일 전체에서도 손꼽히는 휴양지. 시원한 바람을 맞으며 유람선을 타고 호수를 노닐면 이보다 상쾌할 수 없다. 게다가 휴양지 속에 관광지가 숨어 있다. 루트비히 2세의 마지막 고성인 헤렌킴제성까지 관람하면 휴양과 관광, 두 마리 토끼를 잡는다.

EAT

호수 위에 먹을 곳이 없음은 당연지사. 헤렌킴제성이 있는 섬에 딱 한 곳의 레스토랑이 있다. 바이에른 향토요리와 생선요리 위주이며, 뮌헨 시내와 비교해도 가격은 비싸지 않고 호프브로이 맥주를 판매한다.

어떻게 갈까?

킴 호수는 굉장히 넓기 때문에 호수에 접하는 도시도 많다. 프린Prien am Chiemsee, 게슈타트 Gstadt am Chiemsee, 베르나우Bernau am Chiemsee, 키밍Chieming, 파핑Pfaffing 등이 대표적인 곳. 호수를 보는 것이 목적이라면 어디를 가든 시원하고 아름다운 풍광을 볼 수 있고, 유람선을 탈 수 있는 도시도 많지만, 헤렌킴제성까지 관광하려면 프린으로 가야 가장 편하다. 뮌헨에서 프린까지 레기오날반 BRB 열차로 56분 소요되며, 바이에른 티켓이 유효하다. 평일 바이에른 티켓이 유효한 시간대의 첫 열차는 9시 55분에 출발하는데, 헤렌킴제성은 노이슈반슈타인성처럼 관광객이 엄청나게 몰리지는 않으므로 굳이 더 일찍 출발하지 않아도 된다.

© Chiemgau Tourismus e.V.

킴 호수
📍 1일 추천 코스 📍

프린에서 유람선을 타고 헤렌킴제섬까지 이동해 섬 안에 있는 헤렌킴제성을 보고, 다시 유람선을 타고 프린으로 되돌아오는 것이 일반적인 여행자의 루트. 시간이 허락되면 헤렌킴제섬 옆의 프라우엔킴제섬까지도 잠깐 구경해도 좋다. 유람선을 타고 오가는 동안 킴 호수의 정취는 충분히 만끽할 수 있다.

어떻게 다닐까?

프린 기차역에서 유람선 선착장까지 킴제반Chiemseebahn이라는 이름의 증기기관차가 다닌다. 무늬만 증기기관이 아니라 진짜 증기기관차, 그것도 1887년부터 운행한 130년 역사의 증기기관차이기 때문에 그 자체로 특이한 경험이 된다. 프린 기차역에서 킴제반 표지판을 따라 가면 증기기관차 플랫폼이 나온다. 매표소도 플랫폼에 있으며, 유람선 티켓까지 여기서 구입할 수 있다. 기차에 별도의 개찰구가 없고 일단 빈 객차에 착석하면 열차 출발 후 차장이 돌아다니며 검표한다. 헤렌킴제섬에 도착하면 선착장 바로 앞에 매표소가 있다. 성에 입장할 예정이라면 반드시 선착장 앞 매표소에서 티켓을 미리 구매해야 된다.

킴제반 매표소

킴제반

유람선

요금

유람선
헤렌킴제+프라우엔킴제섬
왕복 성인 12.6유로, 아동 6.3유로
헤렌킴제섬 성인 10.9유로, 아동 5.4유로

킴제반
왕복 성인 4.5유로, 아동 2.2유로

콤비티켓
킴제반+헤렌킴제+프라우엔킴제섬
왕복 성인 15.8유로, 아동 7.9유로
킴제반+헤렌킴제섬
왕복 성인 14.5유로, 아동 7.2유로

시간표 확인

홈페이지
www.chiemsee-schifffahrt.de

주의사항

증기기관차는 5월 중순~9월 중순까지 운행한다. 나머지 시즌에는 프린 기차역 앞에서 9424번 버스를 타고 항구Hafen 정류장에서 내리면 된다. 바이에른 티켓이 유효하고, 7분 소요된다. 물론 하절기에도 버스를 이용해 조금이라도 비용을 절약하는 것은 가능하다.

SEE

바이에른의 바다
킴 호수 Chiemsee | 킴제에

알프스가 만든 면적 약 80㎢의 광활한 호수. 독일에서 세 번째로 넓은 호수로 꼽히며, 바이에른의 바다Bayerisches Meer라는 애칭으로 불린다. 학자들의 추정으로는 킴 호수가 처음 생성된 것은 1만 년 전 후기 빙하기 시대였을 것이고, 당시에는 지금보다 3배가량 더 컸을 것이라고 한다. 소득수준이 높지만 바다가 멀리 떨어진 바이에른 사람들에게 킴 호수는 더할 나위 없는 휴양지가 되어 오래도록 시민의 레저 공간으로 자리매김하고 있다. 여행자들에게는 헤렌킴제성의 소재지로 더욱 알려졌으며, 그래서 이 책의 루트처럼 프린을 통해 킴 호수를 접하게 되는 여행자가 대부분이다. 그런데 킴 호수는 섬이 있는 구역은 좁고 나머지 구역이 매우 넓은 형태로 생겼기에 유람선을 타고 섬에 들르는 여행자의 시선에서 킴 호수의 광활함이 크게 실감나지는 않는다. 그러면 어떠랴. 깨끗한 호수의 상쾌한 매력은 똑같이 경험할 수 있으니 괜찮다. 수심이 깊어 하늘의 색깔이 수면에 그대로 드러난다. 맑은 날의 킴 호수는 그 자체로 시원하지만 흐린 날은 아무래도 풍경이 덜할 수밖에 없음은 덧붙인다.

Data 가는 법 프린 기차역에서 증기기관차 또는 버스를 타고 선착장으로 이동, 유람선을 타고 섬으로 들어가는 동안 킴 호수의 풍경을 감상한다.

 킴 호수의 남자 섬
헤렌킴제섬 Insel Herrenchiemsee | 인젤 헤렌킴제에

킴 호수 위 나란히 있는 두 개의 섬 중 더 큰 곳을 '남자의 섬'이라는 뜻을 붙여 헤렌킴제섬이라고 부르고, 짧게 헤렌섬Herreninsel이라고도 부른다. 원래 초원과 숲속에 수도원 하나가 전부인 외딴섬이었는데, 루트비히 2세가 궁전을 짓고자 섬을 통째로 사들인 덕분에 이 외딴섬에 수많은 사람들이 드나들고 있다. 그러나 여전히 숲과 초원이 대부분이고, 그 속에 숲을 깎아 터를 닦은 궁전이 하나 추가되었을 뿐이다(물론 매표소 등 사소한 추가는 예외로 한다). 사람 서너 명 지나가면 꽉 찰 것 같은 좁은 오솔길이 전부, 교통수단이라고는 관광용 마차가 전부로 여전히 때 묻지 않은 순수한 자연의 모습을 그대로 보여준다. 그렇게 오솔길을 걸으며 섬의 정취에 빠져들 때쯤 난데없이 등장하는 화려한 궁전은 판타지처럼 느껴진다. 유람선에서 내리자마자 선착장 앞에 매표소가 있고, 매표소에서 궁전까지 넉넉하게 30분 정도 걷는다. 길다면 길고 짧다면 짧을 그 시간 동안 헤렌킴제섬의 매력에 푹 빠지게 될 것이다.

Data 가는 법 프린 선착장에서 유람선으로 가는 것이 유일한 방법이다.

섬 속의 베르사유
헤렌킴제성 Schloss Herrenchiemsee l 슐로스 헤렌킴제에

헤렌킴제성은 루트비히 2세가 노이슈반슈타인성, 린더호프성으로 성에 차지 않아 세 번째로 추진한 프로젝트. 너무 아름다운 성을 둘씩이나 짓고도, 그 공사가 다 끝나기도 전에 세 번째 성을 만들려고 한 이유는 크게 두 가지다. 첫째, 외딴 산골에 칩거하려 했지만 그마저도 불안해 아예 세상과 단절된 호수 속으로 숨고자 했다. 둘째, 모든 권력자의 이상향이라는 파리의 베르사유 궁전을 보고 나서 자신도 그런 화려한 궁전을 가져보고 싶어 했다. 즉, 극에 달한 대인기피증, 궁전에 대한 과도한 집착이 헤렌킴제성을 낳았다. 섬을 통째로 사들이고, 거기에 베르사유 궁전을 모방한 화려한 궁전을 만들려 했으니 돈이 오죽 많이 들었겠는가. 결국 헤렌킴제성 건축은 왕실의 국고를 파산 지경으로 이끌었고, 더 이상 방관할 수 없던 의회에 의해 왕위에서 쫓겨나는 결과를 가져오게 된다.

헤렌킴제성에 입장하면 화려하게 치장된 계단 홀부터 가이드의 안내가 시작된다. 그리고 30분 정도의 가이드투어의 마지막은 텅 빈 계단 홀이다. 대칭형으로 설계한 궁전의 절반밖에 완성하지 못하고 나머지는 텅 비어 있는 미완성 상태인 것이다. 그러나 절반의 완성만으로도 이미 호화로운 사치의 결정체를 보여준다. 가령, 베르사유 궁전 거울의 방을 본떠 만든 헤렌킴제성 거울의 방은 베르사유보다도 오히려 더 화려하다. 앞선 두 성도 내부를 화려하게 꾸몄지만 헤렌킴제성의 사치는 차원이 다르다. 그래서 관광객의 시선에서는 헤렌킴제성이 가장 볼 것이 많다. 궁전 한쪽에 루트비히 2세의 인생과 평가를 소개하는 작은 박물관도 있어 '미치광이 왕'을 좀 더 이해할 수 있게 도와준다.

Data 가는 법 헤렌킴제섬 선착장에서 도보 30분. 성에는 매표소가 없으니 반드시 선착장 앞의 매표소에서 티켓을 구매해야 된다. 전화 08051 68870 운영시간 4월 1일~10월 24일 09:00~18:00, 10월25일~3월 31일 10:00~16:45 요금 성인 11유로, 학생 10유로 홈페이지 www.herrenchiemsee.de

라토나 분수

시원한 분수쇼
궁정 정원 Schlosspark | 슐로스파크

루트비히 2세가 베르사유 궁전에 '도전'하며 만든 헤렌킴제성이니 정원도 허투루 만들었을 리가 없다. 비록 섬 속에 은둔하듯 만든 궁전이기에 정원의 규모가 크지는 않지만, 아담한 정원은 여느 궁전에 뒤지지 않는 세련된 아름다움을 뽐낸다. 특히 베르사유 궁전의 정원에 있는 라토나 분수Latona-Brunnen를 똑같이 복제하여 정원 정면에 배치하였다. 뿐만 아니라 정교하게 조각된 분수가 곳곳에서 시간에 맞추어 시원한 물줄기를 뿜는다.

Data 가는 법 헤렌킴제성 앞 운영시간 분수쇼는 5월 1일~10월 3일 궁전 개방시간 중 일정한 시간을 두고 가동된다.

원래 헤렌킴제섬의 전부였던
아우구스티너 수도원 Augustiner Chorherrenstift
| 아우구스티너 코어헤렌슈티프트

루트비히 2세가 헤렌킴제섬을 사들일 때 이 섬에는 수도원 하나만 있었다고 했는데, 그곳이 바로 아우구스티너 수도원이다. 루트비히 2세는 곧바로 수도원을 개조해 자신이 거주할 수 있도록 내부를 꾸미고는 여기 머물며 헤렌킴제성의 건축을 감시했다고 한다. 당시 루트비히 2세가 바꾸어둔 내부가 공개되어 있고, 나머지 공간은 미술관으로 활용되며, 섬의 유일한 레스토랑과 호텔도 여기에 있다. 이곳을 구 궁전Altes Schloss, 헤렌킴제성을 신 궁전Neues Schloss이라고 구분하기도 한다. 헤렌킴제성 입장권에 아우구스티너 수도원의 입장권까지 포함되니 유람선 시간에 여유가 있다면 이곳도 잠깐 둘러보기 바란다.

© www.herrenchiemsee.de

Data 가는 법 선착장·매표소에서 도보 5분
전화 08051 6887400
운영시간 헤렌킴제성과 동일(동절기에는 15분 늦게 개장) 요금 헤렌킴제성 입장권에 포함

남자 섬 옆의 여자 섬
프라우엔킴제섬

Insel Frauenchiemsee | 인젤 프라우엔킴제에

인접한 두 개의 섬 중 헤렌킴제섬 옆의 작은 섬은
프라우엔킴제섬, 즉 '여자 섬'이라는 뜻을 붙여
이름을 정했다. 짧게 프라우엔섬Fraueninsel이
라고 부른다. 프라우엔킴제섬도 수도원이 있는
외딴섬이었고, 지금도 그러하다. 작은 수도원이
호숫가에 있고 나머지는 숲과 초원이 무성하다.
헤렌킴제성 같은 관광지는 없기 때문에 바쁜 여행자는 헤렌킴제섬만 보고 되돌아가지만 시간 여유가
있다면 프라우엔킴제섬에서 산책을 해보자. 헤렌킴제섬과는 또 다른 분위기를 느낄 수 있다. 12월이
되면 섬 전체가 크리스마스 마켓으로 변신하는 등 현지인에게는 남다른 존재감을 가진 공간이다.

Data 가는 법 헤렌킴제섬에서 유람선 이용

TALK
외륜선 체험

프린에서 헤렌킴제섬이나 프라우엔킴제섬을 오가는 유람선 중 루트비히 페슬러Ludwig Fessler
라는 이름을 가진 배는 요즘 보기 드문 외륜선Raddampfer이다. 외륜선은 증기기관을 이용해 바
퀴를 돌려 그 힘으로 물살을 헤치고 나아가는, 초창기 방식의 증기선을 말한다. 프린 기차역에
서 선착장까지 증기기관차로, 선착장에서 섬까지는 증기선으로, 모두 19세기에 통용되던 옛 기
술을 아직까지 고집하며 여행자를 과거의 시간으로 인도한다.

08

베르히테스가덴
Berchtesgaden

독일 동남부 청정 국립공원 지대.
알프스가 만든 산, 호수, 계곡, 온천 등 휴양과 힐링의
종합 선물세트가 이곳에 준비되어 있다.

베르히테스가덴
미리보기

SEE

산에 올라 절경을 감상한다. 마치 피오르 같은 호수에서 유람한다. 세계적으로 유명한 포토존에서 인증샷을 남기고, 목가적 풍경이 가득한 마을을 산책한다. 힐링하며 관광하는 모든 재미가 갖추어져 있다. 아무래도 맑은 날 방문해야 만족도가 극대화된다는 걸 기억하자.

EAT

관광지로 유명한 스폿마다 레스토랑은 물론 아이스크림 매점 등 소소한 먹거리까지 쉽게 발견할 수 있으며, 물가도 합리적이어서 부담이 덜하다.

SLEEP

중앙역 주변에 호텔이 많다. 다만, 휴양지 호텔 위주이므로 가격대는 낮지 않은 편. 대체로 알프스 지역에서 볼 수 있는 목조 건물을 개조한 호텔이 많아 그 자체로 운치 있다. 전체 볼거리를 충분히 즐기며 힐링하려면 1박을 권한다. 하지만 산이나 호수 등 자신이 원하는 스폿을 정하여 액티비티를 즐기는 기분으로 여행하는 이들이라면 뮌헨에서 당일치기 여행이 가능하다.

어떻게 갈까?

뮌헨에서 베르히테스가덴 중앙역까지 직행 열차편은 없다. 프라이라싱Freilassing에서 레기오날반 1회 환승, 총 2시간 45분 정도 소요되고 바이에른 티켓이 유효하다. 따라서 당일치기 여행이라면 기차에서 왕복 5~6시간을 보내는 셈이니 부지런한 스케줄 관리가 필요하다. 평일에 시간을 절약하려면 뮌헨 동역에서 09:03에 출발하는 열차를 이용하자. 간단한 요깃거리를 지참하여 기차에서 먹는 것도 시간을 아끼는 방법이다. 베르히테스가덴에서 약 5시간 안팎의 시간이 허락되니 관광지 두 곳을 부지런히 둘러본 다음 돌아올 수 있다.

> **TIP** 베르히테스가덴 여행에 더 적합한 거점은 오스트리아 잘츠부르크Salzburg다. 840번 버스로 약 1시간 소요되며, 바이에른 티켓은 유효하지 않다(편도 6.6유로, 1일권 13.2유로). 프라이라싱에서 1회 환승하는 열차편을 이용하면 시간은 15분 더 소요되나 바이에른 티켓이 유효하다.

베르히테스가덴
📍 1일 추천 코스 📍

볼거리가 많은데, 중앙역을 기준으로 동서남북에 분산되어 있기 때문에 동선을 만들어 관광하기에는 어려움이 있다. 중앙역에서 각 스폿까지 한 번에 가는 노선버스가 있으나 자주 다니지는 않으니 버스 시간표를 확인하여 효율적으로 동선을 짜면 하절기 기준 하루에 두 곳까지 섭렵할 수 있다.

어떻게 다닐까?

베르히테스가덴 중앙역 앞 버스 정류장에서 각 관광지까지 바로 가는 노선버스를 이용한다. 관광 후 다시 버스로 중앙역까지 이동, 다시 다른 버스를 타고 다른 관광지로 가는 방식의 여행이 적합하다. 모든 노선버스는 바이에른 티켓으로 탑승할 수 있다. 바이에른 티켓 미소지 시 버스에 승차하면서 기사에게 티켓을 구입하면 된다.

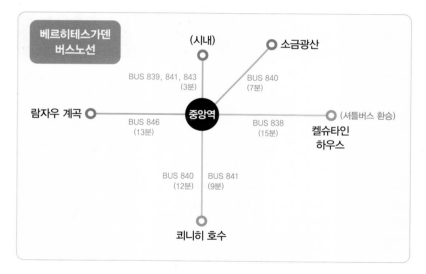

베르히테스가덴
버스노선

(시내)

소금광산

BUS 839, 841, 843
(3분)

BUS 840
(7분)

람자우 계곡

중앙역

BUS 846
(13분)

BUS 838
(15분)

(셔틀버스 환승)
켈슈타인
하우스

BUS 840
(12분)

BUS 841
(9분)

쾨니히 호수

버스 시간 확인
중앙역을 기점으로 각 스폿으로 이동하는 버스 노선과 시간표를 확인하려면 독일철도청(www.bahn.de) 홈페이지 또는 어플리케이션을 이용하면 된다. 기차 출발·도착 시간까지 함께 확인할 수 있으니 베르히테스가덴 여행 중 매우 유용하게 활용할 수 있다.

피오르를 닮은 왕의 호수
쾨니히 호수 Königssee | 쾨닉스제에

알프스 빙하가 만든 천혜의 청정 호수. 독일에서 가장 깨끗한 호수를 꼽을 때 늘 가장 먼저 거론되는 곳이다. 이름은 '왕의 호수'라는 뜻. 너비 1.7km, 길이 7.7km에 달하여, 마치 알프스 계곡을 따라 강이 흐르는 것 같은 착시를 준다. 그 모습이 피오르(피오르드)와 비슷해 색다른 절경을 이룬다. 현지인은 호수를 따라 산을 오르고 트레킹하며 휴가를 즐기고, 여행자는 주로 유람선 위에서 그 절경을 감상하게 되는데, 유람선 주행 중 갑자기 시동을 끄고 완전히 고요한 가운데 선장이 연주하는 트럼펫 소리가 몇 겹의 메아리로 되돌아오는 경험은 쾨니히 호수가 자랑하는 특별한 볼거리라 할 수 있다. 시간을 쪼개 여행하는 바쁜 여행자라면 성 바르톨로메 교회까지의 짧은 구간이라도 유람선 탑승을 강력히 추천한다.

Data 가는 법 840·841번 버스 Königssee, Schönau a. Königssee 정류장 하차. 버스 정류장에서 호수까지 도보 5분 이내

쾨니히 호수 하이라이트
성 바르톨로메 교회 Kirche St. Bartholomä | 키으헤 장크트 바으톨로메

높은 산봉우리 아래 몽글몽글 빨간 지붕이 앙증맞게 고개를 들고 있는 모습으로 탄성을 자아내는 성 바르톨로메 수도원. 그 풍경을 사진으로 남기는 것이야말로 쾨니히 호수 여행의 하이라이트라고 단언한다. 1134년 순례자를 위한 예배당으로 만들었으며, 숙박과 식사를 겸하는 시설을 갖추면서 중세 귀족의 별장과 같은 역할도 하게 되었다. 교회 주변은 호수를 따라 걷기 좋은 산책로가 있다.

Data 가는 법 쾨니히 호수 유람선 선착장 바로 옆
전화 08652 964937 운영시간 유람선 운행시간 중 상시 개방 요금 무료

TALK

쾨니히 호수 유람선

성 바르톨로메 교회까지 왕복하는 짧은 코스(편도 35분), 호수의 반대편 끝인 잘레트Salet까지 왕복하는 긴 코스(편도 55분)로 나뉜다. 긴 코스를 선택해도 성 바르톨로메 교회에서 하차했다가 다음 유람선에 탑승할 수 있다. 요금은 긴 코스 27.5유로, 짧은 코스 22.5유로. 동절기에는 짧은 코스만 운행하며, 악천후 시에는 운행을 쉰다. 성 바르톨로메 교회까지 가는 도중 선장의 트럼펫 연주를 들을 수 있는데, 사진이나 영상을 찍으면 소액의 팁을 주는 게 에티켓이다. 창가 자리에 앉아야 사진 찍기 편하다는 점, 그리고 배 위에서 성 바르톨로메 교회 사진을 찍으려면 진행 방향 기준 우측 창가 좌석이 편하다는 점을 알아두자.

독수리의 집
켈슈타인 하우스 Kehlsteinhaus | 켈슈타인하우스

나치 집권 당시 히틀러는 베르히테스가덴의 풍경을 사랑하여 자신의 별장을 만들기도 했다. 그의 별장 가까운 곳에 마르틴 보어만Martin Bormann이 또 하나의 별장을 지었는데, 마침 개관식이 히틀러의 생일에 열렸기 때문에 '히틀러에게 생일 선물로 바쳤다'는 말도 있다. 나치 당의 행사와 외빈 접대를 위한 용도라고 하며, 높은 절벽까지 터널 속 엘리베이터를 타고 올라가는 기술력도 발휘하였다. 그러나 막상 히틀러는 엘리베이터에 낙뢰가 우려되어 몇 차례 들르지 않았다고 하며, 전후 그의 별장은 파괴되었으나 켈슈타인 하우스는 그 모습을 보존한 채 공익 재단에서 운영 중이다. 독일의 '상징 새'로 여겨지는 독수리가 이 지역에 많이 서식했기 때문에 '독수리의 집Eagle's Nest'이라는 별명으로 더 많이 불렸다. 지금은 레스토랑으로 사용되고 있으며, 산등성이 따라 걸으며 알프스의 절경을 바라볼 수 있는 스폿이 곳곳에 있다.

Data 가는 법 838번 버스 Dokumentation Obersalzberg, Berchtesgaden 정류장 하차 후 매표소에서 셔틀버스 티켓 구입. 반드시 셔틀버스로만 올라갈 수 있으며, 자차 이용 불가
전화 08652 2029
운영시간 셔틀버스 상행 첫차 08:30, 하행 막차 16:00
(5월 중순 ~ 10월 중순만 개장, 악천후 시 휴무)
요금 31.9유로(왕복 셔틀버스와 엘리베이터 탑승 포함)

TIP 켈슈타인 하우스 자체는 레스토랑으로 사용되므로 입장료가 없다. 또한, 주변에서 풍경을 감상하고 트레킹하는 것도 별도의 입장권을 필요로 하지 않는다. 셔틀버스 왕복과 엘리베이터 탑승을 위한 요금인 셈이며, 현지인은 편도 3~4시간의 등산을 마다 않고 걸어서 올라가기도 한다.

매표소와 셔틀버스

윈도우 배경화면에서 본 그곳
람자우 계곡 Ramsau | 람자우

람자우라는 이름만 듣고 어디인지 아는 사람은 많지 않다. 그러나 사진을 보여주면 많은 사람이 "아, 거기"라고 알아본다. 알프스를 배경으로 계곡물이 흐르고 그 앞에 소박한 교회 첨탑이 서 있는 풍경은 유명한 PC 윈도우 배경화면이기 때문. 그 장소를 찾아가 인증샷을 남겨보자. 깨끗한 계곡물에 발 담그고 쉬어도 된다.

Data 가는 법 846번 버스 Kirche, Ramsau b. Berchtesgaden 정류장 하차, 바로 앞 다리를 건너면 포토존이다.

500년 역사 속으로
베르히테스가덴 소금광산

Salzbergwerk Berchtesgaden | 잘쯔베억베으크 베으흐테스가덴

인근의 잘츠부르크와 마찬가지로 베르히테스가덴도 중세부터 소금으로 번영을 이루었다. 무려 1517년부터 베르히테스가덴 소금광산 가동 기록이 남아 있으며, 놀랍게도 오늘날까지도 소금 생산은 계속되고 있다. 방문객을 위한 테마파크형 전시 공간도 있어 남녀노소 재미있는 관광이 가능한데, 작업복을 입고 광산으로 들어가 동굴을 탐험하듯 여러 전시실을 지나 가장 낮은 곳의 소금호수까지 구경하는 다채로운 재미를 선사한다.

Data 가는 법 840번 버스 Salzbergwerk, Berchtesgaden 정류장 하차 주소 Parkplatz Salzburger Straße 24 전화 08652 60020 운영시간 3월 25일~11월 3일 09:00~17:00, 11월 4일~3월 24일 11:00~15:00 요금 성인 24.5유로, 학생 21.5유로, 아동 12.5유로 홈페이지 www.salzbergwerk.de

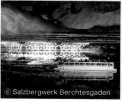

© Salzbergwerk Berchtesgaden

바이에른 왕실 별궁
베르히테스가덴 왕궁 Königliches Schloss Berchtesgaden
| 쾨니글리헤스 슐로스 베으흐테스가덴

1100년대 수도원으로 출발한 이후 베르히테스가덴 권력의 중심지 역할을 계승하며 왕궁으로 발전한 곳이다. 베르히테스가덴이 바이에른 왕국에 편입된 1800년대부터 국왕 루트비히 1세 등 비텔스바흐 왕가의 별궁으로 사용되면서 인테리어도 화려해졌다. 바로크 양식이 주를 이루는 화려한 왕궁의 내부에서 60분 분량의 가이드투어로 역대 왕실의 흔적과 예술작품 및 님펜부르크 도자기 등을 볼 수 있다. 왕궁의 가장 오래 된 흔적은 높은 첨탑을 가진 협동교회Stiftskirche에 남아 있다.

Data 가는 법 839·841·843번 버스
Zentrum, Berchtesgaden
정류장에서 도보 5분
주소 Schloßplatz 2
전화 08652 947980
운영시간 5월 16일~10월 15일
월~금·일 10:30·12:00·14:00·15:30
투어 시작, 10월 16일~5월 15일
월~목 11:00·14:00, 금 11:00
투어 시작, 나머지 요일 휴관
요금 성인 15유로, 학생 10유로
홈페이지 www.schloss-berchtesgaden.de

TALK
베르히테스가덴 시내 여행

쾨니히 호수나 켈슈타인 하우스 등 경승지가 워낙 유명해서 상대적으로 덜 알려져 있지만, 낭만적인 소도시의 정취가 펼쳐지는 베르히테스가덴 시내 여행도 놓치기 아깝다. 알프스 특유의 목조 주택과 벽화, 소소한 조형물 등을 관람하며 구불구불한 골목을 지나가면 베르히테스가덴 왕궁까지 나온다. 주의할 점은 지도상으로 중앙역과 시내가 가깝기는 하지만 가파른  언덕을 올라가야 한다는 것. 따라서 첸트룸Zentrum 정류장까지 버스 이용을 권한다. 특히 시내 호텔에 숙박하려고 짐을 가지고 갈 때 도보 이동은 피해야 한다.

EAT

나무 그늘에서 맥주 한잔
가스트호프 노이하우스
Gasthof Neuhaus

베르히테스가덴 왕궁 근처의 활기찬 레스토랑이다. 나무 그늘이 드리워진 실외에서 지역 전통 맥주와 바이에른 향토요리를 먹을 수 있다. 양은 푸짐하고, 직원은 친절하다. 바로 맞은편 분수의 물소리를 들으며 기분 좋은 저녁 시간을 보내기에 좋다.

Data 가는 법 베르히테스가덴 왕궁에서 도보 2분
주소 Marktplatz 1 전화 08652 9799280
운영시간 11:00~22:00 가격 맥주 4.9유로, 학세 16.5유로
홈페이지 www.edelweiss-berchtesgaden.com

절경을 바라보며 맥주 한 잔
레스토랑 켈슈타인 하우스 Restaurant Kehlsteinhaus

'독수리의 집' 켈슈타인 하우스의 현재 용도인 레스토랑을 이용하는 것도 강력히 추천한다. 탁 트인 알프스 절경을 바라보며 맥주 한 잔을 마시고 있노라면 그야말로 '신선놀음'이 따로 없다. 하행 버스 시간이 남았을 때 잠시 목을 축이며 다리를 쉴 수 있으니 금상첨화. 맥주는 호프브로이 병맥주를 판매한다. 시내보다 가격은 살짝 비싸지만 관광지의 명성을 고려했을 때 수긍할 수 있는 정도이며, 빈자리를 찾기 어려울 정도로 붐빈다.

Data 운영시간 셔틀버스 상행 첫차 08:30, 하행 막차 16:00(5월 중순 ~ 10월 중순만 개장, 악천후 시 휴무)
가격 맥주 5.4유로, 음식 10~17유로로

SLEEP

문화재로 등록된 건물

비텔스바흐 호텔 Hotel Wittelsbach

베르히테스가덴 시내의 여러 호텔 중 규모가 큰 편에 속하는 비텔스바흐 호텔은 건물 자체가 문화재로 등록된 유서 깊은 곳이며, 객실에 따라 '알프스 뷰'가 펼쳐지는 장점을 가지고 있다. 클래식타입의 인테리어와 객실 구조는 살짝 불편하게 느껴질 수 있으나, 객실이 넓은 편이고 조용하다.

Data 가는 법 839·841·843번 버스 Zentrum, Berchtesgaden 정류장에서 도보 5분
주소 Maximilianstraße 16
전화 08652 96380

시내에서 보이는 알프스 풍경

TIP 베르히테스가덴에서 숙박할 때 알아두면 좋은 팁 하나. 숙박일에 관계없이 모든 투숙객에게 게스트카드Gästekarte를 준다. 유효기간은 체크인 날짜부터 체크아웃 날짜까지. 가령, 1박 손님은 총 2일간 유효한 게스트카드를 받는 셈이다. 게스트카드로 베르히테스가덴의 버스를 무료로 탑승할 수 있고, 주요 관광지 입장료나 주차장 할인 혜택도 있다.

© TOM, Peter von Felbert

여행 준비 컨설팅

한 번도 가보지 않은 곳으로의 여행은 언제나 설렘과 두려움이 함께 한다. 무엇부터 준비해야
하는지 여행 준비의 막막함이 두려움으로 다가온다면 걱정하지 말고, 〈뮌헨 홀리데이〉를 펼치자!
참 어렵게 느껴졌던 여행 준비가 별것 아니었다는 안도감으로 바뀌는 경험을 할 수 있을 것이다.
홀로 준비하는 여행도 그리 어렵지 않다. 지금부터 D-day를 위해 한 단계씩 클리어하며 여행
준비를 시작해 보자.

꼭 알아야 할 **뮌헨 기본 정보**

언어

독일어

기후

알프스산맥의 영향을 받은 대륙성 기후

시차

UTC+1, 서머타임 UTC+2, 한국
시간보다 8시간 늦음

통화

유로(EUR)

인구

약 156만 명

전압

230V, 어댑터 없이 사용 가능

면적

310.43 km2

뮌헨

국가번호

+49

주 독일 대한민국 대사관

 주소 Botschaft der Republik Korea, Stülerstr. 10, 10787 Berlin, Bundesrepublik
Deutschland 전화 +49-030-260-650, 긴급연락처(24시간) +49-(0)173-407-6943
홈페이지 overseas.mofa.go.kr/de-ko/index.do

주 프랑크푸르트 총영사관
+49(0)69+ 9567520, +49+(0)173 363 4854

뮌헨 여행 체크 리스트

여행 떠나기 전 가장 먼저 챙겨야 할 1단계는 여권과 비자!
여행지에서 운전을 하려면 국제 운전면허증이 필요하다.

1. 여권

여권은 여행자의 국적이나 신분을 증명하기 위해 꼭 필요하다. 여권이 없다면 반드시 만들어야 하고, 유효기간이 6개월 미만이라면 재발급을 받는 것이 좋다. 여권 신청은 가까운 구청이나 시청, 도청에서 발급받으면 된다. 여권 발급 접수 기관을 알아보려면 외교부 여권 안내 홈페이지(passport.go.kr)에서 찾아보자. 여권 신청 후 평균 7~10일 정도 걸리니 미리 발급받아 두는 것이 좋다.

또한 기존에 전자여권을 한 번이라도 발급받은 적이 있다면 온라인으로도 재발급 신청을 할 수 있다. 정부24(gov.kr)에서 온라인 여권 재발급 신청을 하면 되고, 여권을 찾을 때는 수령 희망한 기관에 신분증과 기존 여권을 지참하고 직접 방문해 찾으면 된다.

여권 신청 준비물

- 여권발급신청서(여권 신청 기관 내 비치)
- 신분증
- 여권 사진 1매(6개월 이내 촬영)
- 병역 관계 서류(18세 이상 37세 이하 남자인 경우)
- 여권 발급 수수료

2. 비자

비자는 국가가 외국인에게 입국·체류를 허가하는 증명서로, 비자 입국이 필요한 나라는 여권과 함께 꼭 비자를 발급받아야 한다. 독일의 경우 셍겐협약 가입국으로, 마지막 출국일을 기준으로 이전 180일 이내 90일간 무비자 여행이 가능하다. 체류 기간이 초과되면 향후 셍겐국가 입국 시 불이익을 받을 수 있다.

셍겐협약 가입국 여행 시 별도의 출입국 심사가 없기 때문에 체류사실이 여권 상에 표기되지 않는다. 따라서 체류사실 증명자료로 체류허가서나 교통, 숙박, 신용카드 영수증 등 관련 서류를 여행 끝날 때까지 보관하고, 여행 중이거나 출국 시에도 지참하자. 무비자 국가라 하더라도 체류 인정 기간이 나라마다 다르므로 장기간 여행을 하게 된다면 미리 체류 기간을 확인하자.

TIP 이제 유럽 입국 시 미국의 ESTA와 같은 방식의 전자 비자가 도입될 예정이다. ETIAS라 불리는 유럽 전자 비자는 이미 수년 전부터 도입 계획이 발표되었는데, 팬데믹으로 지연되다가 2025년 도입 예정이라고 한다. 단, 유럽 특성상 이 정도 대규모 시스템 개편은 제 일정을 지키지 못하는 경우가 많아 도입 시기는 유동적이라 할 수 있다. 따라서 여행 계획 전 꼭 ETIAS 도입 여부를 확인하기 바란다.

3. 운전면허증

여행지에서 오토바이나 자동차 등 운전을 할 계획이라면 운전면허증을 챙겨야 한다. 해외에서 운전 시 국제 운전면허증, 국내 운전면허증, 여권을 모두 지참해야만 한다. 국제 운전면허증은 전국 운전면허 시험장이나 경찰서, 인천·김해공항 국제 운전면허 발급 센터, 도로교통공단과 협약 중인 지방자치단체에서 발급받을 수 있다. 온라인 발급은 '도로교통공단 안전운전 통합민원' 홈페이지(safedriving.or.kr)를 통해 신청하고 등기로 면허증을 받으면 된다. 온라인으로 신청할 경우 면허증을 받기까지 최대 2주 정도의 기간이 소요되므로 미리 신청하자. 국제 운전면허증의 영문 이름과 서명은 여권의 영문 이름, 서명과 같아야만 효력을 인정받을 수 있다. 유효기간은 1년이다.

국제 운전면허증 신청 준비물

♥ 여권사진 1매(6개월 이내 촬영, 사진 촬영 별도 없이 신청 데스크에서 사진 촬영 진행)
♥ 운전면허증(혹은 신분증)
♥ 수수료(온라인의 경우 등기료 포함)

독일은 국제 운전면허증만으로 운전하는 것은 불가능하다. 독일에서 운전을 하려면 국내 정식 국제 운전면허증 발급기관에서 발급받은 국제 운전면허증과 국내 운전면허증 원본, 그리고 여권을 모두 소지한 경우에만 6개월 동안 독일 내에서 운전이 가능하다. 단, 이 경우 국제 운전면허증의 영문 이름 스펠링 및 서명과 여권의 영문 이름 스펠링 및 서명이 일치해야 하니 꼭 확인해 두자.

영문 운전면허증이 인정되는 국가에서는 국제 운전면허증이 없더라도 해외에서 운전이 가능하다. 다만 영문 운전면허증을 인정해 주는 국가가 의외로 적다. 미국, 캐나다는 인정하지 않는다. 따라서 여행하려는 국가에서 영문 운전면허증 인정 여부부터 확인하자. 영문 운전면허증은 해외에서는 신분증을 대신할 수 없기 때문에 꼭 여권을 함께 소지해야 한다. 영문 운전면허증 발급은 신규 취득 시나 재발급, 적성검사, 갱신 시에 전국 운전면허 시험장에서 할 수 있으며, 면허를 재발급하거나 갱신하는 경우에는 전국 경찰서 민원실에서도 신청할 수 있다. 자세한 사항은 도로교통공단 안전운전 통합민원 사이트(safedriving.or.kr)에서 모두 확인할 수 있다. 유효기간은 10년이다.

영문 운전면허증 신청 준비물

♥ 신분증 ♥ 사진 1매 ♥ 발급 수수료

4. 항공권 구매

여행은 항공권 예약을 하면서부터 시작된다. 항공권은 각 항공사 공식 홈페이지나 여행사, 온라인 여행 플랫폼에서 구매할 수 있다. 네이버나 구글 항공권 검색 사이트와 온

라인 여행 플랫폼 가격 비교 사이트를 이용하면 다양한 항공사의 항공권 가격을 한눈에 비교해 볼 수 있다. 대표적인 사이트를 소개한다.

① 항공권 구매 사이트

▼ 네이버 항공권 flight.naver.com
여러 항공사의 항공권 정보를 실시간으로 조회해 가장 저렴한 항공권부터 검색해 준다. 구매는 항공권 판매 사이트에서 이루어진다.

▼ 구글 플라이트 google.com/travel/flights
다양하고 유용한 검색 필터로 편리하게 옵션을 검색할 수 있고, 가격 변동을 그래프로 나타내 준다. 가격 변동 알림 설정을 하면 메일로 정보를 받아볼 수 있다.

▼ 트립닷컴 trip.com
프로모션이나 회원 전용 리워드가 좋다. '가격 알리미 설정'을 해두면 자신이 원하는 가격의 항공권이 나왔을 때 메일로 알려준다.

▼ 스카이스캐너 skyscanner.co.kr
날짜별로 최저가 항공권을 검색하기 쉽고, 가격을 3단계로 표시해 준다. 여행지를 정하지 않았다면 '어디든지' 검색을 이용해 보자.

▼ 트립어드바이저 tripadvisor.co.kr
항공권 검색 시 '가성비 최고' 옵션으로 검색하면 편리하다.

▼ 아고다 agoda.com
구글로 접속하거나 개인 메일로 특가 할인 안내 링크를 통해 접속하면 저렴한 항공권을 구매할 수 있다.

 # 뮌헨 취항 항공사
독일 항공사 루프트한자의 직항 노선이 있다. 그 외에도 에어프랑스, KLM 네덜란드항공, 핀에어, LOT 폴란드항공 등 유럽계 항공사, 카타르항공, 터키항공, 에티하드항공 등 중동계 항공사, 싱가포르항공, 전일본공수 등 아시아계 항공사가 1회 환승으로 인천~뮌헨 노선을 운항한다. 대한항공은 파리 직항에 에어프랑스로 환승하여, 아시아나항공은 프랑크푸르트 직항에 루프트한자로 환승하여 뮌헨까지 가는 연결편을 제공한다.

② 항공권 구매 노하우
항공권 가격은 천차만별이기 때문에 먼저 가격 비교 사이트에서 항공권을 검색해 대략적인 가격을 알아본 다음, 항공사 공식 홈페이지 가격과 비교해 보는 게 좋다. 가격이 비슷하다면 항공사 공식 홈이 서비스 면에서 훨씬 편리하고, 예약 취소나 변경에 대응하기 좋다. 항공사의 마일리지 이용이나 할인 등 이벤트를 이용하면 더 저렴하게 구입할 수 있다.
여행사나 온라인 여행 플랫폼에서 항공권을 구매할 경우 수수료를 조심해야 한다. 예약을 대행해 주기 때문에 예약 수수료가 있고 일정이 바뀌어 취소나 예약 변경을 해야 할 경우에도 취소 수수료를 별도로 내야 한다. 또한 마일리지 적립이나 수하물 추가 비용, 유류비 등이 포함된 가격인지 여부를 확인하자. 문제가 발생했을 때 항공사 공식 홈에서 구입한 항공권은 항공사에서 직접 대응 방

안을 모색해 주지만, 대행 사이트에서 항공권을 구매했을 경우 해당 사이트 고객센터로 문의를 해야 한다는 사실도 감안하자.

얼리버드 항공권

항공권 중 가장 저렴한 것은 일찍 구매하는 항공권이다. 항공사들마다 매년 얼리버드 특가 이벤트를 진행한다. 주로 매년 1~2월, 6~8월 사이에 진행하니 메모해 두자.

공동구매 항공권

여행사들이 패키지로 미리 항공사와 계약한 항공권인데 다 채우지 못해 남은 티켓들을 판매하는 경우가 있다. 공동구매 항공권을 구입할 수 있는 여행사는 하나투어, 모두투어, 여행이지 등이다. 각 여행사 홈페이지에서 공동구매 항공권을 찾아 구입하면 저렴한 가격에 항공권을 구입할 수 있다.

#저렴하게 뮌헨 항공권을 구하려면

'손품'을 많이 파는 것 외에는 답이 없다. 각 항공사 홈페이지, 항공권 판매 사이트를 틈틈이 방문해 프로모션 정보를 찾고 가격을 검색한다. 일반적으로 유럽 왕복 항공권은 성수기 기준 150~180만 원(2024년 환율과 유류할증료 기준)이면 저렴한 편에 속한다.

직항이 아닌 경유지 환승의 경우 항공권 예약 시 주의할 점

① 수하물 처리

수하물은 경유 편으로 항공권을 발권해도 대부분 도착지에서 찾게 된다. 하지만 경유지 체류 시간이 아주 길어서 경유지에서 짐을 찾아야 할 경우 체크인하면서 수하물을 부칠

때 관련 사항을 직원에게 물어보고 어떻게 할지 결정하면 된다.

이스탄불이나 다른 곳을 경유해 뮌헨로 입국할 경우 경유 편 발권을 하면 수하물은 최종 목적지 기준으로 보내지므로 환승 공항에서 따로 찾지 않아도 된다. 하지만, 출발 전 수하물 관련 사항을 항공사에 반드시 체크해 두자.

② 환승 시간은 여유 있게 잡자

경유해서 항공권을 예약할 때는 환승 시간이 최소 2시간 이상 여유가 있는 티켓으로 구매해야 한다. 해외에서는 공항 사정 등 여러 변수가 생길 수 있으므로 여유롭게 환승 시간을 남겨두는 것이 좋다. 특히 유럽의 경우 경유지에서 입국심사를 받게 되기 때문에 승객이 많을 때는 시간을 지체하다 비행기를 놓칠 수 있다. 환승 시간이 짧은 경우 사전에 환승 가능 여부를 항공사나 여행사에 문의해 보고 구매하자.

5. 숙소 예약

여행에서 숙소는 여행의 성패를 좌우하기 때문에 매우 중요하다. 편안하고 즐거운 여행을 위한 숙소 예약 방법을 알아보자.

① 숙소 예약 사이트

▼**아고다** agoda.com

전 세계 호텔과 리조트 정보가 모두 있어 선택할 수 있는 옵션이 많다. 등급이 높을수록 혜택이 많고, 저렴한 프로모션이 많다.

▼**부킹닷컴** Booking.com

전 세계 폭넓은 호텔 네트워크를 보유하고 있어 다른 사이트보다 많은 숙소를 찾아볼 수 있다. 무료 취소와 현장 결제가 가능하다.

♥ 트리바고 trivago.co.kr
간단하고 직관적인 검색시스템으로 다양한 사이트의 숙소 가격을 한눈에 볼 수 있어 최저가를 빠르게 확인할 수 있다. 수수료도 낮은 편.

♥ 에어비앤비 Airbnb.co.kr
호스트가 사이트에 등록해 놓은 로컬 숙소를 여행자가 예약하는 사이트. 개성 있는 다양한 현지 숙소를 알아볼 수 있다.

♥ 트립닷컴 Trip.com
다양한 프로모션과 리워드가 있고, 액티비티 티켓이나 공항 픽업 등 교통편도 있어 편리하다.

♥ 호텔스닷컴 hotels.com
다양한 숙박 옵션, 일일 특가와 최저가 보장 등으로 저렴한 숙소 예약이 가능하다. 특히 여행자들의 리얼 리뷰와 평가를 공개한다.

♥ 호텔스컴바인 hotelscombined.co.kr
여러 사이트를 일일이 비교하는 번거로움 없이 한 번에 가격 비교가 가능하다.

♥ 트립어드바이저 tripadvisor.co.kr
전 세계 호텔의 리뷰와 평점을 제공해 호텔 상태를 미리 파악할 수 있다.

② 숙소 예약 시 팁과 주의 사항
숙소 예약 시 숙소 가격을 한눈에 비교해 볼 수 있는 사이트를 찾아 최저가 검색을 먼저 해보자. 이때 2~3개 사이트를 비교해 보는 것이 좋다. 무료 취소가 가능하다면 먼저 예약을 해두는 것도 좋은 방법이다. 검색 사이트에 여행자들의 리뷰도 숙소 선택에 도움이 되니 잘 살펴보고 선택하자.

숙소 예약 시 주의 사항

① 결제통화 설정(달러나 현지 통화로 결제)
해외 숙소를 예약할 경우 달러나 원화를 선택해 결제할 수 있다. 원화로 결제할 경우 환전 수수료가 올라가거나 이중 수수료가 발생할 수 있으니 달러로 결제하는 것을 추천.

② 각종 부가 금액 확인
눈에 보이는 금액이 최종 금액이 아닐 수 있다. 해외 숙소의 경우 세금이 추가될 수도 있으며, 기타 리조트 Fee 등이 추가될 수 있기 때문에 예약하는 금액이 최종인지 아닌지 미리 확인한 후 예약해야 한다.

③ 환불 정책, 체크인 시간 확인
무료 취소가 가능한지, 무료 취소가 언제까지 가능한지, 체크인 시간은 언제인지 반드시 확인하고 예약을 진행해야 한다. 여행 일정이 바뀌어 취소를 하는 경우가 생길 수도 있고, 체크인이 늦어질 경우 예약한 옵션의 방을 받지 못하는 경우도 있기 때문. 체크인이 늦어질 경우 호텔에 미리 알리는 것도 방법.

④ 할인 코드 및 이벤트 확인
대부분의 호텔 예약 사이트는 할인 코드를 제공하고 있으니 검색 후 코드를 활용하면 더 저렴하게 예약할 수 있다. 호텔 예약 사이트의 할인 코드를 꼭 검색해 보고 예약하자.

⑤ 숙소 사이트 회원가입이나 멤버십 가입
브랜드 호텔을 이용할 경우 각 호텔 사이트를 통해 예약하는 것을 추천한다. 호텔 멤버십을 가입하면 가입비는 무료이고 등급이 높을수록 무료 조식이나 객실 업그레이드, 이용 횟수와 결제 금액에 따른 리워드 프로그램 등 더 많은 혜택을 받을 수 있으니 챙겨보자.

6. 여행 경비-환전과 현지 결제

여행에서 사용할 경비는 환전을 하거나 카드를 준비해야 한다. 환전과 결제의 스마트한 대안이 요즘 핫한 트래블 카드다. 게다가 해외에서 결제 가능한 곳이 많아진 페이도 있다. 여행 경비를 어떤 방법으로 사용할 것인지 잘 계획해서 안전하고 스마트한 여행을 준비해 보자.

현금 환전

일단 독일에서는 원화를 유로로 바꿀 방법이 없다. 따라서 현금은 무조건 국내에서 환전을 마치고 출국해야 한다. 달러, 엔, 위안 등 기축통화는 독일 현지에서도 유로로 환전이 가능하며, 뮌헨 중앙역의 라이제방크(위치는 045p 참조)에서 환전할 수 있다. 국내에서 환전할 때 자신의 주거래 은행에서 수수료 우대를 받는 것이 가장 경제적이고, 그것이 힘들면 자신이 주로 쓰는 은행 홈페이지에서 인터넷 환전을 신청하는 것이 경제적이다.
독일에서는 현금이 필요한 곳이 있으니 미리 환전해 준비하자.

현금 인출

현지에서 현금을 인출할 경우 VISA나 MASTER 마크가 붙은 신용카드와 체크카드로 현지 은행의 ATM기, 길거리의 CD기에서 유로화를 인출할 수 있다. CD기보다는 ATM기가 수수료가 저렴하므로 급할 때에는 현지 은행을 찾아가자. ATM기는 한국과 마찬가지로 대개 24시간 이용이 가능하며, 대부분 영어를 지원한다.

주요 은행

우체국Postbank, 도이체 방크Deutsche Bank, 뮌히너 방크Münchner Bank, 슈파르다 방크Sparda Bank, 코메르츠방크 Commerzbank, 타르고 방크Targo Bank

현지 결제-트래블 카드

해외여행 시 결제를 위해서는 현금과 카드가 필요하다. 대부분 비자나 마스터 기반 신용카드나 체크카드를 준비해 가는데, 요즘은 환전과 결제가 모두 가능한 트래블 카드가 인기다. 트래블 카드는 은행 계좌를 앱과 연결해 앱에서 환전과 결제를 할 수 있는데, 심지어 환전 수수료도 무료이거나 저렴하고, 실시간 환율로 24시간 환전이 가능하다. 결제는 실물 카드와 모바일 카드 모두 가능한데, 실물 카드는 앱에서 카드 신청을 할 수 있으니 여행 전에 미리 만들어두면 된다. 현금이 필요할 경우 현지 ATM에서 인출해서 사용하면 되고, 인출 수수료도 무료(현지 ATM 사용 수수료는 제외)다.
또한 트래블 카드는 다양한 외화를 충전할 수 있고, 결제 활성화 기능도 있어 실물 카드를 잃어버려도 앱으로 직접 조정할 수 있다. 교통카드 결제 기능도 있는데, 뮌헨에서는 버스에서 사용 가능하다.

① 트래블 페이 카드

트래블 월렛 앱을 통해 충전한 외화를 해외 현지에서 사용하는 방식으로, 현지 통화를 직접 환전하고 결제할 수 있다. Visa 카드 기반. 모든 은행 계좌 연결이 가능하다. 독일에서 사용하는 유로는 무료 환전이 가능하니 필요한 만큼 그때그때 충전해서 사용할 수 있어 편리하다.

② 트래블 로그 카드

하나머니 앱으로 충전하고 직접 환전해서 쓴다. 트래블 로그 체크카드도 모든 은행 계좌 연결이 가능하다. Master 카드 기반. 수수료 면제 금액을 확인할 수 있어 얼마나 아꼈는지 쉽게 확인할 수 있다. 트래블 로그 카드는 카드 디자인이나 체크카드와 신용카드 중 선택할 수 있다. 달러(USD), 유로(EUR), 엔화(JPY), 파운드(GBP)는 상시 무료 환전이며, 이벤트를 통해 다양한 통화의 환율 우대 서비스를 제공하고 있다. 환전하기 전에 이벤트를 꼭 확인하자.

트래블 카드 사용 시 주의 사항

♥트래블 카드는 충전 한도나 결제 한도, ATM 인출 한도가 각각 다르니 꼭 확인해야 한다.
♥해외 ATM에서 현금을 인출할 경우 일반적으로 비자, 마스터 무료 인출이 가능한 ATM이나 은행을 이용하자. 사실 ATM은 기기 사용 수수료가 포함되니 가급적 피하는 것이 좋다.

해외 원화 결제 차단 서비스를 사용하자

해외에서 사용할 신용카드나 체크카드를 신청할 경우 카드사로부터 해외 원화 결제(DCC) 차단서비스 이용 여부를 꼭 챙겨야 한다. 해외 원화 결제(DCC) 차단 서비스는 해외 가맹점에서 현지통화가 아닌 원화로 결제되는 경우 카드 사용 승인이 거절되는 서비스로 사용자가 해외에서 카드 이용 시 원치 않는 해외 원화 결제(DCC) 수수료를 부담하지 않도록 한 것이다.

7. 여행 안전

해외여행 중에는 여러 가지 문제나 사건 사고가 발생할 수 있다. 이럴 때 당황하지 않도록 미리 대비해 두어야 할 것들을 살펴보자.

① 여행자보험 가입

여행자보험은 여행 중에 발생할 수 있는 여러 위험 요소들을 보장해 주는 보험이다. 여행 중 아프거나 도난 사고가 발생하는 등 예기치 못한 문제가 생겼을 때 여행자보험이 도움이 될 수 있기 때문에 중요하다. 여행은 안전하게 다녀오는 것이 가장 좋지만, 만일의 상황을 대비해 여행자보험은 망설이지 말고 꼭 가입하는 것을 추천한다. 가능하면 최대한 보장받을 수 있는 상품으로 가입하자.

② 비상 연락망 정리

여행 중 긴급 상황이 발생할 경우를 대비해 비상 연락망을 준비해 두는 것이 좋다. 현지에서 도움을 받을 수 있는 영사 콜센터나 대사관 등 관련 기관의 주소와 연락처를 미리 메모해 둔다. 그리고 현지에서 국내로 쉽게 연락이 가능한 가족이나 지인들의 전화번호를 잘 챙기고, 여행 사실을 미리 알려두도록 하자.

③ 클라우드 활용하기

여행 중 여권과 같이 꼭 필요하고 분실하면 안 되는 것들은 클라우드에 저장해 두고 활용해 보자. 여권 사진이나 여권 사본, 신분증, 비자 등을 클라우드에 따로 저장해 두면 안전하게 보관하고, 안정적으로 백업도 되기 때문에 필요할 때 언제든 사용할 수 있다.

④ 휴대 물품 및 캐리어 관리

해외여행 시 고가의 물품(귀중품이나 고가의 카메라 등)을 가지고 출국했다가 입국 시 다시 가지고 입국하려면 휴대 물품 반출신고를 해야 한다. 휴대 물품을 가지고 출국할 때 여행자는 인터넷으로 세관에 사전신고(unipass.customs.go.kr)하거나 공항 세관에 신고해 '휴대 물품 반출신고서'를 발급받고, 입국 시에 세관에 자진 신고해야 관세를 면제받아 통관할 수 있다.

여행 시 필요한 짐이 들어있는 캐리어는 파손이나 도난의 우려가 많다. 도난 방지를 위해 캐리어용 열쇠를 따로 준비하거나 파손을 대비해 캐리어 벨트나 커버를 이용해 보자. 만약 수하물로 부친 캐리어가 파손되었을 경우에는 보상을 받을 수 있다. 여행자보험을 들었다면 여행자보험에서 보상받을 수 있고, 보험을 들지 않았다면 항공사에서도 보상받을 수 있다. 이때 항공사 규정은 조금씩 다르니 수하물 규정을 확인해 두자. 혹 배상 한도를 초과하는 수하물을 위탁하는 경우에는 수하물 위탁 시 가격을 신고하면 신고한 한도 내에서 배상을 받을 수 있다. 수하물에 이상이 생기면 도착 공항 수하물 벨트에서 확인한 후 직원에게 바로 접수하는 것이 좋다.

⑤ 비상금

여행을 하다 보면 분실이나 도난의 위험은 언제나 있기 마련이다. 만약 소매치기의 위험이 높은 나라를 여행한다면 특히 조심해야 한다. 비상용으로 사용할 돈과 신용카드 하나 정도는 숙소 캐리어에 넣어두고, 여행 시 현금은 2~3군데 나누어 보관하자. 소매치기 위험이 높은 곳이라면 따로 작은 지갑에 현금을 조금씩 꺼내 사용하고, 지갑은 속주머니나 눈에 잘 띄지 않는 곳에 보관하는 것이 좋다. 사용하는 배낭이나 가방에 작은 열쇠를 사용하는 것도 추천한다. 뮌헨은 소매치기가 빈번히 발생하지는 않으나 한꺼번에 많은 돈을 가지고 다니지 말아야 한다. 안전을 위해 필요한 만큼만 소액을 들고 다니고, 외부 일정이 있을 시 가능하면 여러 군데로 나누어 현금을 보관할 것을 추천한다.

⑥ 분실 사고 대처법

해외여행 중 가장 자주 발생하는 문제는 분실사고다. 여권이나 항공권, 휴대폰이나 개인 물품 등을 잃어버리거나 도난당하는 일이 일어날 수 있다. 이런 일이 발생하면 현지에서 당황하지 않도록 미리 대처 방법을 알아두도록 하자.

TIP **❶ 여권 분실**

여권을 분실했다면 즉시 가까운 현지 경찰서를 찾아가 상황 설명을 하고 여권 분실 증명서를 발급받아야 한다. 미리 챙겨간 신분증(주민등록증, 여권 사본 등)과 경찰서에서 발행한 여권 분실증명서, 여권용 사진, 수수료 등을 지참해 현지 재외공관을 방문해 필요한 여행증명서나 긴급 여권을 발급받도록 하자.

❷ 수하물 분실

수하물을 분실한 경우에는 화물인수증(Clam Tag)을 해당 항공사 카운터에 보여주고, 분실 신고서를 작성하면 된다. 공항에서 짐을 찾을 수 없을 경우 항공사에서 배상한다.

❸ 여행 중 물품 분실

현지에서 여행 중 물건을 분실했을 경우 현지 경찰서에 가서 신고하면 된다. 여행자보험에 가입했다면 현지 경찰서에서 도난 신고서를 발급받는 후 귀국 후에 해당 보험사에 청구하면 보상받을 수 있다.

❹ 지갑 분실이나 도난으로 현금이나 카드가 없을 경우

가까운 우리나라 대사관이나 영사관을 찾아가 그곳에서 신속 해외송금을 신청하면 된다. 서류를 작성해 제출하면 외교부 지정 계좌로 송금해 필요한 현금을 수령할 수 있다.

여행 전에 할 일

여행은 공항에서부터 시작되는 것이 아니라 여행을 준비하는 그날부터 시작된다.
누구나 처음에는 다 막막하다. 그러나 걱정 대신 열정으로 하나하나 날짜에 맞춰
여행 준비를 시작해 보자. 열심히 준비한 만큼 여행은 알차진다.

여행 90일 전

여행 일정을 계획하고 항공권을 확보하자

여행지와 여행의 형태를 결정하자. 먼저 여행지를 선정하고, 자신의 스타일에 맞게 자유여행을
할 것인지 패키지여행을 할 것인지 결정한다. 출발일과 여행 기간이 정해지면 대략적인 일정을
잡자. 항공권은 최소 두세 달 전에는 구매하는 것을 추천한다. 여러 항공사 홈페이지와 항공권
가격 비교 사이트를 체크하고, 프로모션 이벤트 등을 주시하면서 늦어도 여행 출발 3개월 전에
는 항공권을 확보하자.

여행 80일 전

여행 예산을 짜자

여행 예산을 짤 때는 항공권, 숙박비, 식비, 교통비, 입장료, 투어 비용, 비상금 등을 고려해야
한다. 예산을 절약할 수 있는 다양한 방법들을 잘 살펴 알찬 여행을 완성해 보자. 뮌헨만 여행
한다면 유료 입장료와 대중교통 요금 정도를 고려하면 되고, 바이에른까지 여행할 때는 바이에
른 티켓 비용(1인권 하루에 30유로 미만)도 고려해야 한다. 1일 평균 지출 예산은 평범하게 먹
고, 남들 보는 만큼 구경하고, 대중교통도 적당히 이용한다고 가정하면, 숙박비를 제외하고 하
루에 평균 50~80유로 정도 지출된다. 저렴한 호스텔은 도미토리 기준 1박당 15~25유로로, 3
성급 호텔은 더블룸 기준 1박당 80유로 정도를 평균으로 본다.

여행 60일 전

여권과 비자를 확인하자

여행을 떠나기 전 여권 확인은 필수다. 여권 유효 기간이 6개월 미만이라면 꼭 재발급을 받도록 하자. 또한 무비자 여행국인지, 비자가 필요한지, 전자 여행 허가제가 필요한 나라인지 꼭 미리 확인해서 준비해야 한다.

여행 50일 전

여행 정보를 수집하자

여행지의 역사와 문화, 풍습 등 다양한 정보들이 있으니 살펴보자. 홀리데이 가이드북을 정독 하고 관광청 홈페이지와 유튜브 등을 통해 자세한 정보를 알아두자. 카페나 블로그, 구글 검색 도 이용해 볼 수 있다. 알고 가면 여행의 수준이 달라질 것이다.

여행 40일 전

숙소와 투어를 예약하자

숙소는 일정에 따라 교통이 편리한 곳에 정하고 예약하자. 도보로 이동이 가능하거나 역 주변 이면 이동이 편하다. 또 투어나 액티비티, 공연 관람 등을 계획하고 있다면 미리 알아보고 예약 해 두는 것이 좋다. 온라인 예약이 꼭 필요하거나 할인 패스 등이 있다면 정보를 알아보고 준비 해 두자.

여행 30일 전

여행자보험에 가입하자

여행자보험을 가입하자. 인터넷이나 여행사, 출발 전 공항에서 가입할 수 있다. 공항에서 가입 하는 보험이 가장 비싸니 미리 가입해 두는 것이 좋다. 보험증서, 비상 연락처, 제휴 병원 등 증 빙 서류는 여행 가방 안에 꼭 챙겨두자. 여행 시 문제가 생겼다면 보험 회사로 연락해 귀국 후 보상금 신청을 하면 된다. 미리 보상 절차를 알아두자.

여행 20일 전
각종 증명서를 발급받자

여권을 잃어버렸을 때를 대비해 여권 사본과 여권 사진 두 장, 현지에서 운전할 계획이라면 국제 운전면허증을 미리 발급받아 두어야 한다. 국내 운전면허증도 함께 챙겨두자. 해당 사항이 있는 경우 공식 유스호스텔 회원증도 발급받아 준비해 두자. 그리고 현지에서 학생 할인을 받으려면 국제 학생증도 필요하다. 만 12세 이상의 중고등학생 및 대학생이 발급할 수 있고, 유럽에서 사용하기에는 ISIC(www.isic.co.kr, 1년 17,000원) 학생증이 적절하다. 국제 학생증의 혜택으로 여러 가지를 광고하지만, 실질적으로는 관광지에서 학생 요금으로 할인되는 것이 거의 유일한 혜택이며, 그마저도 최근에는 현지 학생이 아니면 할인이 제한되는 곳도 늘어나는 추세다. 그러니 할인받을 금액과 신청비를 비교하여 발급 여부를 결정하면 된다.

여행 15일 전
환전과 결제 준비를 하자

현지에서 사용할 현금은 미리 현지 화폐로 환전을 해서 준비해 두자. 요즘 핫한 트래블 카드로 환전해 사용할 예정이라면 미리 트래블 카드도 발급받고, 관련 앱도 설치해 두는 것이 좋다. 여행지에서 사용 가능한 페이가 있다면 미리 카드등록을 해두자. 해외에서 결제 가능한 신용카드도 챙겨두면 유용하다.

여행 7일 전
여행 짐을 꾸리자

아무리 완벽하게 짐을 꾸려도 현지에 도착한 후 생각나는 경우가 많다. 미리 체크리스트를 작성해 두고 참고해서 짐을 꾸리면 깜빡 잊어버리는 일을 줄일 수 있다. 또한 아무리 똑똑하게 짐을 꾸려도 항공사 수하물 규정에 어긋나면 아무 소용없다. 예약한 항공사의 수하물 규정을 먼저 확인해 보고 규정에 맞춰 짐을 꾸리는 것이 좋다.여행에 꼭 필요한 각종 서류들도 다시 한번 체크해 두자. 여권, 항공권, 숙소 예약 티켓, 각종 증명서나 사본, 교통편 확인 체크, 로밍이나 현지 데이터 사용 방법을 확정해서 준비해 두자.

여행 당일

1. 인천 공항에서 출국

❶ 출발 2시간 전까지 공항에 도착해야 여유롭다. 일단 탑승할 항공사 카운터를 찾아가 수속하고, 위탁수하물을 부치고 보딩패스를 받는다. 환전, 여행자보험 가입, 이통사 로밍 차단, 출국 세관신고 등 출국 전 할 일이 있다면 입국장 들어가기 전 모두 마무리해야 된다.

❷ 입국장에 들어가 보안검색과 출국심사를 받는다. 출국심사 시에도 여권에 도장을 찍지 않는다.

❸ 출국심사를 받고 면세구역으로 들어간다. 인터넷 면세점이나 시내 면세점에서 구매한 것이 있다면 여기서 수령하고, 공항 면세점 쇼핑도 가능하다. 보딩패스에 탑승 시간이 적혀 있으니 그 시간에 늦지 않게 탑승 게이트로 이동한다. 외국항공사 이용 시에는 셔틀트레인을 타고 탑승동으로 이동해야 된다.

❹ 탑승 게이트에서 기다리다가 탑승이 시작되면 비행기에 오른다. 휴대폰 전원은 미리 꺼두는 센스는 기본. 이제 한국을 떠나 독일로 간다.

2. 뮌헨 공항에서 입국

직항일 때는 뮌헨 항공에 입국심사를 받는다. 1회 이상 경유 시에는, 환승지가 셴겐조약 가입국(유럽 대륙의 대부분 국가)이면 환승 중 입국심사를 받고, 환승지가 유럽이 아니거나 셴겐조약 비가입국(영국 등)이면 뮌헨에서 입국심사를 받는다.

❶ 뮌헨 공항에서 또는 환승지 공항에서 입국심사를 받는다. 입국심사 시 'All passport'라고 적힌 곳에 줄을 서야 된다. 독일 및 셴겐조약 가입국에서 입국심사를 받을 때 별도의 출입국신고서를 작성하지 않는다.

❷ 'Baggage claims' 표지판을 따라가면 위탁수하물을 찾는 곳이 나온다. 자신의 짐이 나오면 수취하여 공항 밖으로 나간다.

❸ 출구는 녹색과 적색 두 가지인데, 세관에 신고할 것이 없으면 녹색 출구로, 신고할 것이 있으면 적색 출구로 나간다.

3. 독일 세관신고 규정

만일 술 1리터, 담배 1보루를 초과 지참하여 독일에 입국할 경우 세관신고가 필요하다. 적색 출구로 나가면 세관신고대로 연결되며, 세관신고서는 거기서 작성한다. 즉, 독일 입국 시 미리 작성할 서류는 없다. 또한 녹색 출구로 나가는 여행자 중 무작위로 지목하여 검사를 한다. 만약 신고할 것이 있는데 신고하지 않고 녹색 출구로 나가다가 적발된 경우 벌금을 부과하는데, 그 금액이 결코 적지 않다.

여행 스케줄표 만들기

여행지에서 할 일과 이동 시 교통편, 숙소나 항공, 여행비 등을 함께 일목요연하게 정리해 두면 여행 시 필요한 내용을 한눈에 볼 수 있고, 체크할 수 있어서 좋다. 여행 일정을 체크하면서 여행 스케줄표를 미리 만들어 보자. 여행 스케줄표는 각자 여행의 목적이나 인원 등에 따라 항목을 만들면 된다. 엑셀 파일로 정리하거나 여행 일정 앱을 사용하면 훨씬 편리하고 효율적으로 활용할 수 있고 공유도 할 수 있다.

여행 스케줄표 작성 Tip

♥항목은 각자 편리한 대로 만들면 되는데, 교통비나 숙박비 등 여행 시 사용할 비용도 함께 만들어두면 금액이 한눈에 들어와 예산을 파악하는 데도 도움이 된다.

♥엑셀 항목은 날짜/ 나라(도시)/ 일정(할일)/ 교통편/ 교통비/ 숙박/ 숙박비/ 입장료/ 기타 등으로 나누어 스케줄표를 짜 보자. 여행 일정이 한눈에 들어와 편리하다.

♥엑셀로 정리한 여행 스케줄표는 현지에서 매일 일정별로 한 장씩 들고 다닐 수 있도록 프린트해 가면 편리하다. 하루 일정표를 작성할 때 이동 교통편을 자세히 정리해 두면 도움이 된다.

여행 준비 체크리스트

- ☐ 여권 및 여권 사본, 여권 사진
- ☐ 국제 운전면허증, 국내 운전면허증
- ☐ 신분증, (필요한 경우) 국제 학생증
- ☐ 항공권 e-티켓 인쇄
- ☐ 숙소 바우처 인쇄
- ☐ 각종 티켓이나 바우처
- ☐ 여행자보험 인쇄
- ☐ 여행 스케줄표 인쇄
- ☐ 통신사 확인(해외 로밍 등)
- ☐ 해외 사용 앱 다운로드
- ☐ 환전 / 해외 결제 카드
- ☐ 지갑
- ☐ 교통패스 구입
- ☐ 멀티 어댑터
- ☐ 보조배터리 / USB 허브
- ☐ 핸드폰 충전기
- ☐ 캐리어 / 보조 백
- ☐ 비상약
- ☐ 옷(양말, 속옷, 잠옷, 여벌 옷, 수영복 등)
- ☐ 모자
- ☐ 신발(샌들, 슬리퍼, 운동화 등)
- ☐ 접이식 우산
- ☐ 휴지(물티슈 등)
- ☐ 세면도구(칫솔, 치약, 샴푸, 린스, 바디워시, 샤워타월, 클렌징, 면도기, 손톱깎이 등)
- ☐ 화장품(스킨, 로션, 선크림, 기타 화장품 등)
- ☐ 선글라스(안경)
- ☐ 카메라 및 관련 물품
- ☐ 셀카봉
- ☐ 방수팩
- ☐ 지퍼백(비닐 팩 등)
- ☐ 비상식량
- ☐ 여행용 파우치

뮌헨 여행 FAQ

Q.1 뮌헨의 치안은 어떤가요?

뮌헨의 치안은 독일 내에서도 안정적인 편이다. 옥토버페스트 등 대규모 인파가 몰릴 때는 소매치기에 각별히 유의하자. 민족주의 경향이 상대적으로 강한 구 동독 지역은 간혹 극우주의자의 난민 반대 시위가 열리기도 하지만, 뮌헨은 대단히 양호한 편이다. 수년 전 테러 이슈가 사회를 혼란케 하기도 했으나 지금은 매우 조용하다(2024년 봄 기준).

중앙역 부근에는 노숙자가 많은 편이지만, 이들은 절대 행인을 먼저 건드리지 않으니 그냥 지나치면 된다.

또한 독일은 동양인이라서 차별하지 않으니 인종차별에 대해서도 걱정하지 않아도 된다. 여행 중 독일인에게 불친절을 경험할 수는 있으나 독일이 원래 불친절하고 사무적인 분위기가 강한 것이니 확대해석할 필요는 없다. 간혹 인종차별의 사례로 언급되는, 한국인을 상대로 "니하오"라고 인사하는 행위 또는 식당에서 구석 자리를 주는 행위는 현지 문화를 이해하지 못하는 것에서 나오는 오해라고 여기는 편이 옳다.

Q.2 날씨로 인한 위험 요소는 없나요?

겨울철 폭풍으로 인한 강풍과 홍수 피해가 가끔 발생하며, 비행기나 기차 운행 중단 등으로 여행에 불편을 끼치기도 한다. 기후 위기가 심해진 이후부터 여름철 40도에 육박하는 폭염이 발생할 때도 있다.

Q.3 물보다 맥주가 싸다는 게 진짜인가요?

독일은 식당에서 물을 주지 않기 때문에 돈을 주고 사야 한다. 식당에서 파는 고급 생수보다 맥주가 더 저렴하니 '물보다 싼 맥주'가 틀린 말은 아니다. 하지만 슈퍼마켓이나 마트에서는 생수가 더 저렴하다. 아울러, 독일에서 파는 물은 탄산수가 기본임을 알아두자. 탄산수를 싫어한다면 식당에서 주문할 때 '플레인 워터Plain water'를 달라고 이야기하고, 슈퍼마켓에서는 '오네 콜렌조이레 Ohne Kohlensäure'라고 적힌 것을 구매하면 된다.

Q.4 화장실이 유료인가요?

그렇다. 공공장소에 무료 화장실은 거의 없다. 기차역은 물론이고 백화점 화장실도 유료. 평균 0.5~1유로를 지불한다. 식당 화장실은 대개 무료이지만 화장실 입구 앞에 직원이 있거나 돈 받는 접시를 놔두었다면 0.3~0.5유로 정도 내야 한다. 박물관 등 유료 관광지 내부의 화장실은 무료, 기차나 고속버스의 화장실도 무료다. 그러니 무료 화장실이 보이면 당장 볼일이 급하지 않아도 한 번 들렀다 나오는 것이 현명하다. 나중에 급할 때에 아예 화장실이 보이지 않아 난감한 경험을 할 수도 있다.

Q.5 기차 시간은 잘 지켜지나요?

의외로 연착이 많은 편이다. 5분 정도의 연착은 빈번히 발생하고, 수십 분 단위의 연착도 간혹 보게 된다. 특히 겨울에는 눈 때문에 연착이 더 잦고, 가을에 너무 많이 쌓인 낙엽을 치우느라 기차가 연착되는 경우도 있다.

Q.6 공휴일 분위기는 어떤가요?

독일의 공휴일은 철저히 '쉬는 날'이다. 백화점, 슈퍼마켓 등 일반 상점은 모두 문을 닫고, 다수의 식당도 문을 닫는다. 궁전과 박물관 등 관광지의 개장 시간은 일요일에 준하여 운영된다. 이러한 관계로 공휴일이 겹치면 여행에 적잖은 불편이 발생하니 미리 일정을 체크해 두자.

| INDEX |

| INDEX |

꿈의 여행지로 안내하는 친절한 길잡이

최고의 휴가는 **홀리데이 가이드북 시리즈**와 함께~